Jochen Hanselmann/Roberto Micieli

COOLE OBJEKTE MIT 3D-DRUCK

Bibliografische Information der Deutschen Bibliothek

Die Deutsche Bibliothek verzeichnet diese Publikation in der Deutschen Nationalbibliografie;
detaillierte Daten sind im Internet über http://dnb.ddb.de abrufbar.

Programmleitung und Lektorat: Dr. Markus Stäuble
Aufmacherbilder: Mathias Vietmeier
Satz & Layout: DTP Satz A. Kugge, München
art & design: www.ideehoch2.de
Druck: Neografia, a.s.
Printed in Slovakia

ISBN 978-3-645-**60322-5**

Vorwort

Seit 2011 erlebt der 3D-Druck einen enormen Nachfragezuwachs, gelegentlich wird auch von einem 3D-Druck-Hype gesprochen. Verschiedene Verfahren wurden aber bereits in den späten Achtzigerjahren des letzten Jahrhunderts erfunden und bis vor ein paar Jahren fast ausschließlich in der Industrie zur Erstellung von Prototypen eingesetzt. Open Hardware, Open Source und andere Faktoren wie die Steigerung von Rechenleistung und die Verfügbarkeit von Cloud Computing haben dazu beigetragen, dass 3D-Drucker und erforderliche Programme günstiger und einfacher in der Bedienung geworden sind. Das Faszinierende ist, dass heute im Prinzip jeder ein Produzent werden kann. Die Einstiegsbarrieren sind so weit gesunken, dass selbst Zweitklässler eigene 3D-Modelle kreieren und über einen günstigen 3D-Drucker herstellen können. Über 3D-Druck-Dienstleister ist sogar die Nutzung von sehr teuren Industrie-3D-Druckern nur einen Mausklick entfernt. Aus Neugierde, Experimentierlust oder zur konkreten Materialisierung der eigenen Ideen beschäftigen sich immer mehr Leute mit den Möglichkeiten »digitaler Produktion«.

Der Begriff »3D-Druck« – im Englischen »3D Printing« – mag zunächst irreführend sein, da der Vorgang nur entfernt mit dem Drucken auf Papier verwandt ist. Mit dem 3D-Druck im gleichen Atemzug wird auch von »additiver« oder »generischer« Fertigung gesprochen. Allen Verfahren gemeinsam ist die Produktion eines Objekts durch das schichtweise (additive) Auftragen eines oder mehrerer Materialien ohne den Einsatz von Formen oder Werkzeugen. Viele konventionelle Fertigungsverfahren, wie Fräsen oder Drehen, tragen hingegen Material ab. Prinzipiell kann mit einem 3D-Drucker fast jede beliebige Geometrie hergestellt werden. In einem Fertigungsauftrag können sogar mehrere völlig unterschiedliche Objekte gleichzeitig produziert werden.

Mittlerweile sind 3D-Drucker-Bausätze für ein paar Hundert Euro zu kaufen, gute fertige Geräte gibt es ab ca. 1.000 Euro. Für Hobbyisten, Erfinder, Produktdesigner, Kinder etc. eröffnen sich ganz neue Möglichkeiten, eigene Ideen zu einem greifbaren Objekt zu machen.

Doch noch ist 3D-Druck nicht »Plug-and-play«. Im Vergleich zu anderen Produktionsverfahren fehlen auch der Industrie die langjährigen Erfahrungen. Vom Entwicklungsstand her steckt der 3D-Druck heute noch in den Kinderschuhen – wie der PC Mitte der Achtzigerjahre. Teilweise sind die Erwartungen von Herstellern, aber auch von den Medien, zu hoch. Um konstante und qualitativ gute Ergebnisse mit einem 3D-Drucker zu erzielen, ist es erforderlich, das Zusammenspiel von Materialien, Mechanik, 3D-Design und einer Fülle von Parametern in unterschiedlichen Programmen zu verstehen sowie ausgiebig Praxiserfahrung zu sammeln.

In diesem Buch lernen Sie diese Grundlagen und erforderlichen Zusammenhänge der faszinierenden Welt des 3D-Drucks übersichtlich und strukturiert kennen. Die Inhalte und Praxistipps basieren auf unseren eigenen Erfahrungen, intensiven Recherchen, fehlgeschlagenen Drucken, zahlreichen durchgeführten Workshops und dem intensiven Austausch mit der 3D-Druck-Community. Wir zeigen die erforderlichen Schritte von der Idee bis zum 3D-Druck auf und geben Tipps für die Praxis sowie zu hilfreichen, meist kostenlosen Programmen. In Schritt-für-Schritt-Anleitungen lernen Sie, eigene 3D-Modelle zu erstellen, Objekte günstig dreidimensional zu scannen und diese mit einem 3D-Drucker zu produzieren.

Da der ganze Markt sehr dynamisch ist und im Wochentakt neue Programme, Drucker und Services auf den Markt kommen, spiegelt unser Buch nur die aktuelle Lage und einen Ausschnitt aus dem riesigen online verfügbaren Informationsangebot wider.

Seien Sie beruhigt, für einen erfolgreichen Start benötigen Sie keine elektronischen oder tief gehenden technischen Kenntnisse. Wir selbst sind auch Quereinsteiger und umso dankbarer, an der faszinierenden Entwicklung des 3D-Drucks teilhaben zu dürfen. Bei zahlreichen Treffen, virtuell und in der realen Welt, haben wir viele engagierte 3D-Druck-Begeisterte kennengelernt, die ihre Erfahrungen mit uns geteilt haben. An dieser Stelle ein ganz großer Dank an alle, die uns diesen Einstieg erleichtert haben, für die vielen interessanten Gespräche und den wertvollen Austausch. Vielen Dank an alle Designer, die ihre 3D-Modelle kostenlos zur Verfügung stellen, und alle Entwickler und Firmen, die es ermöglichen, sehr geniale Programme und Services kostenlos oder sehr günstig zu nutzen. Diese engagierte Community ist einer der wichtigsten Faktoren für den Erfolg von 3D-Druck und gleichzeitig Motivationsfaktor, dabei zu sein und sich selbst aktiv zu engagieren.

Wir wünschen Ihnen viel Freude beim Lesen und gutes Gelingen bei Ihren ersten Schritten in den 3D-Druck. Wir sind gespannt, was Sie selbst designen und produzieren werden, welche Ersatzteile Sie zu Hause drucken und welche Erfahrungen Sie mit 3D-Druck machen werden. Schildern Sie uns Ihre Erlebnisse, Anregungen und Verbesserungsvorschläge: *3dpraxisbuch@hancon.ch*.

Wiesendangen und Zürich, März 2014

Jochen Hanselmann Roberto Micieli

Danksagung

Dieses Buch ist erst durch die große Unterstützung von vielen Freunden und Bekannten möglich geworden. Vielen Dank für die vielen Ratschläge und Tipps, unter anderem von Roman Jurt, unter dessen fachkundiger Anleitung ich (Jochen) meinen ersten 3D-Drucker zusammengebaut habe und der mit seinem Engagement und seinen genialen Ideen die 3D-Design- und 3D-Druck-Szene stets sehr bereichert. Ramun Berger, der neben großer Hilfestellung bei Druckproblemen sehr viel Korrekturlesen, zahlreiche Ratschläge und das Tripod-Praxisbeispiel beigesteuert hat. Olivier Roth für seine wertvollen Feedbacks, das tolle Tinkercad-Shape »Script Chamfered and rounded« und das Tinkercad-Praxisbeispiel »Mini-Stativ«. Vielen Dank an all die weiteren Reviewer und Diskussionspartner, unter anderem Benjamin Koch, Patrick Hediger, Sibylle Trenck und Kevin Cina.

Ein großer Dank geht auch an die 3D-Scanning-Modelle Nicole, Tamara, Tara, Kayla und Roland sowie Sandra, Yara und Merlin, sie waren Robertos größte Inspirationsquelle. Last, but not least, möchten wir uns bei Silvan für seine sehr effizienten Reviews bedanken.

Neben den namentlich genannten Personen richtet sich unser großer Dank an die offene und enthusiastische 3D-Druck-Community, an alle Open-Source- und Open-Hardware-Entwickler, alle Maker, Tüftler, Blogger, FabLabs, Firmen, die geniale Tools und Software meist kostenlos anbieten, und an alle 3D-Designer (u. a. Joris van Tubergen, André Naujoks), die ihre Modelle frei zur Verfügung stellen.

Das Wichtigste zum Schluss: Nur durch die stete Unterstützung, die Ideen und das Verständnis unserer geliebten Frauen und Kinder konnten wir Zeit, Raum und Energie für unser Buch finden. Ganz herzlichen Dank!

INHALT

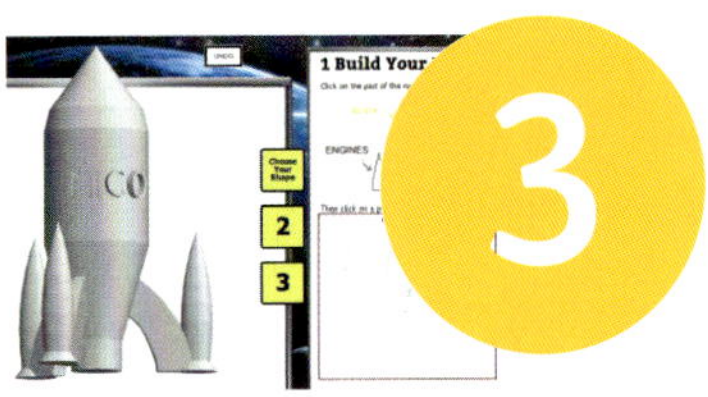

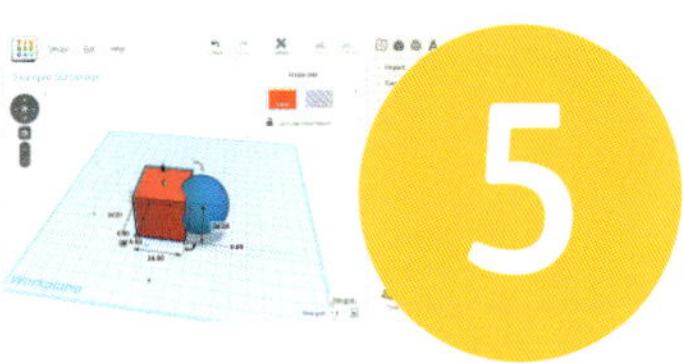

7

8

9

10

KAPITEL 1

3D-DRUCK DAMALS UND HEUTE

Geschichte, Vorteile, Ausblick

Geschichte, Vorteile, Ausblick

1.1 Geschichte der 3D-Drucker im Heimbereich

Günstige 3D-Drucker für den engagierten Heimanwender gibt es erst seit 2008, obwohl verschiedene 3D-Druck-Technologien bereits Ende der 80er-Jahre entwickelt worden sind. 3D-Drucker wurden bis vor ein paar Jahren ausschließlich in der Industrie, vor allem für die Erstellung von Prototypen, eingesetzt und waren für den Endverbraucher unerschwinglich. Vergleichbar mit der Entwicklung des PCs, dauerte es drei Jahrzehnte, bis die Technologie langsam auch für den Heimanwender zugänglich und bezahlbar wurde.

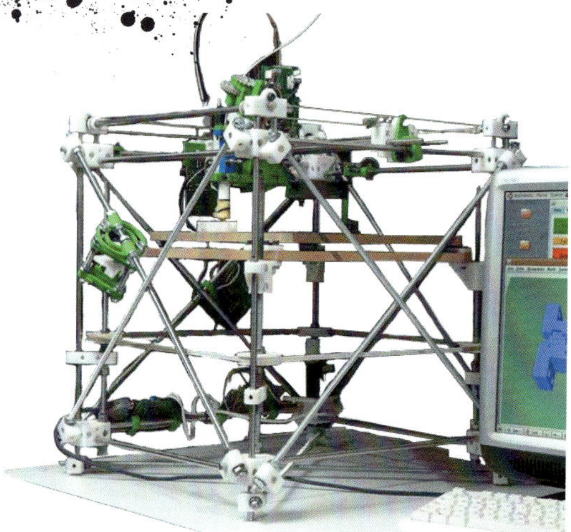

RepRap Darwin 1.0, Quelle: *reprap.org*, Autor: Dr. Adrian Bowyer, GNU FDL

Maßgeblich für diese Entwicklung waren die beiden Open-Hardware-/Open-Source-Projekte »RepRap« und »Fab@Home«, die fast gleichzeitig 2005 ins Leben gerufen wurden. Das RepRap-Projekt, das von Dr. Adrian Bowyer, University of Bath (UK), gestartet wurde, hat zum Ziel, eine Maschine zu entwickeln, die möglichst viele ihrer Bauteile selbst reproduzieren kann. Alle Baupläne der Hard- und Software sind frei verfügbar. 2007 wurde die erste offizielle Version »Darwin« vorgestellt. RepRap-Drucker produzieren ein Objekt durch das schichtweise Aufbringen von Material, meist geschmolzenem Kunststoffdraht, im sogenannten Schmelzschichtverfahren (FDM®, Fused Deposition Modeling). FDM wurde von der Firma Stratasys erfunden. Das Auslaufen wichtiger Patente zum FDM-Verfahren ermöglichte beiden Initiativen, ihre Ideen umzusetzen. Um Markenstreitigkeiten zu vermeiden, wird das Verfahren bei den RepRap-Druckern »Fused Filament Fabrication«, FFF, genannt.

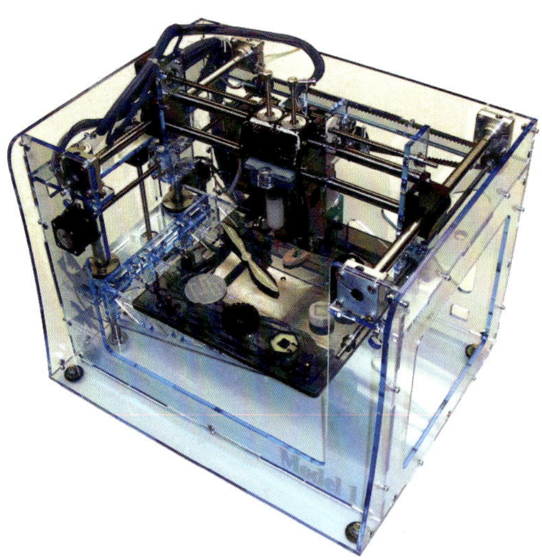

Fab@Home Model 1, Quelle: *fabathome.org*, Autor: Evan Malone

Das Fab@Home-Projekt der Cornell-Universität im Bundesstaat New York (USA) unter der Leitung von Evan Malone und Hod Lipson war von der Initiative Dr. Adrian Bowyers inspiriert und verfolgte ein ähnliches Ziel, nämlich einen für den Endverbraucher erschwinglichen und auf Open Source basierenden 3D-Drucker zu entwickeln. 2006 stellten sie den ersten Bausatz »Fab@Home Model 1« vor, der später für 2.400 US-Dollar verkauft wurde. Mit den Fab@Home-Druckern konnten verschiedene Arten von Materialien, z. B. Knete, PlayDoh, Gips oder Schokoladenmasse, mit einer Art

Spritze schichtweise aufgetragen werden (SFF, Solid Freeform Fabrication). Nachdem die Verkäufe der Consumer-3D-Drucker im Jahr 2012 erstmalig die Anzahl der verkauften Industriegeräte übertroffen hatten, war das erklärte Ziel des Projekts erreicht, und es wurde geschlossen.

Nahezu alle heute existierenden 3D-Drucker im Einsteigersegment bis ca. 5.000 Euro basieren auf der RepRap- und der Fab@Home-Initiative. Das RepRap-Projekt hat zudem der Makerszene einen bedeutenden Schub verliehen, die vor allem in den USA stark etabliert ist. Maker sind Leute, die Dinge selbst herstellen, sei es aus Elektronik, mithilfe eines 3D-Druckers oder eines Lasercutters etc. Maker setzen ihre Ideen hauptsächlich mit den zu Hause verfügbaren Werkzeugen um. Do it yourself (DIY) steht im Vordergrund. Seit die Makerszene 3D-Drucker für sich entdeckt hat, finden sich auf jedem Makertreffen (sogenannten Makerfaires) auch unzählige 3D-Drucker und Ideen, die mithilfe von 3D-Druckern umgesetzt wurden.

Zusätzlich zum RepRap-Projekt tragen »FabLabs« (Fabrication Laboratories), Werkstätten mit dem Fokus auf digitaler Produktion, zur weiteren Verbreitung der digitalen Produktionsmöglichkeiten unter anderem mit 3D-Druckern bei. Die Idee der FabLabs wurde 2002 von Neil Gershenfeld, Leiter des »Center for Bits and Atoms« am Massachusetts Institute of Technology (MIT), entwickelt. Weltweit gibt es 253 FabLabs (Stand März 2014), die die Nutzung der vorhandenen Geräte und Werkzeuge jedem Mitglied meist für einen geringen Beitrag ermöglichen (Liste aller offiziellen FabLabs weltweit: *http://fablabs.io/labs*). Zudem bieten FabLabs neben den fachlichen Tipps der aktiven Mitglieder oftmals auch Workshops zu Themen wie Elektronik, Löten von Platinen oder zum Zusammenbau eines 3D-Druckers an.

1.2 Stand 3D-Druck heute

Der 3D-Druck im Heimbereich befindet sich in einer ähnlichen Situation wie die Minicomputer Mitte der 80er-Jahre, wie Professor Neil Gershenfeld im Rahmen seiner Keynote bei der Konferenz Fabricate 2014 im Februar 2014 hervorgehoben hat. Noch sind die Geräte nicht Plug-and-play-fähig, Präzision und Konstanz lassen zu wünschen übrig, die Geräte sind langsam, und die Materialauswahl ist beschränkt. Unklar ist auch, wie sich Angebot und Nachfrage entwickeln werden. Werden neue Bedürfnisse durch 3D-Druck geschaffen? Welche Prozesse, Produkte und Verhaltensweisen im Konsum werden sich dadurch verändern? Studien verschiedener renommierter Beratungshäuser und Finanzinstitute kommen zu über-

3D-Druck in Zahlen

Anzahl der 3D-gedruckten Teile pro Jahr beim 3D-Druck Dienstleister Shapeways:

1.000.000

Weltweite Anzahl der Hobby-3D-Drucker:

200.000

Anzahl unterschiedlicher 3D-druckbarer Materialien:

100

Größte in einem Stück 3D-gedruckte Objekte:

3-6 m

Kleinste 3D-gedruckte Objekte:

0,1 mm

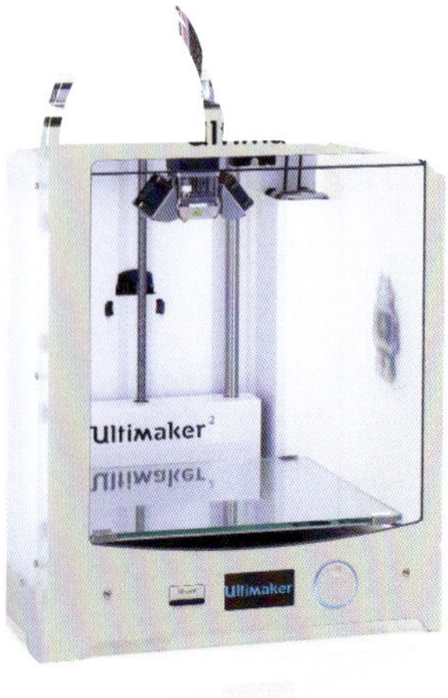

Ultimaker 2

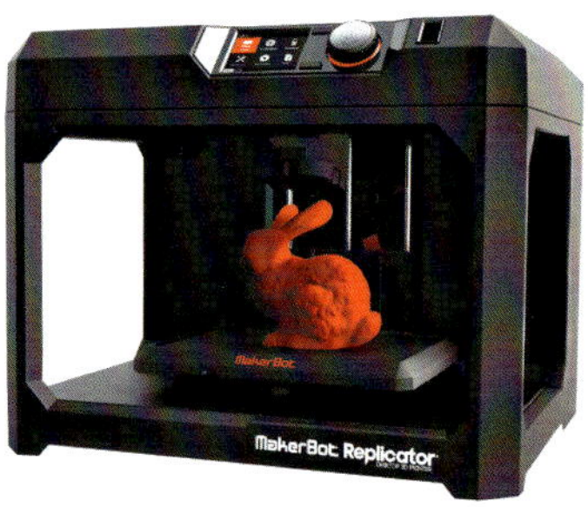

MakerBot Replicator von Stratasys

Cube 3 von 3D Systems
Auswahl aktueller 3D-Drucker für den Heimbereich (ca. 750 bis 2.200 Euro)

schneidenden Ergebnissen. Unter anderem werden Produkte mit weniger Materialeinsatz konstruiert werden, die Produktion wird vermehrt lokal und auf Nachfrage stattfinden, und die Herstellung individualisierter Produkte (Mass Customization) wird zunehmen. Der globale Markt wird sich in den nächsten sieben Jahren auf geschätzte 6 bis 10 Mrd. US-Dollar in etwa verfünffachen. Wie damals bei den ersten PCs sind es vor allem begeisterte Hobbyisten und Bastler, die selbst einen 3D-Drucker zusammenbauen oder ein fertiges Gerät kaufen. Weltweit gab es Anfang 2014 ca. 150.000 bis 200.000 3D-Drucker unter 5.000 Euro. Aber die Wachstumsraten sind enorm. Schätzungen gehen von einem jährlichen Wachstum der ganzen 3D-Druck-Industrie von ca. 30 % aus.

Momentan befindet sich der 3D-Druck-Bereich außerhalb der Industrie in einer Phase der Innovation – alles ist möglich. Fast monatlich kommen neue 3D-Drucker und -Druckmaterialien auf den Markt. Neue Geschäftsmodelle entstehen derzeit und werden beweisen müssen, wie gut sie funktionieren (z. B. »3D-Druck-Copyshops« um die Ecke, Datenbanken mit 3D-Modellen, Handel mit digitalen Ersatzteilen). Bis auf die führenden Anbieter Stratasys und 3D Systems sind die meisten Hersteller der über 100 Produzenten von 3D-Druckern kleinere Firmen mit 5 bis 50 Mitarbeitern. Innovationen im Hardware-, Software- und Dienstleistungsbereich rund um den 3D-Druck finden vielfach gerade durch einzelne Tüftler, Spezialisten und diese kleinen Firmen statt.

Entwicklungen in der Forschung zu druckbaren Materialien im 3D-Druck, bei der Kombination unterschiedlicher Stoffe mit z. B. leitenden Materialien und Farben, aber auch in der Präzision (z. B. 3D-Druck auf Nanopartikelbasis) lassen in etwa erahnen, welche Möglichkeiten 3D-Druck künftig auch für zu Hause bieten wird. Bis heute ist noch kein namhafter Hersteller, beispielsweise aus der Papierdruckerindustrie wie Canon oder Epson, auf den Zug aufgesprungen. Epson und Hewlett-Packard haben Ende 2013 angekündigt, eigene 3D-Drucker anbieten zu wollen. Weitere Details waren bis zur Drucklegung (April 2014) dieses Buchs noch nicht verfügbar. Sicher ist aber, dass auch im unteren Preissegment künftig 3D-Drucker im industriellen Maßstab zu haben sein werden, wenn die Nachfrage weiter so wächst wie bislang.

1.2.1 Herausforderungen bei der weiteren Verbreitung von 3D-Druck

Damit sich 3D-Druck auch einer breiteren Bevölkerungsgruppe erschließt, müssen sich noch einige Dinge verbessern, es müssen aber auch rechtliche Grundlagen geschaffen werden.

3D-Drucker/3D-Druck-Workflow

Die letzte Umfrage (*http://surveys.peerproduction.net/category/longitudinal-results/*) zu 3D-Druck von Peerproduction aus dem Sommer 2013 bestätigte, was fast jeder 3D-Druck-Einsteiger und -Anwender selbst erfährt: Von der Idee bis zum gedruckten Objekt bedarf es vieler Schritte, unterschiedlicher Software, technischem Verständnis und der Bereitschaft zu experimentieren. Durch die zunehmende Verbreitung von 3D-Druck gibt es immer mehr Software, Dienstleister und Services, die sich genau dieser Problematik annehmen. Hier dürfen wir künftig mit noch vielen weiteren Innovationen rechnen. Die Teilnehmer der Umfrage von Peerproduction nennen auch, dass es an erster Stelle an ausreichend guten 3D-Modellen fehlt und die Erstellung eines 3D-Objekts mit einem CAD-Programm (Kapitel 5 bis 7) oder durch Scannen einen relativ hohen Lernaufwand bedeutet (Kapitel 4 und 8). 3D-Drucker im Heimbereich müssen noch zuverlässiger arbeiten, konstantere und präzisere Druckergebnisse erzielen, eine größere Auswahl an Materialien verarbeiten und künftig auch Farbdruck ermöglichen können.

Die meist sehr kleinen Firmen bieten momentan oft keinen zufriedenstellenden Support an. Als erste Anlaufstelle bei Problemen wenden sich die Anwender an andere Besitzer von 3D-Druckern oder holen sich im Internet Hilfe. Zudem fehlt es noch an – insbesondere deutscher – Fachliteratur zum ganzen 3D-Druck-Bereich, die sowohl für Anwender wie auch für Bildungseinrichtungen hilfreiche und zuverlässige Quellen bieten könnte. Hier verbessert sich seit 2013 die Situation aber durch zahlreiche neue deutschsprachigen Foren, Blogs und auch Bücher. Wir hoffen, mit diesem Buch einen Teil zum besseren Verständnis beitragen zu können.

Copyright/Urheberrecht

Die Möglichkeiten der digitalen Reproduktion eröffnen auch der Produktpiraterie neue Möglichkeiten. Dazu gehört das immer einfacher werdende dreidimensionale Scannen von Objekten z. B. via Smartphone. Zumindest in Deutschland sieht die Deutsche Bundesregierung gemäß einer Stellungnahme vom Juni 2013 derzeit keinen Handlungsbedarf. (Stellungnahme der Deutschen Bundesregierung über den Stand und die Perspektiven von 3D-Druck: *dip21.bundestag.de/dip21/btd/17/137/1713734.pdf)* Die Vervielfältigung von Werken und Schutzrechten sieht die Deutsche Regierung, zurzeit jedenfalls, durch den bestehenden Rechtsrahmen des Urheberrechts, Patentrechts, Markenrechts und Geschmacksmusterrechts (Designrecht) ausreichend abgedeckt. Noch ist nicht sicher, ob die bestehenden gesetzlichen Regelungen auch in anderen Ländern ausreichen. Als Privatanwender besteht allerdings kein Risiko, solange Sie ein 3D-Modell nur für den Heimgebrauch auf dem eigenen 3D-Drucker produzieren und nicht kommerziell verwenden.

Konsumentenschutz/Produkthaftung

Die Deutsche Bundesregierung sieht eher bei der Produkthaftung und dem Konsumentenschutz Handlungsbedarf. Noch ist unklar, wer beispielsweise in einem Fall haftet, in dem ein Anwender z. B. ein digitales Ersatzteil mit seinem 3D-Drucker hergestellt hat und dieses dann zu einer Verletzung des Anwenders führt.

Fehlende Standards

Weiterer Handlungsbedarf besteht momentan bei international anerkannten Standards, insbesondere z. B. hinsichtlich genormter Materialeigenschaften der Verbrauchsmaterialien. Die führenden Hersteller von industriell eingesetzten 3D-Druckern stellen für ihre eigenen Materialien und Produktionsverfahren Materialdatenblätter mit den erwarteten Produkteigenschaften (z. B. Zugfestigkeit, Bruchdehnung, Härte, Oberflächenrauigkeit) zur Verfügung. Im unteren Preissegment gibt es dies allerdings nicht. Auch in Bezug auf die für den 3D-Druck verwendeten Dateiformate herrscht heute eine große Vielfalt. Für den einfarbigen Druck hat sich das STL-Format durchgesetzt. Das angedachte und erweiterte Dateiformat AMF konnte sich bislang nicht durchsetzen. Unklarheit herrscht zudem in Bezug auf die Qualität der gedruckten Objekte. Fehlende Normen bei den Materialien und für den Produktionsprozess in diesem Bereich erlauben zurzeit weder unabhängige Tests noch qualifizierte Aussagen zur Qualität gedruckter Objekte.

1.3 Vorteile des 3D-Drucks

Die Produktion mittels 3D-Druck-Verfahren bietet nicht nur Vorteile gegenüber der »traditionellen« Produktion (z. B. Fräsen, Gießen) bei der Herstellung eines Objekts. 3D-Druck und andere digitale Produktionsprozesse wirken sich auch auf einige Bereiche der Wertschöpfungs- und Lieferketten aus.

Geringe Einstiegs- und Folgekosten

Grundsätzlich kann jeder mit einem eigenen 3D-Drucker zum Produzenten werden. Günstige Einstiegsgeräte sind bereits ab wenigen Hundert Euro erhältlich. Die Materialkosten sind ein wichtiger Faktor und nehmen mit Professionalisierungsgrad der Geräte zu. PLA und ABS als meistverwendete Materialien im Consumerbereich kosten ca. 30 bis 50 Euro/kg. Ein nachgedruckter LEGO®-DUPLO-Baustein kommt damit auf ca. 0,15 Euro, eine Trillerpfeife auf 0,10 Euro.

Günstige Fertigung von Einzelstücken oder Kleinserien

Die einzigen Voraussetzungen für den 3D-Druck sind ein digitales 3D-Design, ein Drucker und das Rohmaterial.

Der schichtweise (additive) Herstellungsprozess in allen 3D-Druckverfahren erfordert lediglich exakt diejenige Menge an Material, aus der ein Objekt tatsächlich besteht. Bei anderen Verfahren wie z. B. Fräsen wird das Objekt durch Abtragen des Materials produziert. Dies wird auch als subtraktives Herstellungsverfahren bezeichnet. Die herausgefrästen Späne können meist nicht noch mal verwendet werden und müssen entsorgt werden. Zudem können unterschiedlichste 3D-Designs gleichzeitig gedruckt werden. Der gesamte Bauraum eines 3D-Druckers kann so genutzt werden. Da weder Negativformen noch teure Werkzeuge benötigt werden, fallen so gut wie keine Rüstkosten für die Produktion unterschiedlicher Objekte an.

Komplexität des Designs ist kein Kostenfaktor

Die Kosten beim 3D-Druck bestimmen sich mehrheitlich durch den Materialverbrauch und die benötigte Maschinenlaufzeit. Die Komplexität eines Designs wirkt sich nicht auf die Kosten aus. Da Objekte ohne ein Maschinenwerkzeug/eine Negativform produziert werden, spielt es keine Rolle, ob ein einfacher Würfel oder ein verschachteltes Design produziert wird. Werden mehrere gleiche Teile gedruckt, kostet jedes Teil nahezu gleich viel. Dieser Vorteil ist gleichzeitig aber auch ein Nachteil gegenüber herkömmlichen Produktionsverfahren. Dort sinken die Stückkosten mit zunehmender Produktionsmenge rapide.

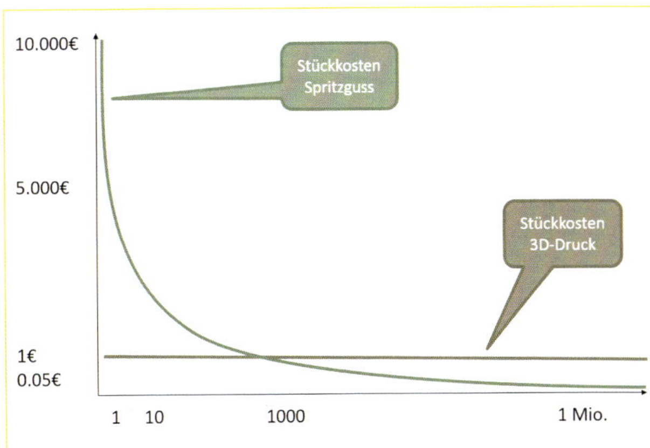

Vergleich Stückkosten 3D-Druck vs. konventionelle Produktion, z. B. Spritzguss. *(Illustration: HanCon.ch)*

Neue Freiheiten im Design und Material- bzw. Gewichtseinsparungen

Der 3D-Druck eröffnet Designern und Konstrukteuren neue Freiheiten, die nicht oder kaum mit anderen Verfahren umzusetzen sind. So sind mit dieser Fertigungsmethode Objekte mit innen liegenden Hohlräumen und Gitterstrukturen möglich. Innen liegende Lüftungs- oder Kühlkanäle sind beispielsweise sehr einfach zu realisieren. Dies kann zu massiven Material-, Gewichts- und somit auch zu Energieeinsparungen führen. Der Flugzeughersteller Airbus hat z. B. in einer Studie zusammen mit EOS festgestellt, dass sich mit industriellem 3D-Druck der Materialverbrauch um 75 % und der CO_2-Ausstoß um bis zu 40 % senken lässt. (*http://www.eos.info/press/customer_case_studies/eads)*

Prototyp einer optimierten Halterung eines Airbus A380, gefertigt im DMLS-Verfahren (Direct Metal Laser Sintering), kurz, aus Edelstahlpulver. Hinten die herkömmliche Halterung. *(Quelle: Airbus Group Innovations)*

Selbst die Produktion eines Designs mit beweglichen Bestandteilen, z. B. mit mehreren funktionierenden Zahnrändern, ist damit möglich. Traditionelle Produktionsverfahren erfordern für solche Strukturen mehrere Einzelteile, die später zeit- und kostenintensiv zusammengesetzt werden müssen. General Electric konnte z. B. eine Einspritzdüse mittels 3D-Druck in einem einzigen Fertigungsauftrag herstellen, die auf traditionelle Weise aus 20 Einzelteilen besteht. (*http://www.technologyreview.com/featured-story/513716/additive-manufacturing/)*

Für Produktdesigner und Konstrukteure bedeuten diese neuen Designfreiheiten auch ein Umdenken und den Aufbau von neuen Erfahrungen mit 3D-Druck. Das vorhandene Wissen und die Erfahrungen rund um traditionelle Fertigungsverfahren sind sehr umfangreich. Hingegen fehlen genauso intensive und langjährige Erfahrungswerte mit den additiven Fertigungsverfahren. Lehre und Ausbildung werden sich künftig noch mehr mit den additiven Fertigungsverfahren auseinandersetzen. Heute liegt der Fokus z. B. in der Ausbildung zum Produkt- oder Industriedesigner auf der Gestaltung von Produkten, die mit traditionellen Fertigungsverfahren hergestellt werden können. Damit einhergehende Limitationen und Rahmenbedingungen für das Design von Objekten gelten nicht vollumfänglich für die Produktion im 3D-Druck. Doch auch dort sind gewisse Richtlinien bereits im 3D-Design einzuhalten, z. B. Mindestwandstärken. Diese sind je nach Material und 3D-Druck-Verfahren unterschiedlich (siehe die Kapitel 2 und 5).

Bauplattform mit individuellen Dentalkronen und -brücken aus EOS CobaltChrom SP2. *(Quelle: EOS)*

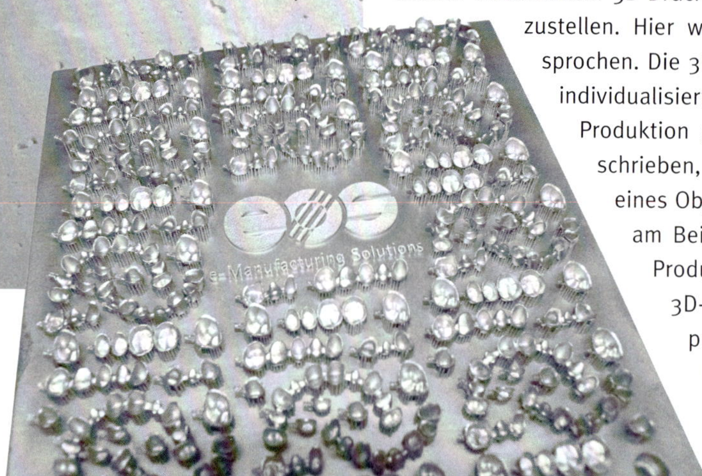

Personalisierbare Objekte

Der wohl größte Unterschied zur Massenproduktion ist die Möglichkeit, mittels industriellem 3D-Druck individuelle/personalisierte Objekte herzustellen. Hier wird auch von »Mass Customization« gesprochen. Die 3D-Druck-Technologien erlauben es, höchst individualisierte Designs zu produzieren, die alle in der Produktion gleich viel kosten. Wie weiter oben beschrieben, spielt die Komplexität oder Einmaligkeit eines Objekts dabei keine Rolle. Deutlich wird dies am Beispiel von Zahnkronen. In einem einzigen Produktionsauftrag können per industriellem 3D-Druck bis zu 450 individuelle Zahnkronen produziert werden. Die 3D-Modelle hierfür hat der Zahnarzt jeweils z. B. mittels eines kleinen Scanners direkt im Mund der Patienten erfasst. Nach Aufbereitung der

Daten werden die einzelnen 3D-Modelle dann auf die sogenannte Bauplattform verteilt. Hierbei ist sogar die Platzierung von mehreren Objekten auch in der Vertikalen möglich. So kann der gesamte Bauraum für die Produktion möglichst vieler Modelle genutzt werden. Ab Kapitel 7 zeigen wir anhand einiger Praxisbeispiele, wie man sehr schnell und einfach ein personalisiertes Produkt gestalten und selbst mit einem Einsteiger-3D-Drucker herstellen kann.

Schnelle Umsetzung von der Idee bis zum Objekt

Zeit- und Kostenaufwand von der Idee für ein Objekt oder Produkt bis zur Herstellung sind normalerweise sehr hoch. In enger Zusammenarbeit zwischen Designer und Produzenten wird zuerst ein Prototyp hergestellt, der dann stückweise bis zum fertigen Design verbessert wird. Mit den heutigen Produktionsmitteln und Werkzeugen vergehen mehrere Wochen bis Monate pro Verbesserungszyklus. Die Produktion eines digitalen 3D-Modells mittels 3D-Druck kann diese Zeiten drastisch verringern. Anpassungen an ein Design können mit einem eigenen 3D-Drucker innerhalb weniger Minuten oder Stunden produziert werden. Seit Aufkommen günstigerer 3D-Drucker eröffnen sich diese Vorteile nun auch ganz anderen Gruppen außerhalb der Industrie – wie Designern, Erfindern, Künstlern, Hobbyisten etc.

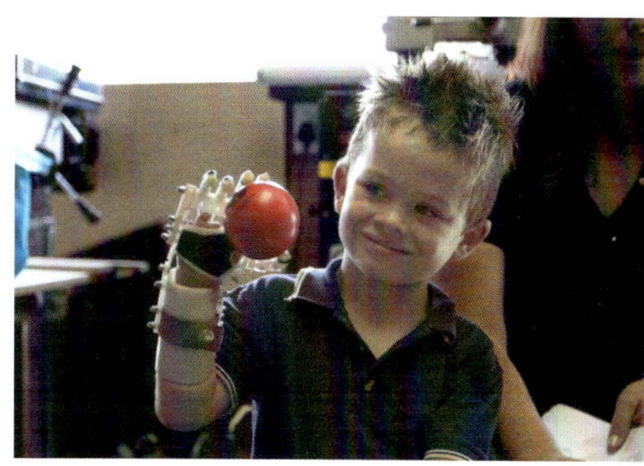

Der fünfjährige Liam mit seiner neuen Robohand-Prothese. *(Quelle: MakerBot®, Robohand.net)*

Die beiden Gründer des Projekts »Robohand« konnten beispielsweise die Zeit pro Verbesserungszyklus durch den Einsatz von zwei 3D-Druckern von einer Woche auf zwei Stunden reduzieren. Richard Van As und Ivan Owen leben 16.000 km entfernt auf zwei verschiedenen Kontinenten. Die Idee hinter der Open-Source-Initiative Robohand ist, günstige Handprothesen für Kinder mit jedem Einsteiger-3D-Drucker herzustellen. Anstelle von ca. 10.000 US-Dollar kostet damit eine Prothese nur noch ca. 500 US-Dollar. Mit dazu beigetragen hat die massive Reduktion der Designzyklen. Vor dem Einsatz der 3D-Drucker sendeten sich die beiden Initiatoren ein handgefertigtes Design zu, das sie nach Begutachtung schrittweise verbesserten. Pro Verbesserungszyklus vergingen so ein bis zwei Wochen. Seitdem beide einen 3D-Drucker einsetzen, produzieren sie neue 3D-Designs jeweils lokal bei sich und halten dann nahezu zeitgleich eine exakte Eins-zu-eins-Kopie des gedruckten Objekts in ihren Händen. Verbesserungen werden in kurzer Zeit am 3D-Modell am Computer umgesetzt und dann erneut ausgedruckt. So vergehen zwischen zwei Versionen nur ein paar Stunden.

Produktion auf Nachfrage und vor Ort

Im Vergleich zur Massenproduktion, in der Güter teils millionenfach produziert werden, ist die Fertigung mittels 3D-Druck jederzeit auf Nachfrage und am Ort des Verbrauchers möglich. Allein das digitale Modell, ein 3D-Drucker zu Hause oder in der Nähe sowie das gewünschte Rohmaterial sind dazu erforderlich. Überflüssig produzierte Ware, kostspielige Lagerung und der ökonomisch zwingende Abverkauf entfallen. Wir sind davon überzeugt, dass in Zukunft vermehrt Produkte in kleineren Serien und so manche Ersatzteile nur noch digital angeboten werden. Als Konsument erwirbt man nur das Recht zur Produktion oder die Designdatei. Anschließend druckt man das Objekt selbst oder über einen 3D-Druck-Dienstleister, quasi einen »3D-Copyshop« um die Ecke (siehe Kapitel 9). Lagerkosten und Transportkosten werden auf ein Minimum reduziert. Und für jeden Designer reduzieren sich Kosten und Risiko allein auf den Aufwand zur Erstellung des Designs.

1.4 Zukunft des 3D-Drucks

Obwohl die Grundlagen der 3D-Druck-Technologien bereits vor 30 Jahren gelegt wurden, steckt der verbreitete Einsatz noch in den Kinderschuhen. Selbst in der Industrie ist man weit von der Zuverlässigkeit, der Konstanz und dem Automatisierungsgrad entfernt, den man dort sonst gewohnt ist. Und außerhalb der Industrie hat die Sammlung von Erfahrungen im 3D-Druck erst vor wenigen Jahren begonnen. Wie zu Anfang dieses Kapitels erwähnt, befindet sich der Markt heute in einer Phase, die mit dem Stand des PCs Mitte der 1980er-Jahre vergleichbar ist. Damals waren PCs noch kaum verbreitet, es war unklar, wer einen PC für welchen Einsatzzweck wirklich benötigt, und es gab erst wenige Anwendungen. Das Internet war noch nicht erfunden, und in jedem Smartphone heute steckt ein Vielfaches der Rechenleistung der ersten PCs. Den Stand der Entwicklung und die Verbreitung neuer Technologien verdeutlicht der sogenannte »Technology Adoption Lifecycle« (siehe Abbildung links). Anfang 2014 sind in der Industrie ca. 45.000 Geräte im Einsatz, im Einsteigersegment nur geschätzte 150.000 bis 200.000 3D-Drucker weltweit. (Es gibt keine uns bekannten offiziellen Statistiken mit aktuellen Zahlen. Kenner der Szene sprechen von bis zu 300.000 RepRap-

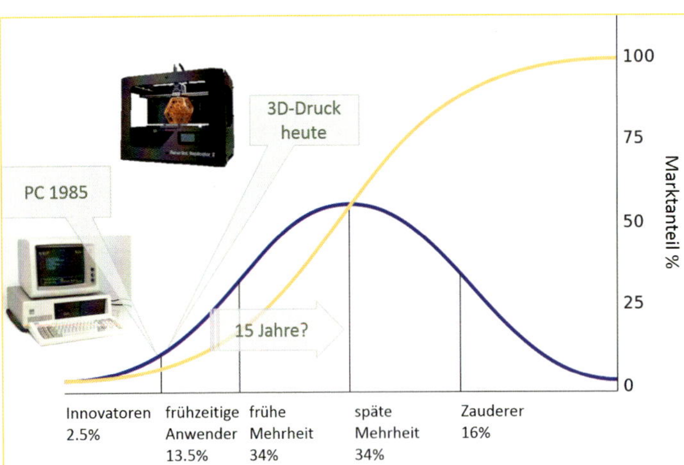

Stand der Entwicklung von 3D-Druck im »Technology Adoption Lifecycle«. (Illustration: HanCon.ch)

Einsteiger-3D-Druckern weltweit.) Vor allem experimentierfreudige, begeisterte Menschen haben einen 3D-Drucker oder beschäftigen sich konkret damit. Selbst unter der Annahme, dass sich 3D-Druck rasch weiterentwickelt und neue innovative Geschäftsmodelle entstehen, wird es vermutlich noch 10 bis 20 Jahre dauern, bis in vielleicht jedem fünften Haushalt ein 3D-Drucker steht.

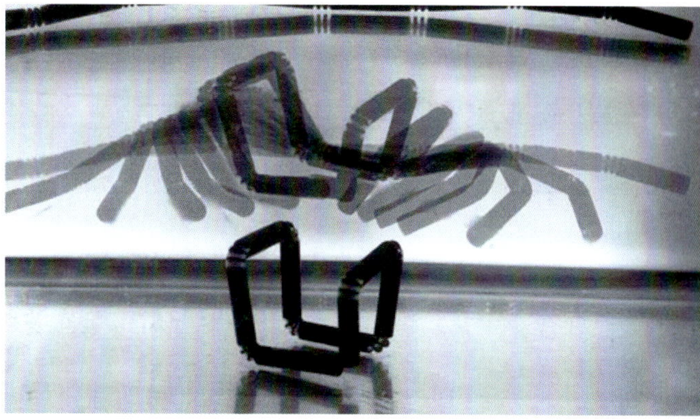

3D-gedruckter Strang, der sich selbst zu einem Würfel zusammenfaltet. Gemeinschaftsprojekt von Stratasys und dem MIT. *(Quelle: http://www.sjet.us/)*

Die in jüngster Zeit beobachtbaren Neu- und Weiterentwicklungen der 3D-Druck-Technologien, einsetzbare Materialien sowie neue Software und Services rund um den 3D-Druck sind sehr vielversprechend. Wegen des Auslaufens einiger Patente für das SLS-Verfahren (Selective Laser Sintering, siehe Kapitel 2) erwarten wir eine ähnliche Entwicklung wie im FDM/FFF-Bereich mit günstigen SLS-Geräten unter 20.000 Euro.

Zurzeit gibt es noch viel zu wenige gute 3D-Modelle. Zwar wird es künftig auch noch einfachere Designsoftware geben, doch hat nicht jeder Zeit oder die kreative Ader, um ein Modell selbst zu erstellen. In Zukunft werden wir daher viel mehr Anbieter und Marktplätze mit hochwertigen 3D-Designs sehen, die sich bequem kaufen und zu Hause oder via 3D-Druck-Dienstleister produzieren lassen. Einige dieser Anbieter werden es ermöglichen, ein 3D-Design in einem bestimmten Grad den eigenen Bedürfnissen vor dem Druck anzupassen. Erste Angebote dieser Art bestehen bereits (siehe Kapitel 3). Die Anbindung des 3D-Druckers einschließlich Steuerung wird künftig so einfach erfolgen, wie heute jeder Papierdrucker über den Druckdialog gesteuert wird. Microsoft zielt mit dem im November 2013 vorgestellten Programm »3D Builder« genau in diese Richtung.

Das kleinste Brandenburger Tor der Welt mit ca. 0.15 mm Höhe. Hergestellt im 3D-Laserlithographie-Verfahren. *(Quelle: www.nanoscribe.de)*

Vielleicht werden wir in 20 bis 30 Jahren eine Maschine sehen, die auf Knopfdruck Tee und Essen zubereitet – wie der »Replicator« aus der Serie Star Trek. Forschungen zum 3D-Druck verschiedener Lebensmittel, Zellen, Nanomaterialien (wie z. B. Graphene vom Graphene 3Dlab: *http://www.graphene3Dlab.com*) oder »smarter« Materialien, die sich unseren Bedürfnissen dynamisch anpassen, sind in vollem Gang. (z. B. vom MIT Self-Assembly Lab: *http://www.selfassemblylab.net*)

KAPITEL 2

MEHR ALS PLASTIK

Verfahren und Materialien für den 3D-Druck

Verfahren und Materialien für den 3D-Druck

In diesem Kapitel erfahren Sie, welches die heute gängigsten 3D-Druck-Technologien und -Materialien sind. Neben den hier vorgestellten Technologien gibt es noch weitere Verfahren, die aber ausschließlich in der Industrie eingesetzt werden. Wir zeigen Ihnen, welches Verfahren für welchen Einsatzzweck empfehlenswert ist, sowie die jeweiligen Vor- und Nachteile und Kosten. Im Anschluss an die 3D-Druck-Verfahren erhalten Sie einen Überblick über die heute üblichen Rohmaterialien, deren Einsatzzweck und die spezifischen Besonderheiten.

Allen 3D-Druck-Technologien gemeinsam ist das Prinzip des schichtweisen Aufbaus eines Objekts. Der Druckkopf und die Druckplatte bewegen sich dabei zueinander in x-, y- und z-Richtung. Im Wesentlichen unterscheiden sich die Verfahren in Mechanik, Präzision, Geschwindigkeit, verwendbaren Materialien und Notwendigkeit der Nachbearbeitung.

Je nach gewünschtem Einsatzzweck eines Objekts muss zwischen den verschiedenen 3D-Druck-Technologien und -Materialien gewählt werden. So können beispielsweise komplexe Geometrien mit beweglichen Teilen nur sehr schwer mit dem FDM/FFF-Verfahren hergestellt werden. Andererseits eignet sich dieses Verfahren gut für mechanisch beanspruchte Objekte.

2.1 Fused Deposition Modeling (FDM)/Fused Filament Fabrication (FFF)

Die FDM-Technologie (*Fused Deposition Modeling*) wurde Ende der 1980er-Jahre von der Firma Stratasys entwickelt. Da der Begriff FDM von Stratasys geschützt ist, hat sich in der Open-Source-Bewegung die Bezeichnung *Fused Filament Fabrication* (FFF) etabliert. Das Ausgangsmaterial ist meist ein Kunststoff, der in Form eines Drahts auf Rollen erhältlich ist. Dieser Draht wird auch als »Filament« bezeichnet. Für den 3D-Druck wird dieses Filament ähnlich wie in einer Heißklebepistole erhitzt, bevor es durch eine feine Druckdüse (0,3 bis 0,5 mm) schichtweise aufgetragen wird. Sofern kein Stützmaterial (Supportmaterial) benötigt wird, wird nur die exakt für das Objekt benötigte Menge an Material verbraucht. Alle 3D-Drucker, die auf der RepRap-Plattform basieren, arbeiten nach diesem Verfahren. Im Einsteigerbereich sind dies über 90 % aller 3D-Drucker. Üblich sind Schichthöhen von 0,1 mm (100 Mikron) bis 0,4 mm (400 Mikron).

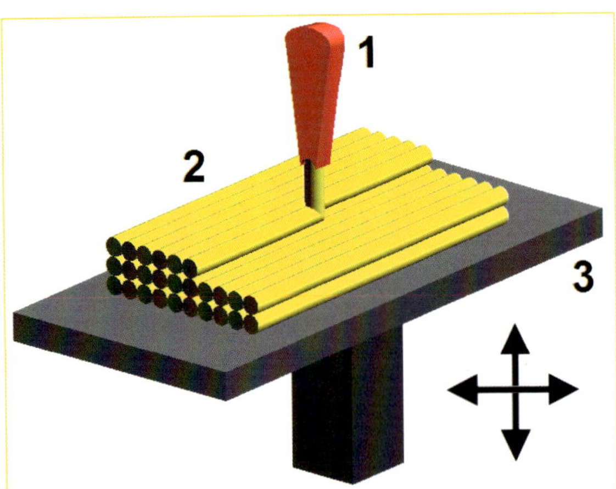

Quelle: *http://en.wikipedia.org/wiki/File:FDM_by_Zureks.png*

Einsatzgebiete

- Ideal für den Heim- und Hobbybereich.
- Objekte bis ca. 20 x 20 x 20 cm bei Druckern im unteren Preissegment (abhängig vom Modell).

Druckmaterialien

- Hauptsächlich Thermoplaste wie ABS und PLA, Nylon.
- Andere: Holz-Filament, Stein-Filament Sugru, Play-Doh, Teig, Schokolade etc.

Vorteile

- Im Einstiegsbereich von über 90 % aller 3D-Drucker im Einsatz, meist auf Basis der Open-Source-/Open-Hardware-Initiative RepRap. Sehr weit verbreitet, Ersatzbauteile leicht erhältlich.
- Günstigste 3D-Druck-Technologie. Open-Source-Bausätze für 3D-Drucker ab ca. 300 Euro. einsatzbereite 3D-Drucker 1.000 bis 5.000 Euro.
- Verbrauchsmaterial: Vielzahl verschiedener Materialien und Farben verschiedenster Hersteller.
- Bei Einsatz von Thermoplasten wie PLA oder ABS sind stabile und mechanisch beanspruchte Objekte möglich.
- Unzählige Fülle an frei verfügbarem Informationsmaterial und große Anwendercommunity im Internet.
- Einsparung des Druckmaterials durch einfache Einstellung des Füllungsgrads der gedruckten Teile (z. B. Wabenstruktur anstelle von 100 % massiv).

Nachteile/Herausforderungen

- Druck von überhängenden Geometrien (→ 60°) schwierig oder nur mit Supportstruktur oder Supportmaterial möglich.
- Mechanik für die Zuführung des Materials einer der Schwachpunkte.
- Die Präzision nimmt mit Größe des Objekts durch Schrumpfung des sich abkühlenden Materials ab.

2.2 (Selective) Laser Sintering (SLS)/(selektives) Laserschmelzen (SLM)

Beim Verfahren (Selective) Laser Sintering oder auch (Selective) Laser Melting (SLM) wird feines Kunststoff- oder Metallpulver (nur SLM) verwendet. Im deutschen Sprachgebrauch werden auch die Begriffe Lasersintern und Laserschmelzen verwendet. Im Vergleich zum FDM/FFF-Verfahren wird hier schichtweise über die gesamte Druckfläche das Pulver aufgetragen. Pro Schicht erhitzt ein Laserstrahl die Kunststoff- oder Metallpartikel an denjenigen Stellen einer Schicht, an denen das Objekt entstehen soll. Durch die Erhitzung verschmelzen die Partikel, die neben- und untereinanderliegen. So entstehen die Objekte Schicht für Schicht.

Das nicht verwendete Pulver dient beim Druck gleichzeitig als Stützmaterial für überhängende Strukturen und verhindert, dass nahe beieinanderliegende Strukturen zusammenkleben. Am Ende eines Druckvorgangs ist der gesamte Bauraum mit dem Kunststoff- oder Metallpulver gefüllt. Darin eingebettet sind die fertig gedruckten Objekte. Nach dem Abkühlen werden

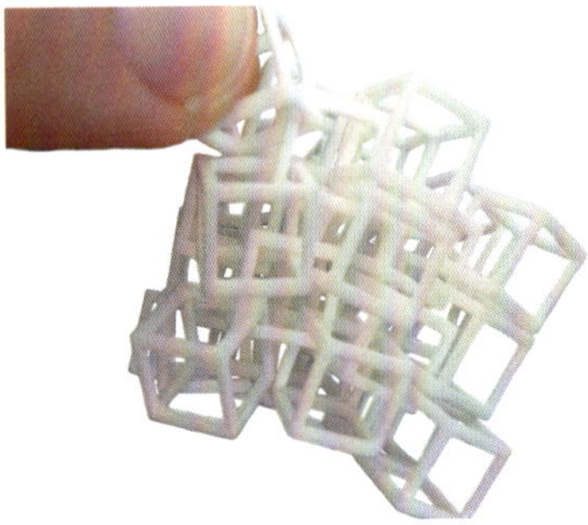

»Interlocked Cubes« von André Naujoks. 31 miteinander verbundene Würfel. In einem Druckauftrag produziert. (Foto: *HanCon.ch*) *https://www.shapeways.com/model/9351/interlocked-cubes.html*

die Objekte aus diesem großen Pulverblock vorsichtig herausgenommen. Nicht erhärtetes Pulver wird abgetragen und mittels Pressluft entfernt. Über 90 % des nicht verwendeten Pulvers sind wiederverwendbar. Derzeit gibt es keine SLS-Geräte im Einsteigersegment. Für den Hobbyanwender ist SLS in erster Linie interessant, um selbst kreierte Objekte bei einem 3D-Druck-Dienstleister in anderen Kunststoffen, in Farbe oder in Metall fertigen zu lassen.

Im Bild links ist das geniale wie einfache Design von 31 miteinander verbundenen hohlen Würfeln zu sehen. Dieses Modell wurde in einem einzigen Druck mit dem SLS-Verfahren aus Polyamidpulver hergestellt. Beim Drucken hat das umliegende, nicht erhärtete Pulver einerseits ermöglicht, dass die frei hängenden Strukturen nicht nach unten gesunken sind, andererseits hat es verhindert, dass die Gitterstrukturen aneinanderkleben. Mit anderen Verfahren wie dem FDM/FFF-Verfahren wäre so eine Geometrie nur mit erheblichem Einsatz von Stützstrukturen herstellbar, die später mühsam entfernt werden müssten.

Einsatzgebiete

- Von Haushalts- und Gebrauchsgegenständen über Architekturmodelle bis hin zu gebrauchsfertigen Endprodukten und hochfesten Ersatzteilen (in Metall).
- Beispielobjekte: Smartphone-Gehäuse, Designerlampen, Zahnkronen, Implantate, Schmuck.

Materialien

- Kunststoffpulver, z. B. Polyamid (Nylon).
- Metallpulver, z. B. Werkzeugstahl, Edelstahl, Chromstahl, Titan, Aluminium.

Vorteile

- Nahezu alle Geometrien druckbar, auch mit überhängenden und nahe zusammenliegenden Strukturen.
- Hohe Präzision.
- Nicht geschmolzenes Metallpulver kann fast vollständig wiederverwendet werden.

Nachteile/Herausforderungen:

- Hohe Investitions- und Folgekosten (SLS/SLM-3D-Drucker ab ca. 150.000 Euro).
- Material meist teuer und nur vom Druckerhersteller selbst.
- Raue Oberflächen (aber Nachbehandlung möglich).
- Nur ökonomisch, wenn der ganze mögliche Bauraum mit Objekten für die Produktion gefüllt ist.
- Langsam, ca. 1 cm pro Stunde.
- Damit das Druckmaterial aus geschlossenen Körpern nach der Produktion herausfließen kann, müssen extra Löcher in das 3D-Design eingeplant werden.
- Die Wiederverwendbarkeit des unverbrauchten Kunststoffpulvers liegt bei ca. 50 %.

2.3 Stereolithografie – SL(A)

Stereolithografie ist das Mitte der 1980er-Jahre zuerst erfundene und patentierte 3D-Druck-Verfahren. Hierbei härtet ein Laser oder gebündeltes Licht (wie z. B. bei DLP-Projektoren) lichtempfindliches flüssiges Kunstharz (Photopolymere) an denjenigen Stellen einer Schicht, an denen das spätere Objekt entstehen soll. Die Druckplatte liegt dabei in einer Wanne, die mit dem flüssigen Kunstharz gefüllt ist. Nach jeder Schicht bewegt sich diese Wanne oder die Belichtungseinheit um die nächste Schicht weiter. SLA-Geräte werden hauptsächlich in der Industrie zur Erstellung von Prototypen, aber auch in der Dental- und Schmuckindustrie zur Erstellung von Positiven für anschließendes Ausgießen eingesetzt. Ein großer Vorteil von SLA sind die sehr hohen Auflösungen, die feinste Strukturen erlauben, z. B. 39 µm (Mikrometer) beim Assiga Freeform Pico. Sehr dünne Schichten im Bereich 0,025 mm (25 µm) bis 0,25 mm (250 µm) und Wandstärken von 0,3 mm sind möglich. Im Einsteigersegment gibt es momentan nur wenige Geräte, z. B. den Form1 der Firma Formlabs (*formlabs.com*) für 3.300 US-Dollar oder den Freeform Pico von Assiga (*assiga.com*) ab 6.700 US-Dollar.

Die feinen Strukturen eines mit dem SLA-Verfahren hergestellten Krokodils. (Foto: *HanCon.ch*)

Einsatzgebiete für den Heimanwender

- Ideal für filigrane Objekte, die eine sehr gute Auflösung erfordern.
- Beispielobjekte: Architekturmodelle, Figuren und Teile im Hobbymodellbau, Schmuck (als Positivmodell für das spätere Gussmodell).

Materialien

- Lichtaushärtende Kunststoffe (Kunstharze, englisch: Resin).

Vorteile

- Feinste Strukturen möglich (für sehr hohe Ansprüche an Details ist SLA das geeignetste Verfahren).
- Ideal als Positivform für späteres Ausbrennen und Gießen (z. B. für Metallschmuck).

Nachteile/Herausforderungen

- Langsamer Prozess. Im unteren Preissegment ca. 1 bis 1,5 mm Höhe pro Stunde.
- Nur einige wenige Farben von Kunstharz erhältlich (unter anderem Grau, Weiß, Rosa bzw. durchsichtig).
- Umständliche Handhabung beim Wechsel des Materials.
- Nachbearbeitungsaufwand zum Entfernen der erforderlichen Grund- und Stützstrukturen mit Reinigungsalkohol (ähnlich Spiritus).
- Material teilweise nicht lichtbeständig, es bleicht unter Sonneneinwirkung mit der Zeit aus und verliert an Festigkeit.
- Hoher Preis des Verbrauchsmaterials, ca. 60 bis 160 Euro pro Liter.

2.4 3D Printing (3DP)

Der Begriff »3D Printing« oder »3D-Druck« wird inzwischen als Oberbegriff für alle additiven Fertigungsverfahren verwendet. Doch es gibt genau das eine »3D Printing« oder 3DP-Verfahren, das ähnlich wie Selective Laser Sintering funktioniert. Auch hier wird pulverförmiges Material über den ganzen Bauraum schichtweise aufgetragen, meist ein gipsähnlicher Verbundwerkstoff oder ein spezieller Kunststoff. Im Vergleich zum SLS-Verfahren kommt beim 3DP-Verfahren kein Laser zum Einsatz, sondern flüssiges Bindemittel. Dieses wird, ähnlich wie bei handelsüblichen Tintenstrahldruckern, über mehrere Druckköpfe in verschiedenen Farben in das Pulver gesprüht. Damit werden die umliegenden Partikel miteinander verklebt. Derzeit ist dies das einzige Verfahren für den 3D-Druck in Vollfarbe. Die übliche Schichtstärke liegt bei diesen Geräten bei 0,1 mm, die minimale Wandstärke bei 1 mm. Die Auflösung im Druck liegt bei bis zu 600 x 600 dpi. Um die Festigkeit der Objekte zu erhöhen, werden diese nach dem Druck noch mit einer speziellen Lösung nachbehandelt (»infiltriert«).

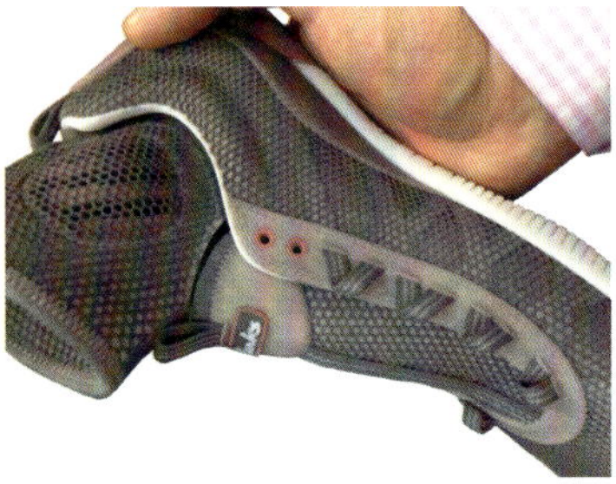

Beispiel eines 3D-Drucks in Farbe mit 3D Systems ProJet® 4500.

Einsatzgebiete

- Anschauungsobjekte, Demonstrationsteile.
- Beispielobjekte: farbige Figuren, 3D-Kopien von Gesichtern, Tieren, Menschen (im kleineren Maßstab).

Vorteile

- Einziges Verfahren zum 3D-Druck in Vollfarbe.
- Verbundmaterial relativ kostengünstig im Vergleich zu Polyamid im SLS-Verfahren.

Nachteile/Herausforderungen

- 3DP-Drucker noch teuer, ab 10.000 Euro (einfarbig). Für Herbst 2014 hat 3D Systems einen neuen Farb-3D-Drucker für Einsteiger ab 5.000 US-Dollar angekündigt (CubeJet).
- Objekte weniger stabil als im FDM- oder SLS-Verfahren (Stabilität kann durch Nachbehandlung erhöht werden).
- Sandsteinartige, raue Oberfläche.
- Damit das Druckmaterial aus geschlossenen Körpern nach der Produktion herausfließen kann, müssen extra Löcher in das 3D-Design eingeplant werden.

2.5 3D-Druck-Materialen

Bereits heute gibt es ungefähr 100 Materialien, die mit den verschiedenen Technologien im 3D-Druck-Verfahren hergestellt werden können. Mit vielen interessanten Materialien wie Zucker, Salz, Beton, Graphenen, leitenden Kunststoffen, Sugru, Play-Doh, Knete, Teig, Schokolade etc. wird derzeit für den 3D-Druck experimentiert. Über 3D-Druck-Dienstleister (siehe Kapitel 9) kann jeder ein digitales 3D-Modell aus ganz unterschiedlichen Materialien produzieren lassen. Der Endverbraucher kann dort einen

3D-Druck in verschiedenen Kunststoffen, in Farbe, aus Keramik oder Metallen wie Stahl, Titan, Silber oder Bronze, in Auftrag geben. Für den 3D-Druck-Hobbyanwender und für FDM/FFF-3D-Drucker sind hauptsächlich die Kunststoffe PLA und ABS im Einsatz.

In diesem Abschnitt stellen wir die für den Heimgebrauch gängigsten Materialien, deren Einsatzzweck sowie Vor- und Nachteile vor. Mit zunehmender Verbreitung kommen immer mehr Materialien für FDM/FFF-3D-Drucker auf den Markt. Es lohnt sich, die Entwicklung gerade als Heimanwender zu verfolgen. Es gibt bereits flexible, temperaturresistentere, fluoreszierende und andere spezialisierte Filamente. An leichteren, leitenden Materialien aus unterschiedlichen Grundstoffen und mit verschiedenen physikalischen Eigenschaften wird geforscht.

Grundsätzlich sollten bei der Materialauswahl folgende Punkte beachtet werden:

- Die Qualität der 3D-Druck-Materialien kann von Hersteller zu Hersteller stark schwanken (beispielsweise Konstanz des Durchmessers und Sprödigkeit des Materials). Kaufen Sie lieber bei bekannten Herstellern mit guten Referenzen. Zudem empfiehlt es sich für Anfänger, das Material auf einer Rolle zu kaufen und nicht als »lose« Ware. Auf Rollen ist die Handhabung um einiges einfacher.

- Durchmesser des Druckfilaments für den eigenen FDM/FFF-Drucker: 1,75 mm oder 3 mm Durchmesser sind die Standardformate. Achten Sie auf die Angaben des Herstellers Ihres 3D-Druckers. 3-mm-Filament wird meist mit Durchmessern von 2,75 bis 2,9 mm geliefert, was bei bestimmten Druckern den Vorschub erleichtert.

- Einsatzzweck: Je nach Einsatzzweck empfiehlt sich ein anderes Material. Unterschiede gibt es beispielsweise bei der Belastbarkeit, der Stabilität, der Temperaturbeständigkeit, der Säurebeständigkeit sowie in der Elastizität, bei den Farben und Weiterverarbeitungsmöglichkeiten etc. Als Anwender sollten Sie sich diese Kriterien vorab bewusst machen und entsprechend das Material auswählen. Hilfreich ist, sich mit den gängigsten Materialen vertraut zu machen. Alle großen 3D-Druck-Dienstleister bieten hervorragende Quellen zu Einsatzmöglichkeiten, Materialeigenschaften und Designtipps je nach Material.

- Material für den eigenen 3D-Drucker verwendbar? Manche Materialien sind für Drucker im Heimbereich nicht geeignet oder nicht verfügbar. 3D-Druck-Dienstleister bieten meist eine große Auswahl an verschiedenen anderen Kunststoffen sowie Materialien wie Metall, Keramik etc.

2.5.1 PLA (Polylactide oder Polymilchsäuren)

PLA ist ein thermoplastischer Biokunststoff, der auf Milchsäure basiert, die aus der Fermentierung von Zucker oder Stärke gewonnen wird. Im Alltag ist PLA z. B. aus dem Einsatz für Trinkbecher, Strohhalme, Verpackungsfolien oder Mulchfolien im Ackerbau bekannt. Neben ABS ist es das am häufigsten verwendete Material der FDM/FFF-Drucker im Heim- und Hobbybereich. PLA gilt als biokompatibel, d. h., es hat keine negativen Auswirkungen auf Lebewesen. Noch nicht geklärt sind die Auswirkungen von Farbpigmenten und anderen Zusatzstoffen in den Dämpfen, die beim Drucken entstehen. Es kann zu 100% wiederverwendet werden und zersetzt sich unter industriellen Bedingungen (Novel Properties of PLA Fibers, Seite 31 ff., *http://www.jeffjournal.org/INJ/fall01.pdf)*. Für den Heimanwender ist PLA das derzeit empfehlenswerteste Material. Es eignet sich für jegliche Formen und Anwendungen – von Spielsachen über Haushaltsgegenstände bis hin zu Weihnachtsgebäckausstechern. Es ist zudem wasserabweisend, säure- und lichtbeständig, d. h., es bleicht mit der Zeit nicht aus. PLA ist im 3D-Druck-Praxiseinsatz einfacher zu handhaben als ABS. Es entwickelt keinen unangenehmen Geruch, und beim Abkühlen verzieht es sich weniger als ABS. Zudem gibt es eine sehr große Auswahl an Farben und Varianten (z. B. halb transparentes, flexibles PLA) von einer Vielzahl an Herstellern. Die ideale Drucktemperatur liegt bei 190 bis 230 °C. Für jedes PLA empfiehlt es sich, die Temperatur eigens anzupassen. Die »optimale« Temperatur schwankt von Hersteller zu Hersteller und ist auch bei jeder Farbe unterschiedlich. Da PLA ab ca. 50 °C weich wird, ist davon abzuraten, Teile aus PLA z. B. in die Spülmaschine zu packen oder im Sommer im Auto liegen zu lassen. Ein Kilogramm PLA kostet 30 bis 50 Euro.

Tipp: PLA – ideales Material für den Heimgebrauch

PLA eignet sich ideal für jeden 3D-Druck-Einsteiger. Es ist unkompliziert im Umgang, und es lassen sich damit stabile und qualitativ gute Ergebnisse erzielen. Auch aufgrund seiner Gewinnung aus nachwachsenden Rohstoffen und der Einstufung als gesundheitlich nicht gefährlich wird PLA inzwischen bevorzugt. Grundsätzlich empfehlen wir, beim 3D-Druck immer für ausreichend Lüftung zu sorgen, unabhängig vom Material.

2.5.2 ABS (Acrylnitril-Butadien-Styrol)

ABS ist ein auf Erdöl basierender thermoplastischer Kunststoff, der sowohl im Hobby- wie auch im professionellen Bereich, z. B. in der Spielzeug-, Elektronik- und Automobilindustrie, häufig Anwendung findet. Bekannt ist ABS durch LEGO®. Die Bausteine sind aus ABS gefertigt. Im Vergleich zu PLA ist ABS etwas elastischer, stabiler und hält höheren Temperaturen stand. Damit eignet es sich besser z. B. für stark mechanisch beanspruchte Teile im Hobby-, Auto- oder Flugzeugmodellbau, beispielsweise für Zahnräder, Stoßfänger oder Gehäuse. ABS-Filament ist auch auf Rollen für den 3D-Druck von diversen Herstellern in vielen verschiedenen Farben erhältlich. Da ABS mit höheren Temperaturen gedruckt wird und sich beim Abkühlen mehr zusammenzieht als PLA, ist seine Handhabung schwieriger ABS schrumpft beim Abkühlen um ca. 8 %. Die Schrumpfung von ABS sollte bereits beim 3D-Design mit berücksichtigt werden. Zudem führt das

Zusammenziehen des Materials zu Materialverspannungen, die zu weniger Haftung auf dem Druckbett führen können. So kann es beispielsweise vorkommen, dass sich die äußeren Ecken eines Druckobjekts während des Druckvorgangs leicht nach oben wölben. Dies wirkt sich wiederum negativ auf alle darüberliegenden Schichten aus. Im schlimmsten Fall wird der ganze Druck unbrauchbar. Durch den Einsatz von Kapton-Band auf dem Druckbett und eines beheizten Druckbetts (Heatbed) kann dieses Risiko verringert werden. Bei Temperaturen von 80 °C bis 110° C haftet ABS besser auf dem Druckbett und tendiert dann weniger zu Verspannungen. Die gute Haftung von ABS auf dem Druckbett erfordert gleichzeitig beim Entfernen des fertig gedruckten Objekts einen größeren Kraftaufwand. Entfernen Sie ein Objekt mit einem Spachtel oder Messer sehr behutsam, um einerseits das Objekt nicht zu beschädigen und sich andererseits nicht zu verletzen. Wir empfehlen zudem beim Druck mit ABS, auf eine gute Lüftung des Raums zu achten. Die beim Erhitzen von ABS entstehenden Dämpfe können für die Atemwege irritierend sein. Die Drucktemperatur von ABS liegt bei ca. 250° C, sie aber ist auch hier abhängig vom Hersteller. ABS wird erst ab ca. 80° C weich. Ein Kilogramm ABS kostet 30 bis 50 Euro.

2.5.3 PA/Nylon (Polyamid)

Polyamid, vielen unter dem Namen »Nylon« bekannt, ist insbesondere im SLS-Verfahren (Selective Laser Sintering) in Pulverform weiter verbreitet. Aber auch für FDM/FFF-Consumer-3D-Drucker gibt es bereits PA in Rollenform. Polyamide weisen eine hohe Festigkeit und Zähigkeit auf, gleichzeitig ist das Material wenig spröde, gegenüber Lösungsmitteln resistent, aber nicht wasserabweisend.

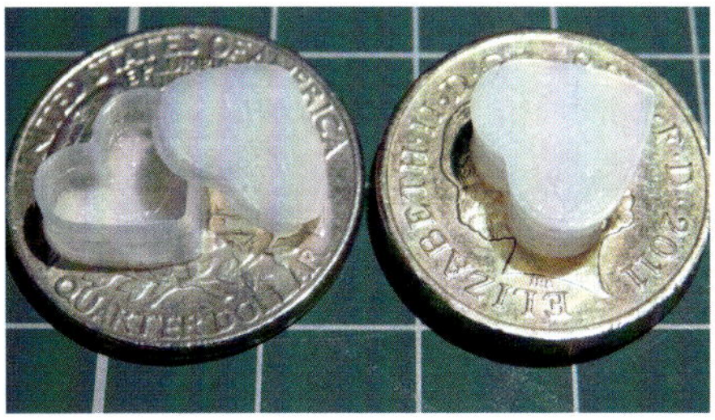

Kleine Objekte gelingen sehr gut mit Nylon. (Quelle: *http://richrap.blogspot.ch/*)

Aus Polyamid werden im SLS-Verfahren komplexe Geometrien, Smartphone-Gehäuse, Lampenschirme und funktionale Modelle (mit beweglichen Teilen) gedruckt. Beim Kauf von Nylon für den Hobby-3D-Drucker ist auf die unterschiedlichen Varianten zu achten. In der RepRap-Community hat sich das »Nylon 618« der Firma Taulman 3D bewährt. Es ist unproblematisch für jegliche FDM/FFF-3D-Drucker und RepRap-Geräte. Beim 3D-Druck entstehen keine giftigen Dämpfe. In den einschlägigen Foren berichten Anwender wie Richard Horne von ihren sehr guten Erfahrungen beim Druck von sehr kleinen, aber auch großen Objekten mit Nylon.

Die einzelnen Schichten haften sehr gut aufeinander, was zu stabilen Objekten führt.

Sehr interessant sind auch Richards Experimente, Nylon mit normaler Textilfarbe vor dem Drucken einzufärben *(http://richrap.blogspot.ch/2013/04/3d-*

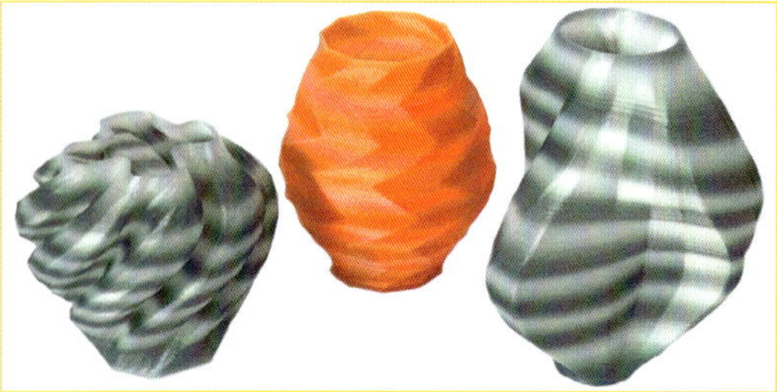

Vor dem Druck gefärbtes weißes Nylon führte zu diesen schönen Ergebnissen. (Quelle: *http://richrap.blogspot.ch/*)

printing-with-nylon-618-filament-in.html). Gemäß dem Hersteller kann die Haftung der Schichten untereinander durch das vorherige Färben geringfügig schlechter werden. Einfache Überprüfungen der Stabilität zeigen aber, dass dies im Heim-/Hobbybereich kaum bemerkbar ist.

Nylon wird ab ca. 40 bis 50 °C weich. Die geeignete Drucktemperatur liegt zwischen 220 und 260 °C (siehe Angaben der Hersteller). Ein halbes Kilogramm Nylon kostet ca. 30 Euro.

2.5.4 PP (Polypropylen)

Polypropylen ist wie z. B. PLA und ABS ein thermoplastischer Kunststoff, der bereit 1957 erfunden wurde und seit Jahrzenten in der Lebensmittelindustrie (unter anderem für Aufbewahrungsdosen) und Pharmazie eingesetzt wird. PP gilt als physiologisch unbedenklich und entspricht den US-amerikanischen Regularien für Lebensmittelsicherheit (FDA) und den entsprechenden Standards der EU. Das Material ist somit für Objekte geeignet, die mit Lebensmitteln in Berührung kommen. Die German RepRap Foundation war im Januar 2014 der erste Anbieter von PP für FDM/FFF-3D-Drucker. Polypropylen wird erst bei ca. 100 °C weich, d. h., es ist auch, anders als PLA, spülmaschinentauglich. Mit PP gedruckte Objekte sind elastisch, aber selbst bei dünnen Strukturen stabil. Die Drucktemperatur von PP liegt bei 210 °C, erfordert aber ein spezielles Druckbett, das auf dem Heizbett oder der Standarddruckplatte angebracht wird. 750 Gramm PP kosten 55 Euro.

2.5.5 PVA (Polyvinylalkohol)

Würfel, gedruckt mit grauem PLA und weißem PVA. Designer Tony Buser. (Quelle Bilder: *http://www.thingiverse.com/thing:16343*)

PVA wird nicht als Material zum Druck eines Objekts selbst verwendet, sondern kann bei FDM/FFF-Druckern mit mindestens zwei Extruderdüsen als Stützmaterial eingesetzt werden. So lassen sich z. B. kritische Überhänge oder Hinterschneidungen – etwa die Distanz zwischen zwei physisch nicht verbundenen, aber zusammengehörenden Teilen, z. B. ein Kugellager mit Kugel – einfach realisieren. PVA ist wasserlöslich, d. h., nach dem Druck reicht es, das Objekt in lauwarmes Wasser zu tauchen. Nach einer Weile löst sich das Stützmaterial.

PVA wird in der Industrie z. B. für die Herstellung von löslichen Folien bei Spülmaschinen-Tabs oder für Medikamentenkapseln verwendet. Es ist für das Abwasser unproblematisch und gilt als ungiftig. Allerdings können bei der Erhitzung über 200 °C Dämpfe entstehen, die die Atemwege irritieren können. Daher ist bei der Verwendung als 3D-Druck-Stützmaterial Vorsicht geboten. Die empfohlene Drucktemperatur liegt bei 190 bis 230 °C. Achten

Sie darauf, das erhitzte PVA sofort zu drucken und nicht im heißen Extruder stehen zu lassen. Sonst kann es zu Verstopfungen des Extruders kommen. Zudem wird empfohlen, PVA ohne Lüfter und bei ca. halb so schneller Geschwindigkeit wie PLA zu drucken. Ein halbes Kilogramm PVA kostet 50 bis 60 Euro.

Nach Auflösung des PVA in Wasser bleibt die mit PLA gedruckte Struktur übrig.

2.5.6 Holz-Filament

Holz-Filament wie z. B. Laywoo-D3 (Produktname) ist ein Spezialfilament für FDM/FFF-3D-Drucker, das aus 40 % recyceltem Holz besteht. (Laywood und Laybrick wurden von Kai Parthy von CC Products erfunden.) Damit gedruckte Objekte sehen aus, als hätte man sie aus Holz geschnitzt. Durch Verändern der Drucktemperatur zwischen 185 und 230 °C kann die Farbe des Holz-Filaments von Hell- bis Dunkelbraun variiert werden, wodurch sehr interessante optische Effekte entstehen. Laywoo-D3 ist ähnlich wie PLA einfach in der Anwendung. Ein Heizbett ist nicht erforderlich. Damit gedruckte Objekte verziehen sich kaum. 250 Gramm kosten ca. 20 Euro.

Vase, mit Laywood gedruckt. (Quelle: *airwolf3d.com*)

2.5.7 Mineralisches bzw. Stein-Filament

Laybrick (Produktname) ist ein anderes interessantes FDM/FFF-Filament, das sich z. B. für den 3D-Druck von Architekturmodellen anbietet. Für filigrane Strukturen ist es weniger geeignet. Damit gedruckte Objekte haben eine sandsteinähnliche Oberfläche. Es besteht aus feinen, mineralischen Partikeln, z. B. Kalk und harmlosen Polyestern. Laybrick ist unkompliziert in der Anwendung und kann auch ohne Heizbett gedruckt werden. Der Drucktemperaturbereich liegt zwischen 165 und 220 °C. Bei Temperaturen bis 190 °C ist die Oberfläche glatter, bei höheren Temperaturen ab 210 °C wird sie rauer und sandsteinähnlich. 250 Gramm kosten ca. 20 Euro.

Vergleich gängiger 3D-Druck-Materialien

Material	Temperatur	Kosten
PLA	190 – 230 °C	30-50 Euro (1 kg)
ABS	250 °C	30-50 Euro (1 kg)
PA	220 – 260 °C	30 Euro (0,5 kg)
PP	210 °C	55 Euro (0,75 kg)
PVA	190 – 230 °C	50-60 Euro (0,5 kg)
Holz	185 – 230 °C	20 Euro (0,25 kg)
Stein	165 – 220 °C	20 Euro (0,25 kg)

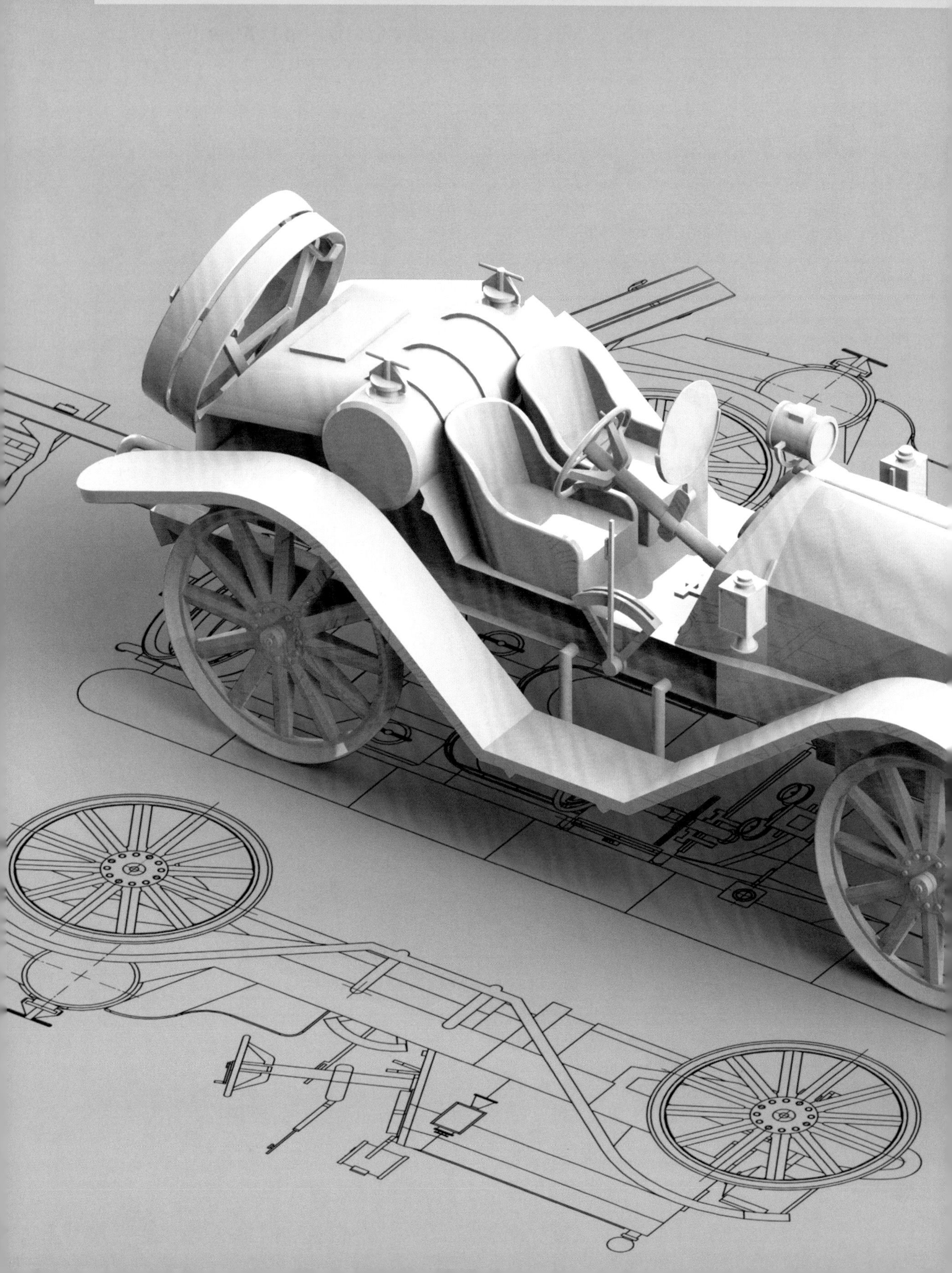

KAPITEL 3

VIELES IST SCHON DA

Vorhandene 3D-Designs nutzen

Es empfiehlt sich, zu Beginn mit einfacheren Objekten zu starten. Myminifactory erlaubt fünf Downloads pro Monat. Mehr Modelle können Sie herunterladen, wenn Sie Feedback geben oder ein Foto des gedruckten Objekts auf der Website einstellen.

- *Grabcad.com/library* fokussiert sich auf professionelle CAD-Objekte, die eher für Konstruktion und komplexe dreidimensionale Visualisierung gedacht sind. Es werden kostenlose, aber auch kostenpflichtige 3D-Modelle in unterschiedlichen Kategorien und Dateiformaten angeboten. Um nur diejenigen 3D-Modelle zu finden, die für den 3D-Druck direkt genutzt werden können, wählt man *STL* im Filter *Software* der erweiterten Suche (*advanced search*). Aber Vorsicht, hier erscheinen trotzdem viele Modelle, die für den 3D-Druck eigentlich weniger geeignet sind, vor allem nicht für den Druck auf einem Heimgerät (zu komplex, zu filigrane Strukturen).

- *GB3D Type Fossils* (*3d-fossils.ac.uk*) ist eine kostenlose Datenbank mit 3D-Modellen von Fossilien. Diese können als PLY oder OBJ für den 3D-Druck heruntergeladen werden (erfordert meist noch Konvertierung ins STL-Format z. B. via Meshlab).

Weitere Onlinemarktplätze mit 3D-Designs, die künftig noch interessant werden könnten, sind:

- *Threeding.com*
- *CubeHero.com*
- *MakerLibrary.com*
- *HomePrototypes.org*
- *ThingTracker.net*

3.4 Individualisierbare kostenlose 3D-Designs

Bereits heute gibt es einige Angebote von 3D-Designs, die sich direkt im Webbrowser den eigenen Wünschen entsprechend in einem vorgegebenen Rahmen anpassen und/oder personalisieren lassen. Unserer Ansicht nach wird es in Zukunft noch viel mehr solcher Anbieter geben, denn personalisierbare oder individualisierbare Designs nutzen genau den Vorteil von 3D-Druck, Unikate oder nur wenige Teile eines Designs zu produzieren. Nachfolgend finden Sie eine Auswahl an kostenlosen Angeboten mit personalisierbaren 3D-Designs für den 3D-Druck zu Hause:

- *Cubify Easy Apps* (*http://cubify.com/apps/*): Der Hersteller 3D Systems bietet hier verschiedene Onlinetools an, die es erlauben, ein 3D-Grunddesign nach eigenen Wünschen sehr leicht anzupassen. Mit Drag-

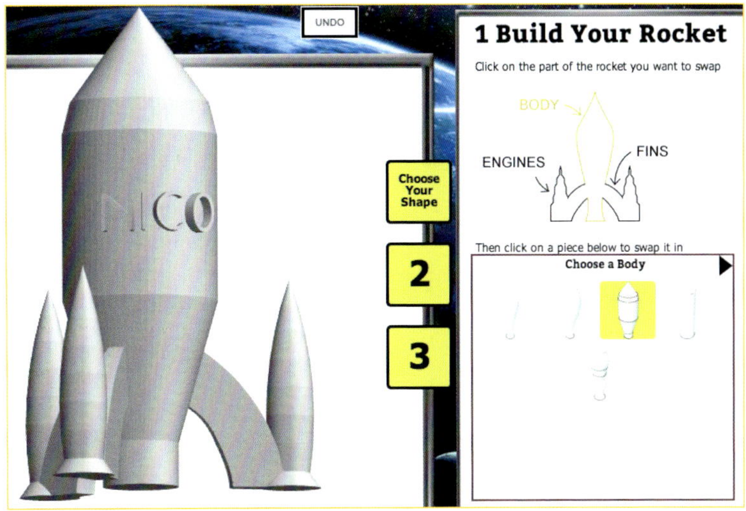

and-drop und Schiebereglern kann das Ausgangsobjekt individuell zusammengestellt werden. Es gibt beispielsweise eine App, mit der eine Spielzeugroboterfigur aus vorgegebenen Bausteinen zusammengesetzt werden kann. Mit einer anderen App können Ringe oder Raketen nach eigenem Geschmack gestaltet werden. Sobald man fertig ist, können die so individualisierten 3D-Objekte kostenlos heruntergeladen werden. Auf Wunsch kann aber auch direkt der Auftrag zum 3D-Druck des Objekts in verschiedenen Größen und in Farbe vergeben werden. Wenige Tage später wird das fertige Teil nach Hause geliefert.

- *Shapeways Apps for easy Creation* (*https://www.shapeways.com/creator*) bietet einige ganz unterschiedliche Applikationen an, um leicht individuelle 3D-Modelle zu erstellen. Eines der bekanntesten ist der Cookie-Caster, mit dem sehr einfach Ausstecher für Weihnachts- oder Ostergebäck erstellt werden können. Das fertige 3D-Modell kann kostenlos heruntergeladen werden (*http://cookiecaster.com/*).

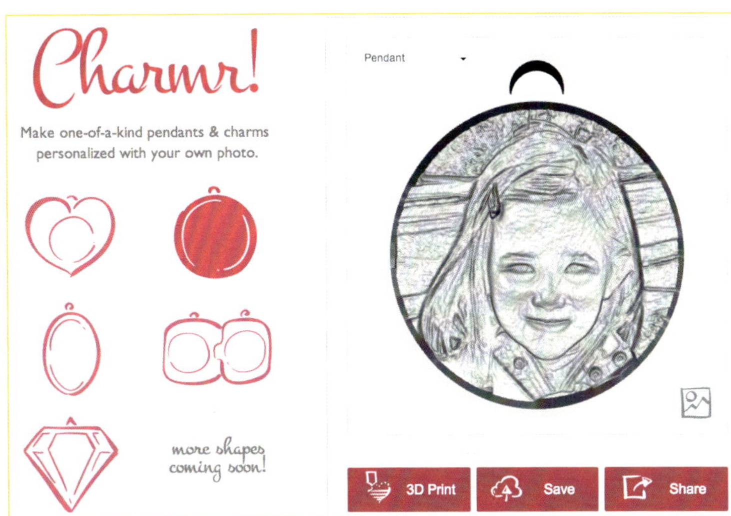

- Mit *Autodesk 123D Charmr* (*http://apps.123dapp.com/charmr/*) lassen sich verschiedene Anhänger mit jedem eigenen Foto als Relief erstellen. Das fertige Design kann an einen 3D-Druck-Dienstleister gesendet oder für den 3D-Druck zu Hause kostenlos heruntergeladen werden.

- Es gibt mittlerweile auch einige weitere interessante Anbieter mit individualisierbaren Designs, die aber nicht frei heruntergeladen werden können, sondern kostenpflichtig direkt über einen 3D-Druck-Dienstleister gefertigt und zu Ihnen geliefert werden – z. B. von *Nervous System* (*http://n-e-r-v-o-u-s.com/*), *DYO* (*https://dyo.co*), *Twikit* (*http://twikit.com*), *Treofab* (*http://treofab.com*).

Scan
3D
SCANNER

KAPITEL 4

OBJEKTE SCANNEN

3D-Scanning-Verfahren und ihre Anwendung

Objekte scannen

Oftmals wollen wir ein 3D-Objekt nicht mit CAD konstruieren oder von den verschiedenen dafür spezialisierten Websites (Thingiverse etc.) herunterladen, vielmehr wollen wir es aus Vorhandenem (Gesichtern, Objekten) rekonstruieren. Dazu müssen wir diese Objekte in ihrer Breite, Höhe und Tiefe vermessen bzw. einlesen oder, analog zum Begriff aus der 2D-Welt, scannen. Die hier eingesetzten Applikationen zum 3D-Scannen bzw. Nachbearbeiten sind eine Auswahl an Software, die am Markt zu erhalten ist und die wir für Einsteiger und ambitionierte Hobbyisten empfehlen. Praktisch wöchentlich erscheinen auf diesem Gebiet sehr gute Applikationen, und es ist nicht die Absicht der Autoren, diese Applikationen zu bewerten, denn natürlich entwickelt jeder User seine eigenen Softwarepräferenzen, durch Ausprobieren und Herumspielen werden Sie diese finden.

4.1 Verfahren für das 3D-Scannen

Um ein Objekt in drei Dimensionen (Höhe/Breite/Tiefe oder x/y/z) zu erfassen, gibt es verschiedene Verfahren, welche sich schematisch klassifizieren lassen.

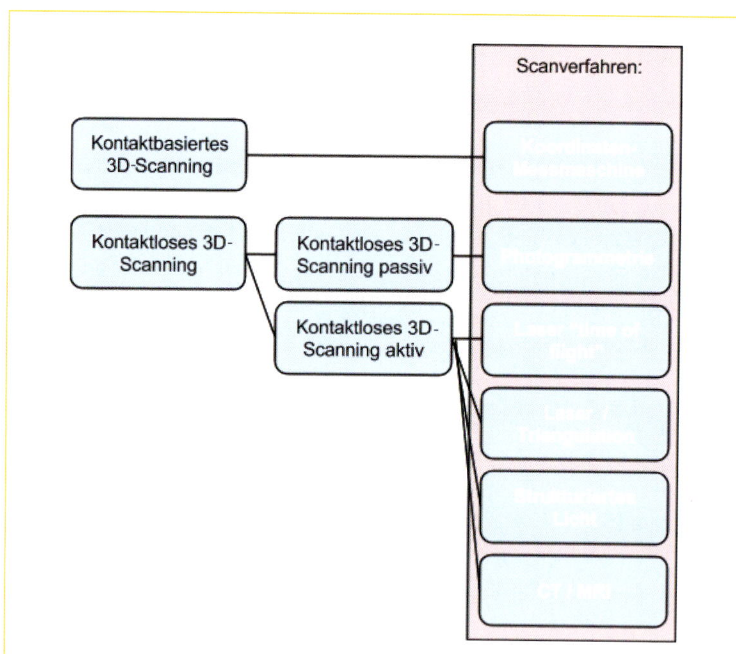

Klassifizierung der 3D-Scanverfahren

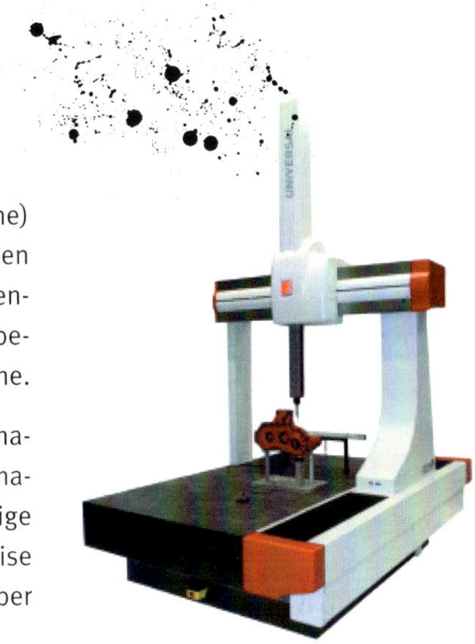

4.1.1 Kontaktbasiertes 3D-Scanning: Koordinatenmessmaschine

Bei kontaktbasierten 3D-Scannern (auch Koordinatenmessmaschine) werden die Maße und Koordinaten durch Kontakt bzw. durch Abtasten des Objekts mit einem Messarm ermittelt. Natürlich muss das zu scannende Objekt fixiert sein und darf sich für die Dauer der Messungen nicht bewegen. In der Abbildung sehen wir eine solche Koordinatenmessmaschine.

Mittels einer Sensornadel werden mehrere Punkte (bzw. deren Koordinaten) an der Oberfläche des zu vermessenden Objekts ermittelt. Koordinatenmessmaschinen können sehr genau sein und waren lange die einzige Möglichkeit, Objekte in drei Dimensionen zu vermessen. Typischerweise findet man Koordinatenmessmaschinen in der Fertigungsindustrie, aber auch in Kunst und Wissenschaft (Archäologie).

Bewertung

Das Verfahren ist nur einsetzbar, wenn man physischen Kontakt zum einzulesenden Objekt hat. Der Kontakt kann das zu scannende Objekt beschädigen (z. B. kunsthistorische Objekte). Zudem ist das oft manuelle Umstellen des Arms auf einen neu zu vermessenden Punkt eine langwierige Angelegenheit, und es werden keine Innen- bzw. Hohlräume erfasst.

4.1.2 Photogrammetrie

Die Photogrammetrie ist das einzige passive kontaktlose Verfahren. Dabei werden 3D-Modelle aus einer Serie von 2D-Bildern bzw. Fotos errechnet, wobei, neben den Bildern selbst, Daten wie die Brennweite des verwendeten Objektivs und Verzerrungswerte der eingesetzten Optik in die Berechnungen mit einbezogen werden können. Grundsätzlich lässt sich sagen: Je mehr Bilder und je verschiedener die Aufnahmewinkel, umso besser fällt das resultierende 3D-Modell aus. Die mathematischen Modelle und Berechnungen hinter der Photogrammetrie sind sehr komplex und sprengen den Rahmen dieses Buchs.

Die von Autodesk kostenlos zur Verfügung gestellte Applikation 123D Catch ist wohl die verbreitetste Applikation, die mittels Photogrammetrie 3D-Modelle erstellt, das folgende Bildschirmfoto zeigt die Desktopvariante von 123D Catch.

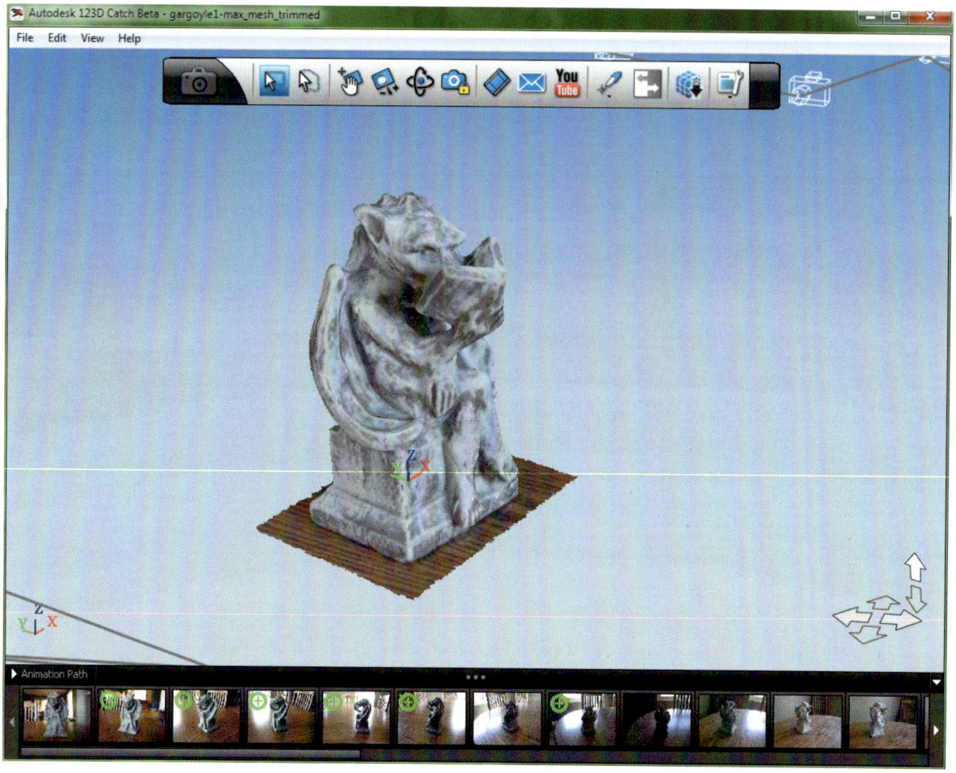

Bewertung

Photogrammetrische 3D-Rekonstruktion kann sehr gute Resultate liefern; möglichst viele Aufnahmen aus verschiedenen Betrachtungswinkeln und gleichbleibende Lichtverhältnisse auf den Bildern sind aber Voraussetzung. Dazu liegt auf der Hand, dass Hohlräume im Inneren eines Objekts mit dieser Technologie nicht erfasst werden können. Dennoch ist die Photogrammetrie für jeden mit einer Kamera bzw. mit einem Smartphone praktikabel, mit 123D Catch bietet Autodesk Photogrammetrie als Dienst kostenlos an.

4.1.3 Laser

Bei diesem Verfahren wird die Zeit gemessen, die ein Lichtstrahl (Laser) braucht, um eine bestimmte Distanz zurückzulegen. Konkret sendet der Laser einen Lichtstrahl auf ein Objekt, z. B. ein Gebäude. Nun wird die verstrichene Zeit gemessen, bis ein Sensor den am Gebäude reflektierten Strahl wahrnimmt. Da die Lichtgeschwindigkeit bekannt ist (*C*), kann eruiert werden, was für eine Distanz der Lichtstrahl zurückgelegt hat. Wiederholt man diese Messungen für eine genügend große Anzahl Punkte, ergibt sich ein 3D-Modell des Gebäudes. Typischerweise vermisst ein Laserscanner ca. 1.000 Punkte pro Sekunde.

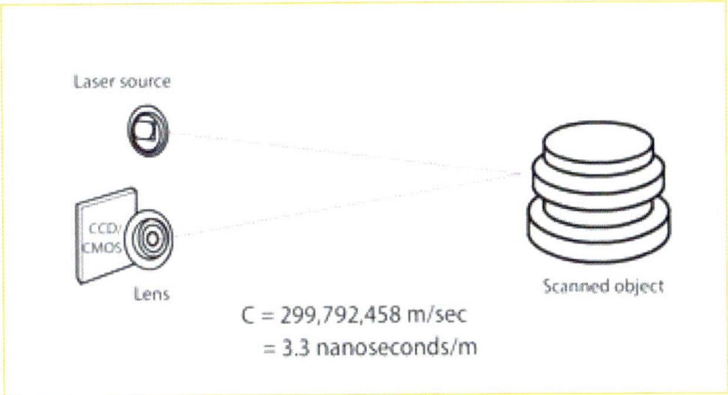

Je genauer die Zeit gemessen werden kann, die der Laserstrahl braucht, um die Strecke zurückzulegen, umso exakter fallen die 3D-Modelle aus. Das Verfahren wird auch als Time of Flight Scanning bezeichnet und wird vor allem für den Fernbereich in der Landes- und Gebäudevermessung eingesetzt.

Bewertung:
Die erforderliche extrem genaue Erfassung der Zeitspanne ist in der Praxis problematisch, darum ist diese Art von Scanning für den Nahbereich (bis zu wenigen Metern) nicht ideal.

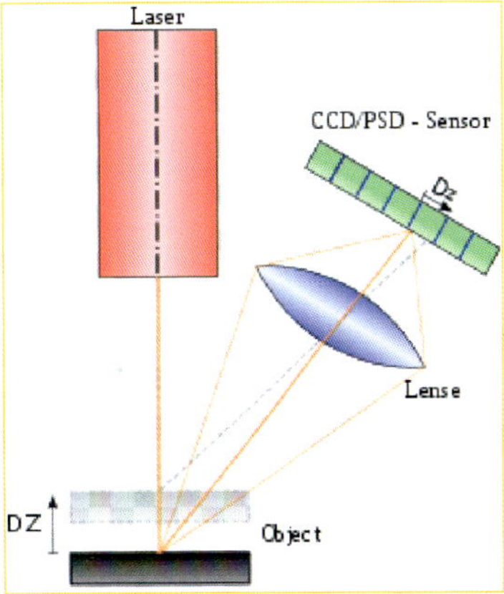

4.1.4 Lasertriangulation

Auch bei triangulationsbasierten 3D-Scannern zuerst ein einzelner Punkt auf einem Objekt mit einem Laserstrahl beleuchtet. Ein Sensor bzw. eine Kamera, die versetzt zur Laserlichtquelle liegen muss, fängt den reflektierten Strahl ein.

Im Blickfeld der Kamera bzw. des Sensors, der den reflektierten Laserstrahl einfängt, wird dieser Punkt je nach Position in der Tiefe an einer anderen Stelle erscheinen. In der Abbildung ist das schematisch dargestellt. Einfacher lässt sich das Verfahren an einem Beispiel erklären: Stellen Sie sich vor, Sie projizieren einen senkrechten Laserstrahl auf ein Objekt, beispielsweise eine Hand. Wenn Sie aus der gleichen Richtung wie der Laser auf das Objekt schauen, wird der Laserstrahl senkrecht und gerade aussehen; versetzen Sie jedoch Ihren Blickpunkt, wird diese Linie Konturen annehmen, die mithilfe trigonometrischer Mathematik auf Tiefeninformation schließen lassen.

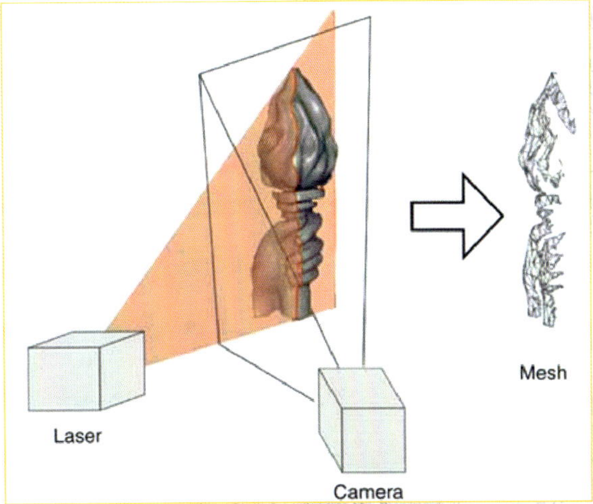

Die Microsoft Kinect basiert ebenfalls auf Triangulation; die Beispiele in diesem Buch wurden mehrheitlich damit gescannt.

Bewertung:
Triangulationsbasierte 3D-Scanner sind sehr genau. Dafür sind sie im Fernbereich nicht ideal einsetzbar, da mit zunehmender Distanz die Eintreffwinkel immer

enger werden. Und auch bei diesem Verfahren werden Hohlräume nicht erkannt. Dafür sind die ermittelten Messdaten im Nahbereich sehr genau.

4.1.5 Strukturiertes Licht

Ähnlich wie bei der Lasertriangulation werden bei diesem Verfahren die zu scannenden Objekte beleuchtet, allerdings mit einem Muster, beispielsweise einem Gitternetz. Auch hier erfasst ein versetzter Sensor das vom Objekt reflektierte Licht. Anhand der Verzerrungen im Muster des Bilds kann so die Tiefeninformation gewonnen und das 3D-Modell errechnet werden.

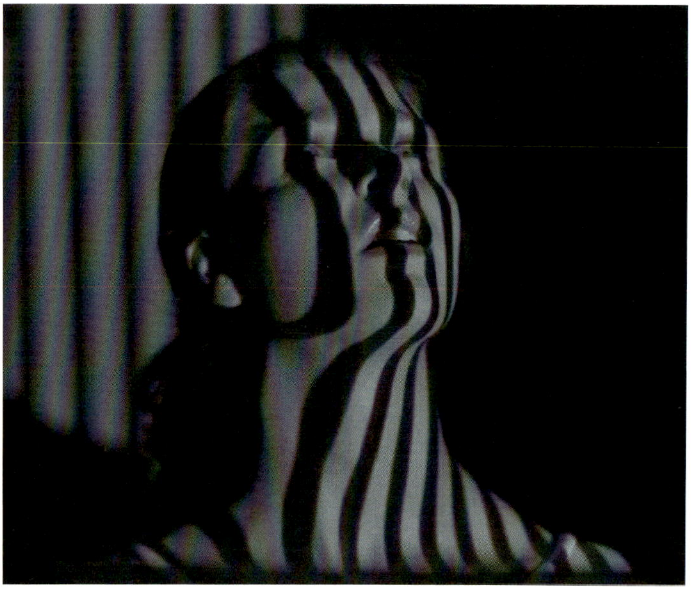

Bewertung:
Grundsätzlich ist das Scannen mit strukturiertem Licht der Lasertriangulation sehr ähnlich und hat somit die gleichen Beschränkungen. Der große Vorteil besteht allerdings darin, dass nicht ein Punkt, sondern gleich ein ganzes Bild mit üblicherweise mehreren Millionen Punkten ermittelt wird. Dies resultiert in erheblich kürzeren Scanzeiten. Und das wiederum bedeutet im praktischen Einsatz, dass Ihr Motiv weniger lang stillhalten muss, wenn es gescannt wird.

4.1.6 CT/MRI/Ultraschall

Einzig auf CT/MRI bzw. Ultraschall basierende 3D-Scanverfahren können Hohl- bzw. Innenräume und interne Strukturen erkennen und rekonstruieren. Dabei werden in einem ersten Schritt zweidimensionale Schichtdaten ermittelt, die dann zu einem 3D-Modell aggregiert werden.

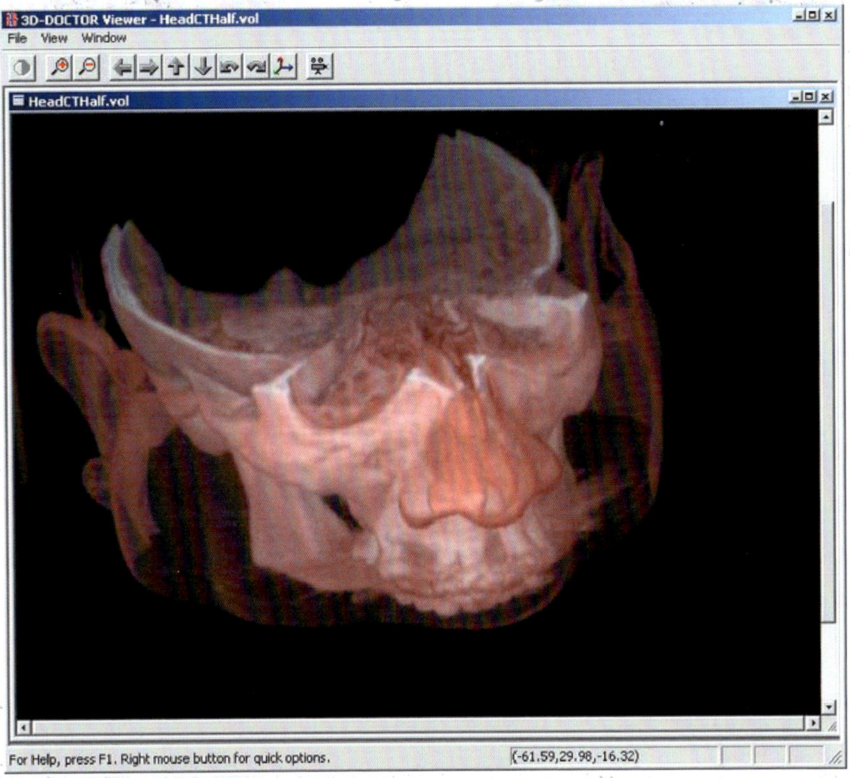
3D-DOCTOR Viewer - HeadCTHalf.vol
File View Window
HeadCTHalf.vol
For Help, press F1. Right mouse button for quick options.
(-61.59,29.98,-16.32)

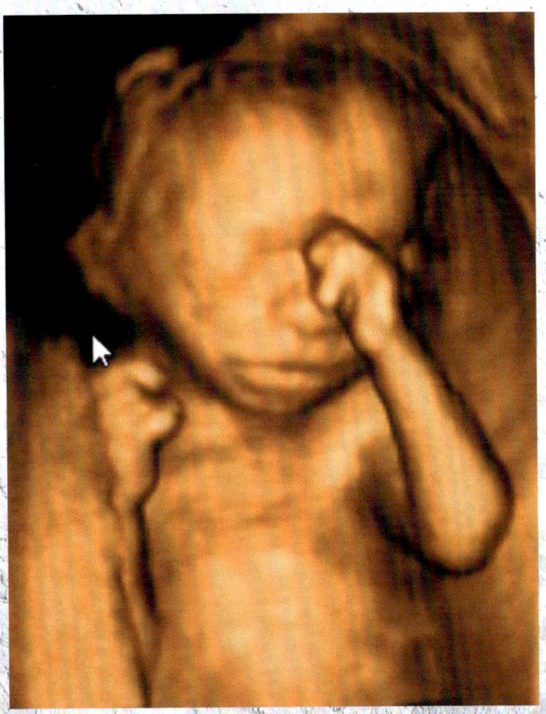

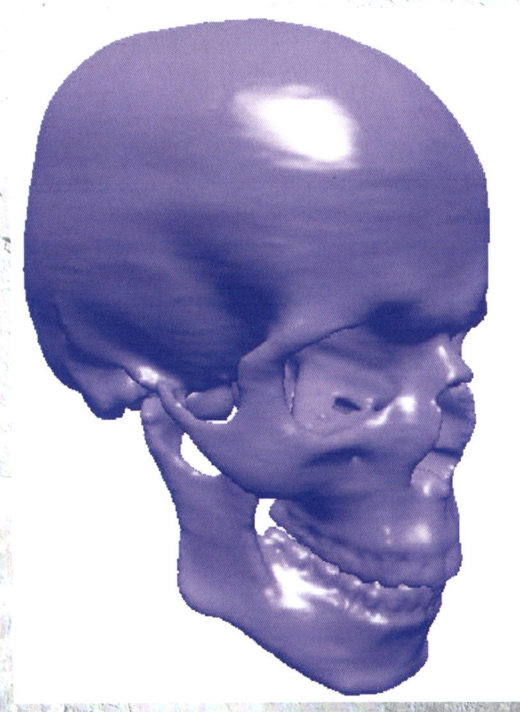

Bewertung:
Die Limitationen sind die geringe Reichweite sowie der hohe Preis. Heutzutage kommen immer mehr Menschen (insbesondere schwangere Frauen) mit dieser Technologie in Kontakt, beispielsweise sind 3D-Ultraschallbilder sehr verbreitet und beliebt. Typischerweise setzt man diese Verfahren in der Medizin wie auch in der Archäologie ein.

4.1.7 Vorbereitung, Durchführung und Nachbearbeitung von Scans

Der Workflow

Als Nächstes möchten wir Ihnen den Workflow vorstellen, auf den wir uns bei der Arbeit mit 3D-Scans stützen.

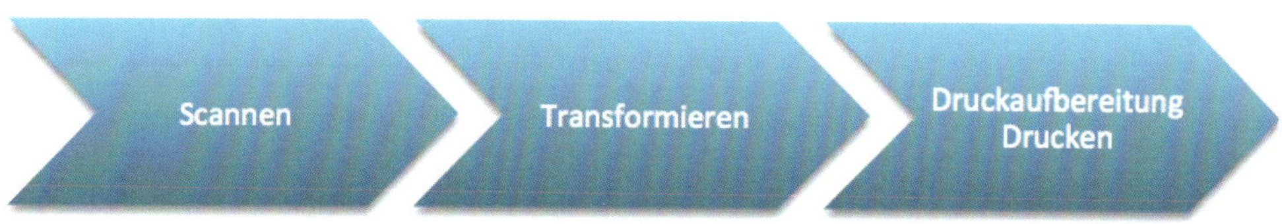

Zuerst scannen wir ein Objekt und müssen es dann noch bearbeiten (transformieren), bevor wir es zur Druckaufbereitung und zum Druck weitergeben.

4.2 Scannen

Scannen mit 123D Catch

Mit den sogenannten »Autodesk-123D-Apps« (*http://www.123dapp.com*) liefert Autodesk kostenfrei eine Sammlung von Apps und Desktop- bzw. Webapplikationen zum Erfassen, Nachbearbeiten und nicht zuletzt zum Teilen von 3D-Inhalten. Im Kern ist 123D Catch eine klassische 3D-Scanning-Applikation, die mittels Photogrammetrie 3D-Modelle erstellt, d. h., aus mehreren 2D-Bildern wird ein 3D-Modell errechnet. Es ist zu unterscheiden zwischen der App für iPhone/iPad, der nativen Windows-Applikation und der plattformunabhängigen Webapplikation. Während alle drei Versionen ein 123D-Log-in zu den Autodesk-Diensten voraussetzen (kostenlos, sehr einfach anzulegen), unterscheiden sie sich doch im Funktionsumfang und in den Systemvoraussetzungen (siehe folgende Tabelle zur Erläuterung):

	Funktionen	Systemvoraussetzungen
iOS-App	Fotoupload Betrachten und Teilen des 3D-Modells	aktuelles iPhone oder iPad
Webapplikation	Fotoupload Betrachten und Teilen des 3D-Modells einfache 3D-Bearbeitungen Export in gängige Dateiformate Auslösung/Bestellung 3D-Druck	plattformunabhängig, Browser-Plug-in
Windows-Applikation	Fotoupload Betrachten und Teilen des 3D-Modells erweiterte 3D-Bearbeitungen Erstellung von 3D-Animationen Export in gängige Dateiformate Auslösung/Bestellung 3D-Druck	Windows 7, 1 GB RAM, 1 GB Disk, openGL-kompatible Grafikkarte

Wir empfehlen, die iOS-App zu installieren und das Tutorial durchzuspielen. Wenn Sie dann ein erstes Modell erstellt haben, wechseln Sie zu der Webapplikation oder zur nativen Windows-Applikation, um Ihr so erstelltes Modell zu bearbeiten und gegebenenfalls in ein gängiges 3D-Format zur Weiterverarbeitung zu exportieren.

Die iPhone-App

Die Webapplikation

Transformationen in 123D Catch (Webapplikation)

In der Webapplikation befinden sich in der oberen Menüleiste nachfolgende Symbole und Operationen. Wenn Sie eine dieser Funktionen anwählen, wechseln Sie in einen entsprechenden Modus und können gegebenenfalls Parameter variieren, beispielsweise die Größe und Stärke beim Glätten-Werkzeug.

Ganze Bereiche oder einzelne Polygone im 3D-Modell selektieren.

Delete and Fill: Eliminieren Sie ungewollte Unebenheiten oder Ausschläge – »Stacheln« im Modell –, indem Sie ganze Bereiche selektieren und dann löschen und ausfüllen lassen.

Extrude: Heben Sie selektierte Polygone zu einer Fläche an.

Plane Cut/Ebenenschnitt: Beschneiden Sie Ihr 3D-Modell in beliebiger Richtung.

Orient: Hiermit lassen Sie das Bauteil im Raum um die drei Achsen rotieren.

Smooth: Das ist die Glättungsfunktion.

Heal Mesh: Mit dieser Funktion können Sie geschlossene und somit druckbare Oberflächen erzeugen. Einfache Reparaturautomatik.

Auto Cleanup: Mit dieser Funktion werden lose (disjunkte) kleine Teile automatisch gelöscht, das Modell wird bereinigt.

Kameraposition ausrichten

Am rechten Fensterrand finden Sie folgende Symbole, mit denen Sie den Betrachtungspunkt (und auch die Kameraposition) variieren können:

Mit dem Würfel können Sie die Kameraposition beliebig verändern. Ein Klick auf eine Fläche zeigt das Objekt aus dieser Richtung an.

Kameraposition rotieren.

Kameraposition nach links/rechts und oben/unten verschieben.

Zum Cursor hineinzoomen (mit `Shift`-Taste: herauszoomen).

Zoom to fit: So weit zoomen, dass das ganze Objekt sichtbar ist.

Wechseln zwischen Materialansicht und Gitternetzansicht des Objekts im orthografischen Modus.

In 123D Catch werden farbige bzw. texturierte 3D-Modelle erstellt; natürlich sind diese Farbinformationen nicht wesentlich, wenn das Endprodukt auf einem üblicherweise monochromen 3D-Printer für den Heimgebrauch ausgedruckt werden soll. Allerdings verleihen Texturen einem 3D-Modell ein realistisches Aussehen und können so für den Betrachter etwaige Scanungenauigkeiten übertönen.

Tipps für das Scannen mit 123D Catch

- Versuchen Sie, Ihr Objekt fotografisch mehrmals und aus verschiedenen Winkeln zu erfassen, z. B. 15 Bilder von unten, dann 15 aus mittiger Position und zuletzt 15 von oben. Machen Sie aber auch nicht zu viele Bilder, 40 bis 50 Bilder genügen bereits.
- Achten Sie auf gleichbleibende Lichtverhältnisse während all Ihrer Aufnahmen.

- Achten Sie darauf, dass auf jeder Aufnahme Ihr Objekt ganz zu sehen ist.
- Struktur um Ihr zu scannendes Modell hilft! Platzieren Sie Post-its drum herum oder stellen Sie Ihr Objekt auf eine Zeitung.

Bewertung

123D Catch erlaubt jedem mit einer Kamera und einem Internetanschluss, Objekte in 3D zu scannen. Die dabei resultierenden 3D-Modelle sind, auch

weil sie mit Textur versehen sind, visuell sehr ansprechend. Die Genauigkeit des entstandenen 3D-Modells hängt sehr von Lichtverhältnissen, Anzahl der Fotos, Abdeckung bzw. Betrachtungswinkel der Fotos etc. ab, allerdings liegen die Resultate im Nahbereich (z. B. Scan eines Menschen) qualitativ hinter denen der Modelle, die mit der Kinect gescannt werden. Ein weiterer Vorteil liegt in der Fähigkeit von 123D Catch, auch größere Objekte, beispielsweise Gebäude, zu scannen.

Scannen mit der Kinect
Eine weitere erschwingliche Möglichkeit ist das Scannen mit der »Kinect« von Microsoft.

4.2.1 Alternativen zur Microsoft Kinect

Weitere verbreitete Tiefensensoren sind die Asus-Xtion-Modelle und PrimeSense Carmine. Für diese gelten im Grundsatz die gleichen Prinzipien, Systemvoraussetzungen etc. wie für Kinect for Windows und Kinect (Xbox).

Beachten Sie, dass die »Xbox 360 Kinect« nicht dasselbe Produkt ist wie die »Kinect for Windows«. Kinect for Windows hat, neben dem USB-Anschluss, eine separate Stromversorgung und ist mit ca. 190 Euro auch doppelt so teuer. Die meisten Scanapplikationen arbeiten mit der günstigeren Xbox Kinect einwandfrei. Kinect for Windows und Kinect für die Xbox sowie die Asus-Geräte etc. basieren allesamt auf Sensoren der Firma PrimeSense und werden von fast allen Scanapplikationen unterstützt.

Die Kinect for Windows hat mit einer x/y-Auflösung von 300.000 Punkten pro registriertes Bild in etwa die Auflösung eines 640 x 400 großen Pixelbilds. Das ist nicht sehr genau. Zudem ist die gemessene Tiefeninformation mit Abweichungen behaftet, beispielsweise wird ein in 1,5 m Entfernung gemessener Punkt mit einer Genauigkeit im Raum von nur ca. +/– 0,5 cm ermittelt.

Systemvoraussetzungen
Betriebssystem
Wir haben uns mit 3D-Scannen in Windows 7 und Windows 8 sowie in Mac OS X befasst. Grundsätzlich konnten wir eine Auswahl von Scansoftware auch in Windows 8 und Mac OS X nutzen, allerdings ging das nicht immer

reibungslos. Auch sind in Windows 7 viel mehr Scanapplikationen verfügbar und lauffähig; wir empfehlen daher als Betriebssystem Windows 7, wobei mit der die Zeit Windows 8 mehr und mehr unterstützt werden dürfte.

Hardware
Die Kinect scannt mithilfe der Lasertriangulation-Technologie. Dabei werden einzelne Punkte wiederholt in all ihren Dimensionen vermessen und zu einem ganzen 3D-Modell verrechnet. Schon bei einer tiefen Auflösung werden Hunderttausende, ja sogar Millionen von Berechnungen für die einzelnen Punkte durchgeführt. Diese Berechnungen können auch starke CPUs der neuesten Generation überfordern. Zur Unterstützung der CPU bei diesen Aufgaben eignen sich leistungsfähige Grafikkarten, wie sie in jedem Midrange- bis Highrange-Gaming-PC verbaut sind. Moderne und leistungsfähige Grafikkarten besitzen genau die hochparallele Architektur, die für diese Aufgabe erforderlich ist.

Software
Neben Windows 7 müssen Sie das kostenlose »Kinect for Windows SDK« (beim Einsatz der teureren Kinect for Windows) herunterladen und installieren bzw. die Gerätetreiber (beim Einsatz der XBox-Kinect) für die Kinect oder die Asus Xtion installieren. Weitere Systemsoftware braucht es nicht.

Scanapplikation
Nachdem Sie die benötigten Treiber bzw. das SDK installiert haben, benötigen Sie nun eine Scanapplikation, um loslegen zu können. In der Regel sind die kostenlosen Versionen dieser Applikationen mit Limitationen (kein Export der Modelle oder reduzierte Auflösung etc.) behaftet. Unser Tipp: Spielen Sie mit den Gratisversionen herum, bis Sie die Ihnen am meisten entsprechende Software gefunden haben, und kaufen Sie dann eine Lizenz. Zur Auswahl stehen beispielsweise und keineswegs abschließend ReconstructMe, Skanect sowie FARO Scenect.

Tipps zum Scannen mit der Kinect

Objekt drehen oder mit der Kinect darum herumlaufen?
Ob Sie sich beim Scanvorgang mit der Kinect in der Hand um das Motiv herum bewegen oder ob sich das Motiv drehen soll und Ihr Tiefensensor unbeweglich an der Stelle bleibt, hängt von verschiedenen Faktoren ab und kann nicht allgemein beantwortet werden. Die meisten Scanapplikationen können mit beiden Szenarien umgehen.

Bei lebendigen Modellen (Menschen) hat sich gezeigt, dass es für das Subjekt sehr viel einfacher ist, stillzuhalten, wenn es nicht noch herumgedreht wird. Wir platzieren die Leute in der Regel so, dass sie in den Bildschirm

Überblick 3D-Scanning mit Prime-Sensor-Geräten

Software	Version	Kostenlose Demoversion	Preis (UVP) für Vollversion	Betriebssysteme			Unterstützte PrimeSensoren		
				Win 7	Win 8	OS X	MS Kinect für XBOX	MS Kinect für Windows	ASUS Xtion Pro Live
Artec Studio	9.1	J	500 €	X	X		Möglicherweise	X	X
Fablitec 3D Scanner		J	249 €	X			X		X
FAFO Scenect	5.2	J	0 €	X			X	X	X
KScan3D	1.0.7	J	299 US Dollar	X	X		X	X	X
ReconstructMe	1.2	J	179 €	X	X		X	X	X
Skanect	1.5	J	99 €	X		X	X	X	X

@ 3Dmensionsals August 2013

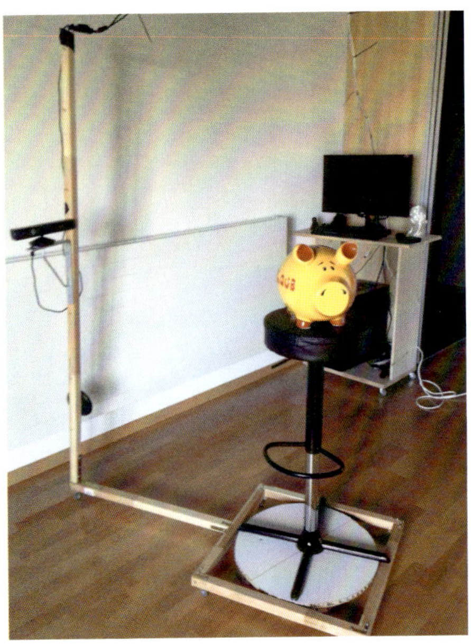

Scannen Sie nicht alleine

Wenn Sie können, lassen Sie sich helfen! Eine zweite Person, die beim Scannen mithilft, könnte beispielsweise Kabel nachreichen oder Hindernisse wegräumen.

schauen können und so einen Referenzpunkt haben, um den Blick gerade zu halten. Gleichzeitig können sie live bei der Rekonstruktion ihres 3D-Modells zuschauen. Wir umkreisen das Subjekt dann zwei- bis dreimal mit der Kinect in der Hand und betrachten es aus verschiedenen Winkeln. Wir haben uns zur Unterstützung eine einfache Konstruktion auf Rollen gebaut, die uns hilft, das Subjekt in gleichbleibendem Abstand zu umkreisen.

Soll hingegen ein kleinerer Gegenstand gescannt werden (z. B. eine Vase), empfehlen wir den Einsatz eines Drehtellers. Bauen Sie sich einen, es gibt zahlreiche Anleitungen im Internet, oder besuchen Sie Ihr nächstes Einkaufszentrum und kaufen Sie eine drehbare Käseplatte. Oder bauen Sie einfach selbst eine drehbare Oberfläche, das Internet bietet sehr viele Anleitungen zum Eigenbau an, z. B. *http://vimeo.com/37984946*.

Kabel

Die Kabel sind nach der Anschaffung der Kinect grundsätzlich zu kurz und immer im Weg, wenn man das Modell umrunden möchte. Wir empfehlen also dringend, USB- und gegebenenfalls Stromkabel zu verlängern (fünf bis sechs Meter haben sich im praktischen Gebrauch als tauglich erwiesen). Zudem hat es sich als lohnenswert gezeigt, den Weg, den Sie mit der Kinect in der Hand abschreiten wollen, vorher schon zu begehen, um mögliche Hindernisse zu erkennen und zu eliminieren. Beim Livescan stört das nur und führt womöglich zu schlechten Rohscans.

	Gut geeignet für			Dateiformate				
imesense rmine	Personen	Gegenstände	Räume	STL	VRML	OBJ	PLY	Weitere Exportformate
	XX	XX	XX	X	X	X	X	PTEX, ASCII, E57, PTX
	XXX			X	X		X	
	XX	X	XXX		X			E57, DXF, XYZ, IGES, PTS, PTX, PTC, POD
	XX	XX	XX	X		X	X	FBX, ASC, 3D3
	XXX	XX	X	X		X	X	3DS
	XXX	X	XX	X	X	X	X	

Ein weiterer Tipp, wie Sie lästige Kabel aus dem Weg schaffen können: Befestigen Sie einen Haken an der Decke und ziehen Sie die Kabel (in der Regel USB und Stromzufuhr für die Kinect) hindurch.

Licht
Theoretisch lässt sich mit der Kinect in vollkommener Dunkelheit scannen, da sie auf Lasertriangulation (spezifisch im IR-Bereich) basiert. Allerdings wären dann, falls gewünscht, keine Texturen erkennbar, und Sie hätten sicherlich auch Mühe, Ihr Objekt mit der Kinect zu treffen bzw. zu umrunden. Auch direktes Sonnenlicht ist zu vermeiden, da es die Lichtsignale der Kinect überlagern kann.

4.3 Transformieren/Nachbearbeiten

Nachdem wir ein Objekt gescannt haben, liegen uns Rohdaten vor, die bis zur Druckreife auf verschiedene Weise nachbearbeitet werden müssen und können. In der Folge erläutern wir die üblichsten Transformationen, die Sie typischerweise beim Nachbearbeiten eines Scans, z. B. einer menschlichen Büste, verwenden werden.

Ausrichtung und Größe
Ein Rohscan liegt selten in der für den 3D-Druck erforderlichen Größe vor. Haben Sie einen Menschen gescannt, müssen Sie das 3D-Modell so weit verkleinern, dass es in den Druckraum Ihres 3D-Druckers passt. Die Ausrichtung in x/y/z des gescannten Objekts ist in Bezug auf das Druckresultat wichtig, weil Überhänge durch optimiertes Ausrichten des Modells minimiert werden können; die Gesichtspartie eines Menschen beispiels-

weise druckt sich besser liegend als stehend (siehe auch den Abschnitt »Überhänge« in Kapitel 5). Alle nachfolgend vorgestellten Applikationen bieten diese grundlegenden Funktionen.

Reduktion der Polygone

Wie schon erwähnt, ermitteln Lasertriangulationsscanner 3D-Modelle relativ genau; die Kinect beispielsweise vermisst pro Bild bis zu 300.000 Punkte, und das bei einer Bildwiederholfrequenz von 30 Bildern pro Sekunde. Dies führt zu 3D-Modellen mit oftmals zu hoher Auflösung für den eigentlichen Verwendungszweck, nämlich das 3D-Drucken in unserem Fall.

Eine Büste (im Original ca. 0,5 m hoch), in mittlerer Auflösung gescannt, kann schnell auf mehrere Hunderttausend Polygone kommen. Reduziert man die Größe dann auf einen druckbaren Bereich (z. B. 5 cm), kann es sein, dass die Auflösung und die Genauigkeit des 3D-Modells die Auflösung des Druckers übersteigt. Das bedeutet, wir arbeiten mit zu genauen Daten, was an sich ja kein Problem darstellt, sich aber auf die Bearbeitungsgeschwindigkeit nachteilig auswirkt. Die Anwendung der vorgestellten 3D-Manipulationen erfordert bei einer tieferen Polygonanzahl weniger Rechenleistung und verläuft wesentlich schneller.

Im linken Bild sehen Sie das Modell von R. W., dargestellt mit 160.000 Polygonen, daneben dasselbe Modell mit nur 20.000 Polygonen. Der Unterschied ist zwar visuell wahrnehmbar, soll die gedruckte Büste aber nur 5 cm hoch sein, reicht meist auch die kleinere Auflösung.

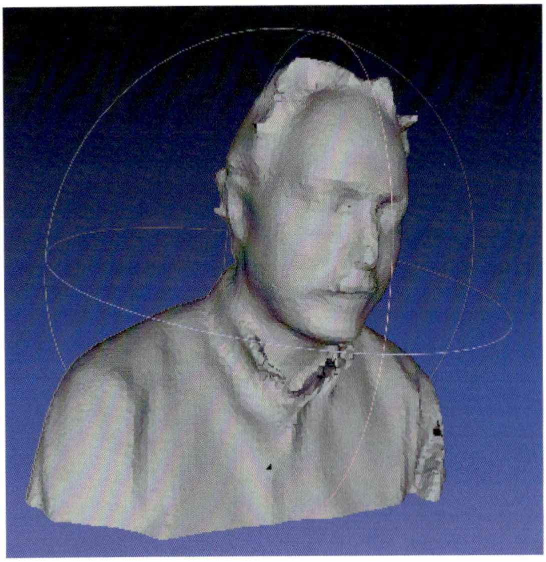

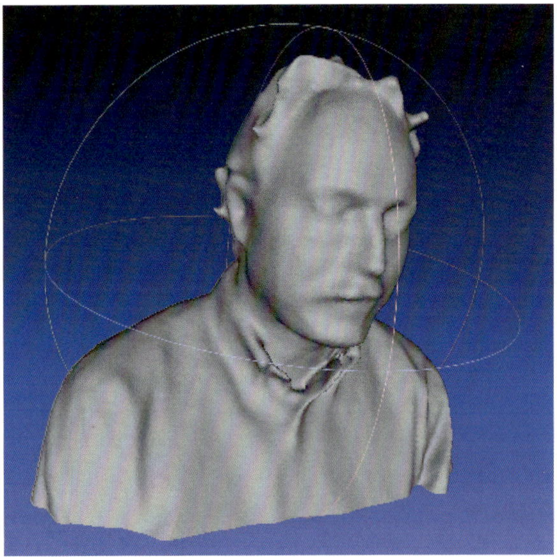

Die meisten nachfolgend vorgestellten Applikationen bieten in verschiedenen Formen die Funktion *Reduktion Polygone*.

Bereinigung kleiner, loser (disjunkter) Teile

Beim Scannen können ungewollt Punkte und Flächen entstehen, die eigentlich gar nicht existieren. Gemeinhin werden diese Scanfehler auch als »Artefakte« bezeichnet. Dies kann zahlreiche Ursachen haben. Bewegte Motive zählen sicher dazu, aber auch direktes Sonnenlicht (es kann das von der Kinect gesendete Punktemuster überstrahlen). Auch spiegelnde Oberflächen beeinträchtigen den Scan negativ und können zu solchen Phantomflächen führen. Jedenfalls möchten Sie diese so entstandenen Teile möglichst bequem entfernen. In der linken Abbildung sehen Sie den Rohscan mit Scanartefakten. Nach der Bereinigung sind die losen Teile verschwunden (rechte Abbildung).

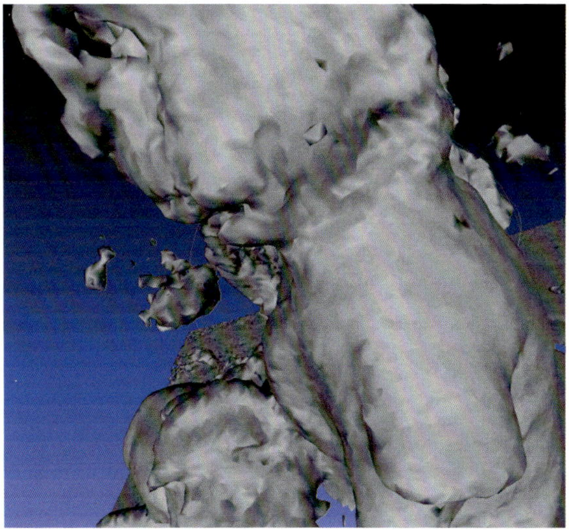
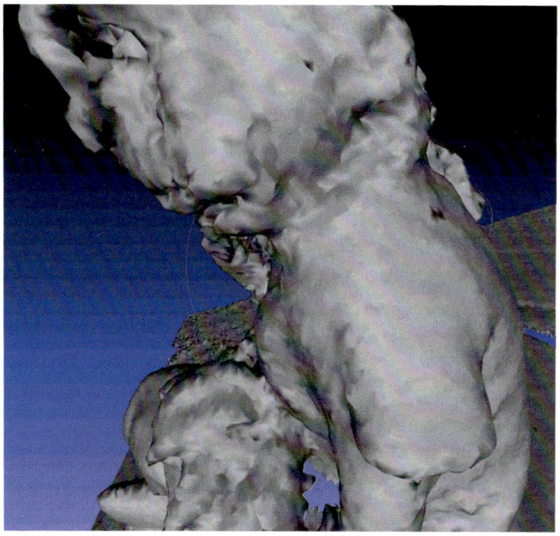

Einige der in diesem Kapitel vorgestellten Applikationen erledigen diese Aufgabe vollautomatisch, andere bieten weniger Automatismus, dafür aber mehr Flexibilität.

Reparatur von 3D-Modellen – Löcher schließen

3D-Modelle müssen über eine vollkommen geschlossene Oberfläche verfügen, um druckbar zu sein; sie müssen wasserdicht sein. Dies ist bei Scanrohdaten praktisch niemals der Fall (siehe auch Kapitel 5, Abschnitt »Geschlossene Oberflächen/Wasserdichtigkeit«). Die Arten (letztlich die verwendeten Algorithmen), wie diese Löcher geschlossen werden, können variieren; während einige der Applikationen diese Aufgabe vollautomatisch erledigen, bieten andere mehr Flexibilität in der Einstellung der Parameter, mit denen die Löcher geschlossen werden, oder auch die Möglichkeit, dies bequem manuell erledigen zu können. Nach der Reparatur von 3D-Modellen können Sie selbstverständlich weitere 3D-Operationen (z. B. Glätten) anwenden, um dem 3D-Modell den letzten Schliff zu verpassen

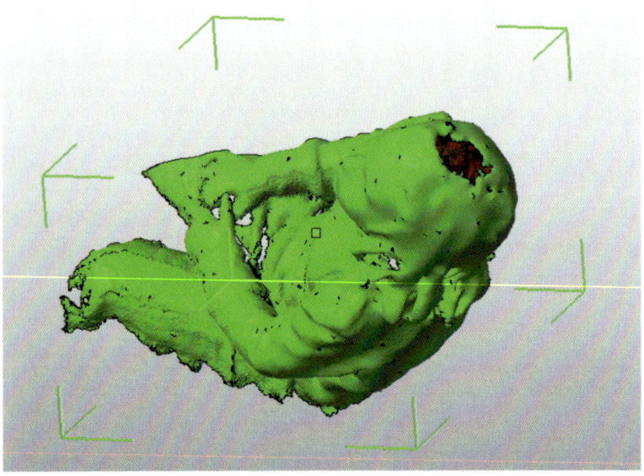

Mit offenen Flächen

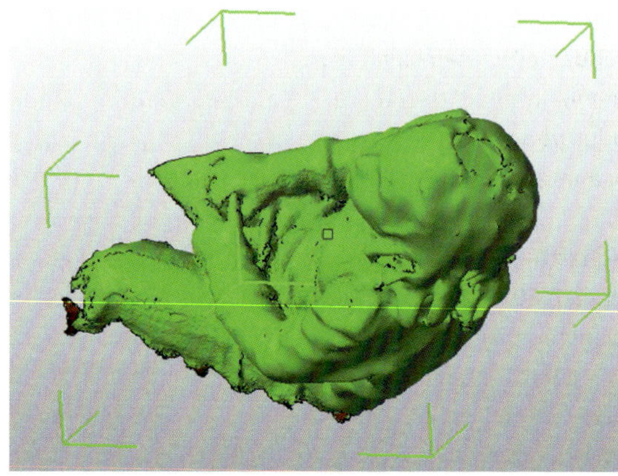

Nach der Reparatur

Glätten

Durch Messungenauigkeiten, wie bei Kinect for Windows, werden flache Oberflächen (beispielsweise eine Tischplatte) im Rohscan oft uneben dargestellt. Die Operation *Glätten* hilft hier, wieder flache Strukturen zu erstellen und somit das Druckresultat zu optimieren.

Ungeglätteter Kopf

Nach einer moderaten Glättung

Glätten kann auch als künstlerischer Effekt genutzt werden; analog zum Weichzeichner in der Bildverarbeitung kann ein starkes Glätten, das die Detaillierung des Modells reduziert, zu einer gewollten Unschärfe, einer »Verwischung« der Details, im 3D-Modell führen. Die Funktionen *Glätten* und *Hervorheben* (das Gegenteil zum Glätten) werden von einigen der unten vorgestellten Applikationen angeboten.

3D-Bauteile zusammenführen

Immer wieder stehen Sie vor der Aufgabe, Bauteile zusammenzuführen oder voneinander zu subtrahieren. Beispielsweise möchten Sie Ihre gescannte Büste auf einem quadratischen Sockel platzieren und so drucken.

Stützstrukturen

Wollen Sie ein Objekt mit überhängenden Partien drucken, geht das nur in wenigen Fällen ohne den Druck von Stützstrukturen. Praktisch alle Druckvorbereitungsprogramme bieten diese Funktion standardmäßig an (Slicer wie beispielsweise Cura, siehe Kapitel 9). In der Regel kann sie an- und abgeschaltet werden, und die Dichte der Stützstrukturen kann angegeben werden. Allerdings sind diese »Standardstützstrukturen« nicht optimal für die Druckqualität. Eine alternative Vorgehensweise ist das Erstellen von Stützstrukturen in Modellierprogrammen. Das Programm Meshmixer unterstützt beispielsweise diese Funktion und bietet alternative Stützstrukturen an, mit denen sich in der Regel bessere Druckergebnisse erzielen lassen.

4.3.1 Erschwingliche oder kostenlose Software zum 3D-Scannen und Nachbearbeiten

In diesem Abschnitt werden zwei Scansoftwareprogramme (»ReconstructMe«, kostenpflichtig, und »FARO Scenect«, kostenlos) vorgestellt; für die Nachbearbeitung werden die kostenlosen »MeshLab«, »Meshmixer« und »netfabb« kurz erklärt.

ReconstructMe

ReconstructMe (*www.reconstructme.net*) ist eine Scansoftware der ersten Stunde und zurzeit in der Version 2 verfügbar. Während Version 1 noch manuell parametrierbar und vielleicht etwas weniger benutzerfreundlich war, geschehen in V2 alle Einstellungen nunächst automatisch und können gegebenenfalls angepasst werden. In den hier gezeigten Beispielen wird einmal mit ReconstructMe 1 und einmal mit ReconstructMe 2 gearbeitet.

ReconstructMe ist, wie praktisch jede andere Scansoftware in diesem Bereich, nicht kostenlos. Zwar existiert eine kostenlose (Trial-)Version, diese erzeugt aber Modelle mit »Branding« und ist daher für den praktischen und produktiven Einsatz nicht brauchbar. Die günstigste Lizenz (»Pro«) für einen User ist mit 179 Euro jedoch relativ erschwinglich ausgefallen.

Was ReconstructMe kann (in der Version 2):

- Objekte und Räume bis 4 x 4 x 4 m mithilfe von PrimeSense-Geräten (Kinect etc.) in Farbe und monochrom scannen.
- Polygonreduktion des gescannten Modells.
- Export des gescannten Modells in die gängigen 3D-Formate.

Was ReconstructMe nicht kann:

- Nachbearbeitung (außer Polygonreduktion).

ReconstructMe (V2) lässt sich am besten anhand der übersichtlichen und selbsterklärenden Screens der Applikation erläutern. Bevor man in ReconstructMe einen Scan mittels Button rechts unten (*Start*) startet, kann man eine Reihe von Einstellungen vornehmen; die Default-Einstellungen ergeben eigentlich immer Sinn, allerdings möchte man gewisse Parameter auch selbst setzen. Das zu scannende Volumen, d. h. Höhe, Breite und Tiefe des zu scannenden Raums, kann im Screen *Volume* mittels Schieberegler eingestellt werden (wobei der Scanraum nicht unbedingt ein Würfel sein muss).

In der Maske *Handling* können Sie folgende Einstellungen vornehmen:

- *Start delay*: Anzahl Sekunden, bis der Scan effektiv startet, nachdem Sie *Start* gedrückt haben.
- *Scan duration*: Dauer des Scans in Sekunden.
- *Sounds*: Akustische Meldungen ein- oder ausschalten.

Systemvoraussetzungen ReconstructMe

- Prozessor: Intel Core 2 Duo E6600 oder AMD Phenom X3 8750 oder besser
- Hauptspeicher: 2GB
- Grafikkarte: ATI Radeon HD 5700 oder NVISIA Geforce GT 240 oder besser
- Sensor: ASUS Xtion oder PrimeSense Carmine oder Microsoft Kinect
- Betriebssystem: Windows XP/Vista/7/8

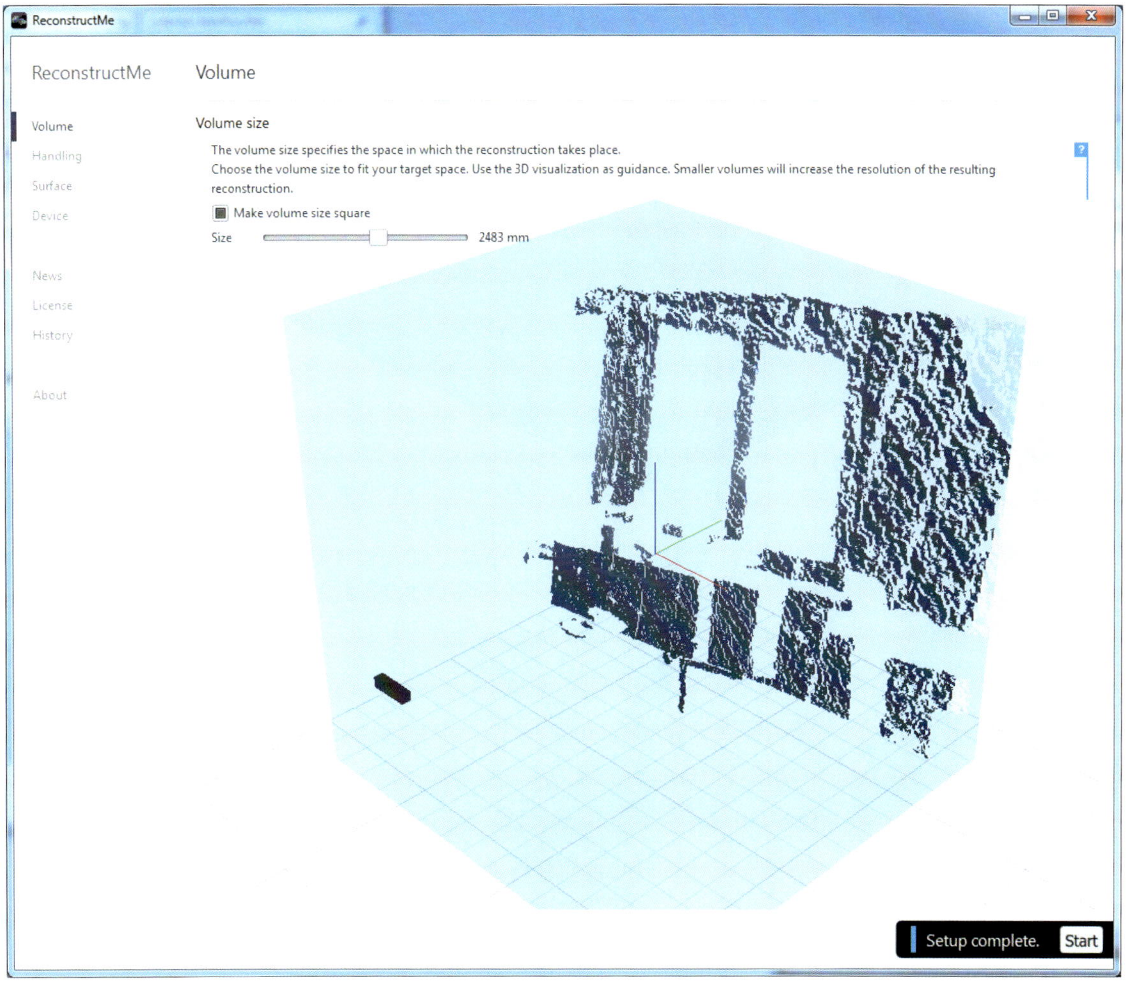

In der Maske *Surface* können Sie Folgendes einstellen:

- *Color support*: Farbiges Scannen ein- und ausschalten (farbiges Scannen hat einen erhöhten Speicherbedarf).
- *Surface simplification*: Automatische Reduktion der Anzahl der Polygone.

In der Maske *Device*-Screen setzen Sie diese Parameter:

- *Optimization settings*: Standardmäßig schlägt ReconstructMe die Scaneinstellung *Balance reconstruction speed and quality* vor; wollen Sie höherauflösende Scans und nehmen dafür ein Ruckeln beim Scanvorgang etc. in Kauf, können Sie das hier einstellen (*Maximize quality*).

Möchten Sie hingegen flüssig scannen können und brauchen nicht die höchste Auflösung, wählen Sie *Optimize for reconstrcution speed*.

Device selection: ReconstructMe erkennt Grafikkarten/GPUs und ermittelt so automatisch die beste Lastverteilung der erforderlichen Berechnungen.

Die vier Masken *News*, *License*, *History* und *About* beinhalten keine Einstellungsmöglichkeiten und sind informativer bzw. administrativer (Lizenzschlüsseleingabe) Natur. Haben Sie alle Einstellungen getätigt und sind bereit, den Scan durchzuführen, klicken Sie auf *Start* und folgen den Anweisungen.

Ist Ihre eingestellte Scanzeit abgelaufen oder haben Sie den Scan manuell gestoppt, können Sie einen neuen Scan starten oder Ihr Modell exportieren; sollten Sie in den Einstellungen die automatische Polygonreduktion (*Surface simplification*) eingestellt haben, verlängert sich die Zeit für den Export.

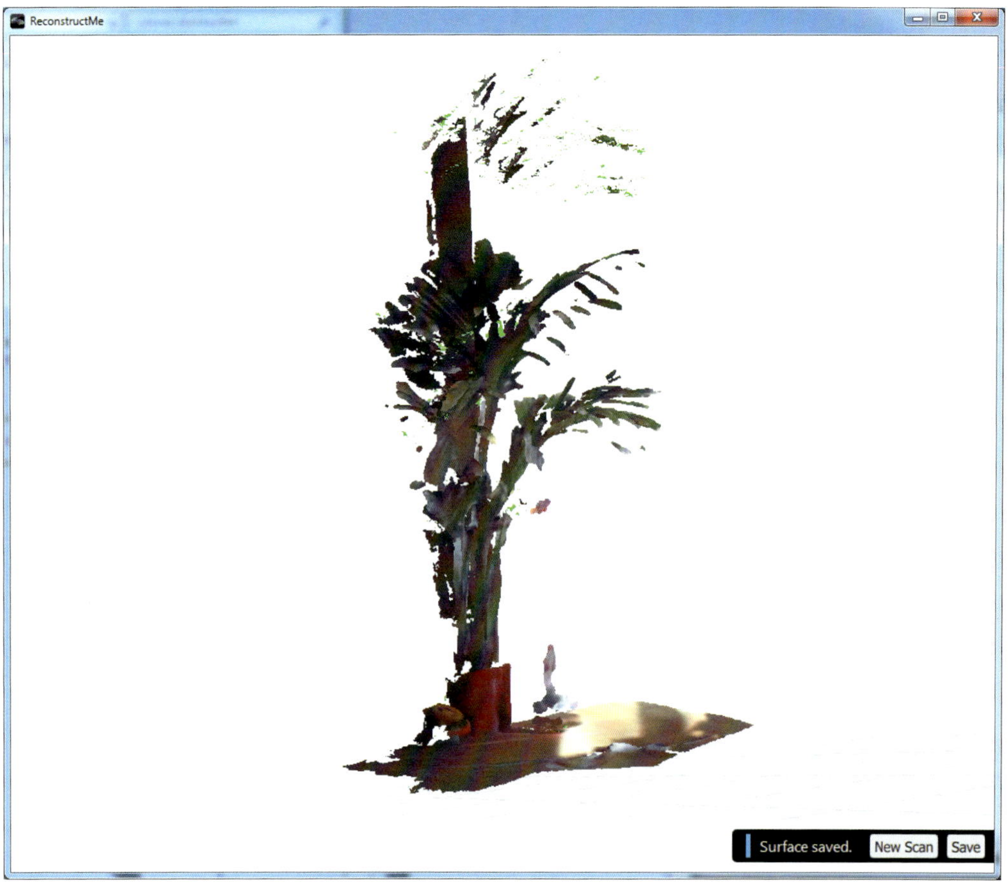

Systemvoraussetzungen Faro Scenect

- Prozessor: mindestens Dual-Core-CPU mit mindestens 2 GHz Taktfrequenz
- Hauptspeicher: mindestens 4GB
- Grafikkarte: mindestens 256 MB Memory und OpenGL-2.0-Support (oder höher)
- Sensor: ASUS Xtion oder Microsoft Kinect
- Betriebssystem: Windows 7 (64 Bit)
- spezifische Treiber für Kinect bzw. Asus Xtion, die mit dem Installationsprogramm mitgeliefert werden

Die gelisteten Hardwareanforderungen sind als absolute Mindestanforderungen zu betrachten. Wir empfehlen daher für ein angenehmes Arbeiten:

- Hauptspeicher: mindestens 8 GB
- Grafikkarte: mindestens 512 MB Memory und OpenGL-2.0-Support (oder höher)
- SSD anstelle einer herkömmlichen Festplatte

FARO Scenect

Die Scansoftware Scenect V5.2 von FARO (*http://www.faro.com*) ist kostenlos unter *www.faro.com* erhältlich.

Zur Erstellung eines Scans mit Scenect sind folgende Schritte erforderlich:

Scenect starten und ein neues Projekt anlegen

Mit in der Scenect-Menüleiste legen Sie ein neues Projekt an, wobei Sie den Projektnamen und den Speicherort konfigurieren.

Scaneinstellungen vornehmen

Im Drop-down-Menü des *Live Tracking*-Menüs selektieren Sie *Live Tracking Settings*, woraufhin der Dialog rechts erscheint.

Definieren Sie den Parameter *Max. Range* Ihren Wünschen entsprechend. Dieser Parameter steuert den Aufnahmeradius bzw. das Scanvolumen. Belassen Sie vorerst alle anderen Parameter bei den Default-Einstellungen. (Das Handbuch, in dem alle Parameter im Detail erklärt werden, findet sich auf Englisch unter *https://faro.blob.core.windows.net/sitefinity/3d-app-center-downloads/e1073_scenect_5-2_manual_en.pdf*.)

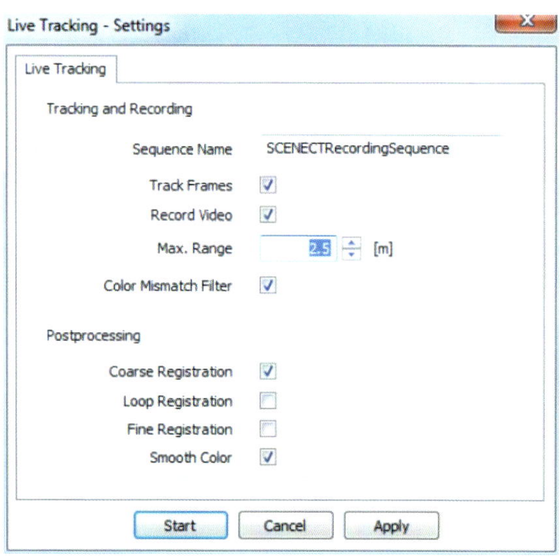

Scan starten

Starten Sie Ihren Scan mit , wobei Sie nun ein zweigeteiltes Fenster sehen. Links erscheint die gescannte Punktewolke, rechts sehen Sie die Videospur.

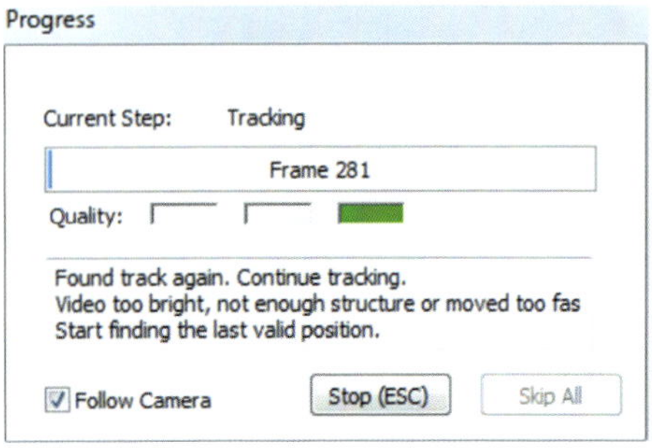

Zudem ist ein Fortschrittsfenster mit einer sehr nützlichen Qualitätsangabe sichtbar. Die Farbcodes in der Qualitätsangabe bedeuten:

- Grün: Es gibt genug visuelle und farbliche Strukturen, und die Bewegung des Sensors ist nicht zu schnell.
- Gelb: Mindestens eins der beiden Kriterien »visuelle/farbliche Strukturen« und »Bewegung des Sensors nicht zu schnell« ist nicht im optimalen Bereich. Verlangsamen Sie Ihre Bewegungen.
- Rot: Der Scanvorgang kann nicht fortgeführt werden.

Achten Sie beim Scannen auf folgende Punkte:

- Ihr Tiefensensor (Kinect bzw. Asus Xtion) muss mindestens einmal kalibriert werden. (Im referenzierten Handbuch beschrieben.)
- Stellen Sie sicher, dass Sie in den Energieeinstellungen von Windows die Option *Höchstleistung* selektiert haben.
- Ihr Motiv sollte sich nicht näher als ca. 80 cm und nicht weiter als die angegebene *Max. Range* entfernt befinden.

- Vermeiden Sie eintönige Motive. Motive mit viel Farbstruktur liefern die besten Ergebnisse.
- Bewegen Sie den Sensor langsam und flüssig und vermeiden Sie ruckartige Bewegungen.
- Meiden Sie starkes, direktes Licht (z. B. direkte Sonneneinstrahlung).

Sie können den Scanvorgang mit Esc oder mit dem Stopp-Button im Fortschrittsfenster beenden.

Scan sichten

Um das gescannte 3D-Modell als Punktewolke betrachten zu können, müssen Sie die *3D Ansicht* (*3D View*) im Menü *View* aktivieren. Mit der Maus können Sie rotieren, mit den Pfeiltasten links/rechts bzw. oben/unten navigieren.

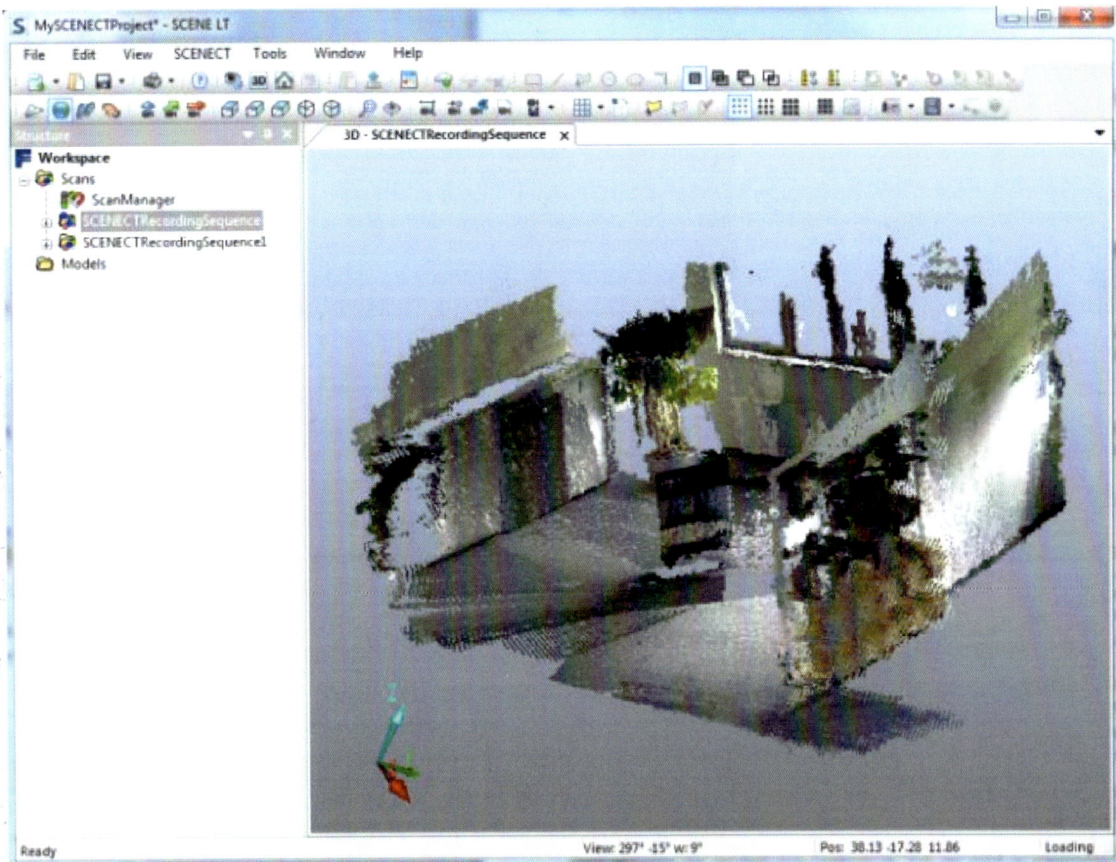

Exportieren des 3D-Modells

Klicken Sie mit rechts auf Ihr Projektverzeichnis und wählen Sie unter *Import/Export* die Option *Export Scan Points*.

MeshLab

Die Open Source-Software MeshLab (kostenloser Download: *http://meshlab.sourceforge.net/*) ermöglicht die Anzeige, Verarbeitung und Reparatur der Polygon-Oberflächennetze von 3D-Modellen. Aktuell in der Version 1.3.2 erhältlich, wird MeshLab ständig von der Open-Source-Community weiterentwickelt und ist für Windows (bis einschließlich 8), Linux und Mac OS X verfügbar.

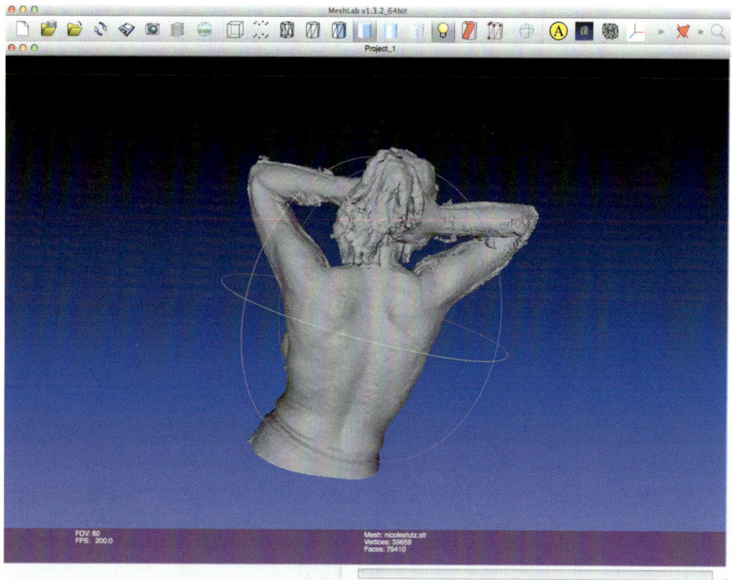

In unseren Beispielen verwenden wir MeshLab bei der Nachbearbeitung von Rohscans, beispielsweise für die Reduktion der Anzahl der Polygone, und beschreiben jeden einzelnen Schritt im Detail.

MeshLab besticht durch folgende Features:

1. Beim Import und Export werden die allermeisten 3D-Formate unterstützt (Import: PLY, STL, OFF, OBJ, 3DS, COLLADA, PTX, V3D, PTS, APTS, XYZ, GTS, TRI, ASC, X3D, X3DV, VRML, ALN; Export: PLY, STL, OFF, OBJ, 3DS, COLLADA, VRML, DXF, GTS, U3D, IDTF, X3D).

2. Konsequente Unterstützung von farbigen 3D-Modellen.

3 Allerlei Bearbeitungswerkzeuge (»Filter«) für fast jeden Zweck:

- zahlreiche Selektionsmöglichkeiten
- Vereinfachung und Bereinigung von Polygon-Oberflächennetzen (Meshes)
- Reparaturfunktionen zum Schließen von Löchern in Meshes
- Färbung von Polygonen
- Glätten, Hervorheben, Spezialeffekte (z. B. »Explosionskrater«) u. v. m.

MeshLab ist im Funktionsumfang sehr mächtig und wächst dank der Open-Source-Community ständig. Die jeweils aktuellen Dokumentationen finden Sie im Wiki von MeshLab (*http://sourceforge.net/apps/mediawiki/meshlab/index.php?title=Main_Page*).

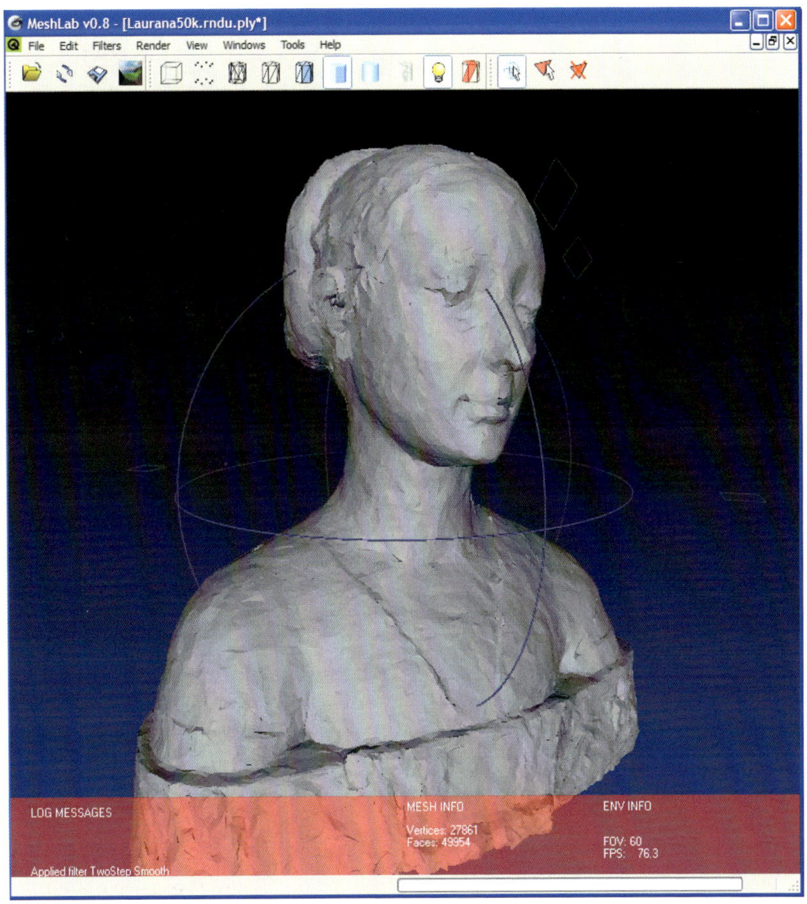

Meshmixer

Meshmixer von Autodesk, aktuell in der Version 2.1, ist kostenlos verfügbar und unterstützt aktuelle Windows-Versionen (bis 8) sowie Mac OS X (kostenloser Download: *http://www.123dapp.com/meshmixer*).

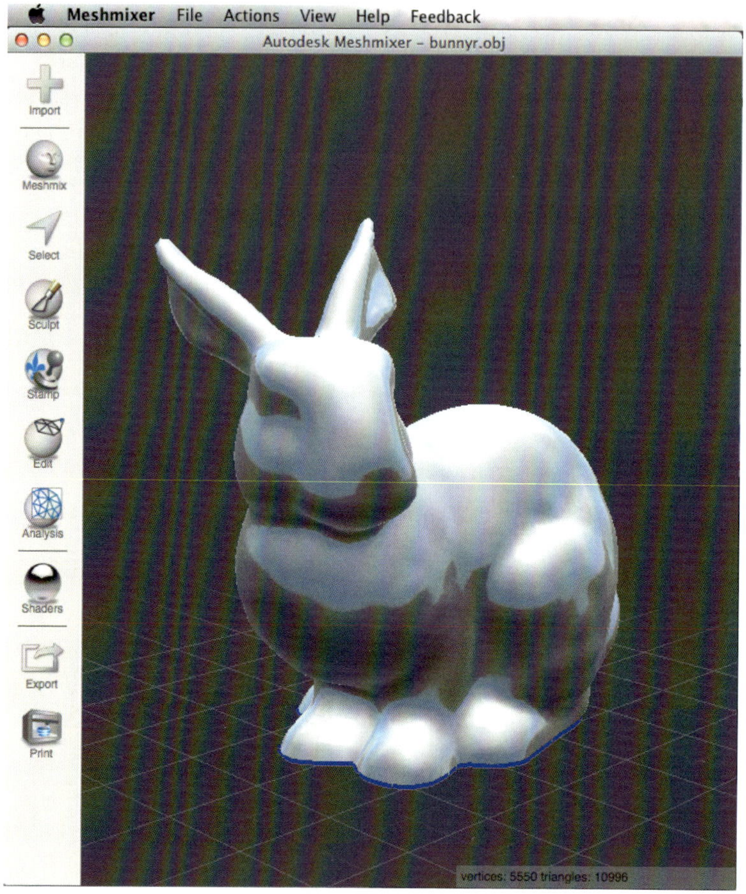

Was Meshmixer kann, lässt sich am treffendsten mit »digitaler Bildhauerei« beschreiben; Autodesk selbst spricht von »virtueller Knetmasse«. Zudem unterstützt Meshmixer das Einfärben und Bemalen von Meshes und bereitet bei Bedarf Ihr Modell für den 3D-Druck vor (Windows 8.1 unterstützt das Drucken auf einem Makerbot ohne zusätzliche Software.).

Auf der linken Seite des Fensters befinden sich die Funktionsbereiche mit den zum Teil nicht einfach zu findenden Funktionen, hier eine Zusammenfassung:

Im Menüpunkt *Meshmix* wird uns eine Bibliothek von 3D-Modellen zur Verfügung gestellt. Diese können selektiert und mit anderen 3D-Modellen zusammengeführt werden.

Der Menüpunkt *Select* stellt uns Selektionsfunktionen zur Verfügung. Ganze Regionen eines Meshes können grundsätzlich durch virtuelles »Bepinseln« selektiert werden, indem Sie den *Brush*-Modus einstellen. Im *Lasso*-Modus treffen Sie hingegen Ihre Auswahl, indem Sie gezielt die Außenlinie der zu selektierenden Polygone aufzeichnen, ähnlich einem Lasso.

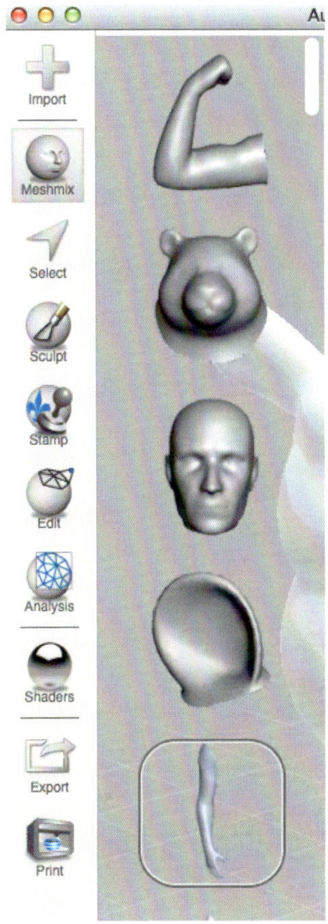

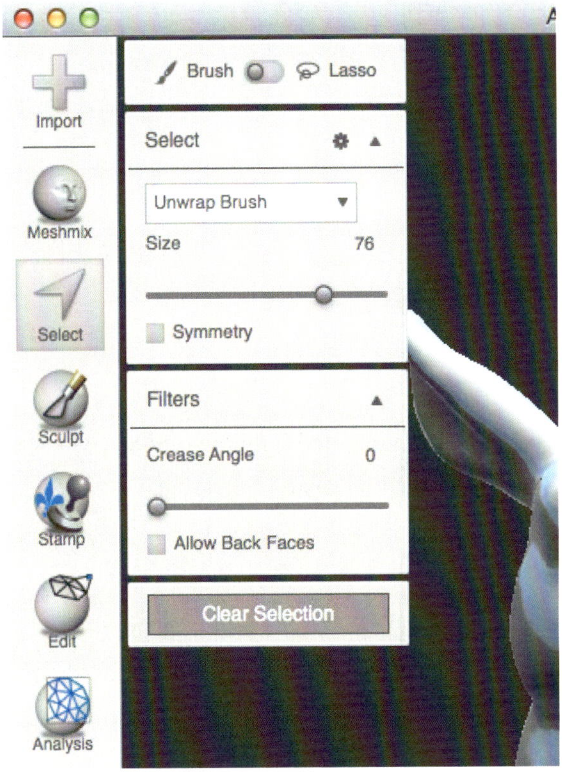

Haben Sie auf die eine oder die andere Weise einen Bereich selektiert, wird dieser farblich hervorgehoben, und Sie befinden sich in einem neuen Dialog.

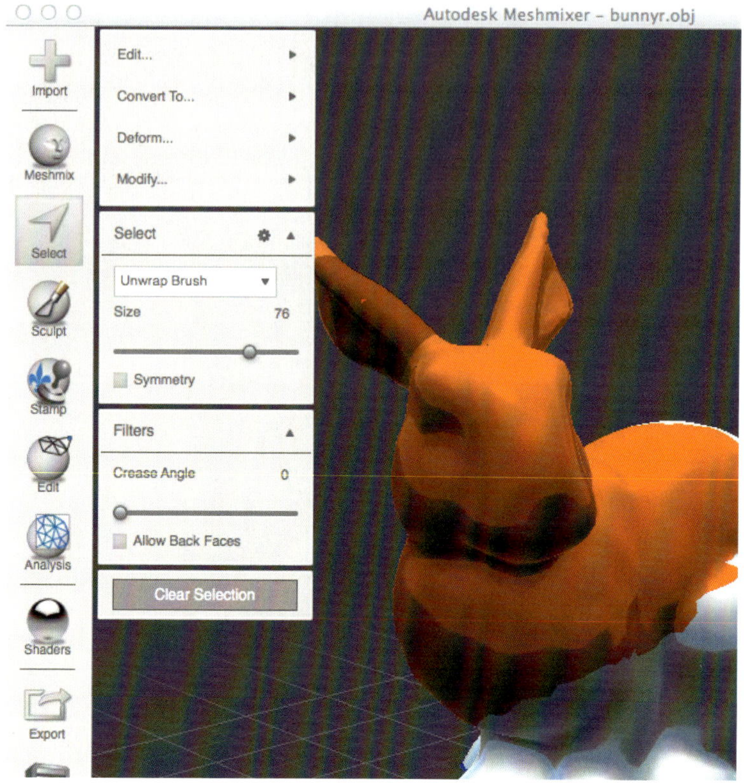

Im Submenü *Edit* befinden sich u. a. folgende Funktionen, die auf die selektierten Polygone angewendet werden können:

- Polygone löschen (und, falls gewünscht, Füllen des entstandenen Lochs im Gitternetz)
- Skalieren
- Hervorheben (*Extrude*)
- Glätten (Menüpunkt *Remesh*)
- u. v. m.

Auch unter dem Menüpunkt *Sculpt* finden Sie die Werkzeuge wieder, die Sie schon bei *Select* anwenden konnten. Allerdings legen Sie bei *Sculpt* direkt am Modell an, ohne zu selektieren. Sie glätten beispielsweise Ihr Modell, indem Sie mit einem virtuellen Pinsel oder Spachtel in Echtzeit darüberfahren, ohne die zu bearbeitenden Meshes vorher zu selektieren. Gleichzeitig können Sie Parameter wie Stärke der Glättung, Stärke und Form des Pinsels (Brush) etc. im selben Arbeitsschritt festlegen.

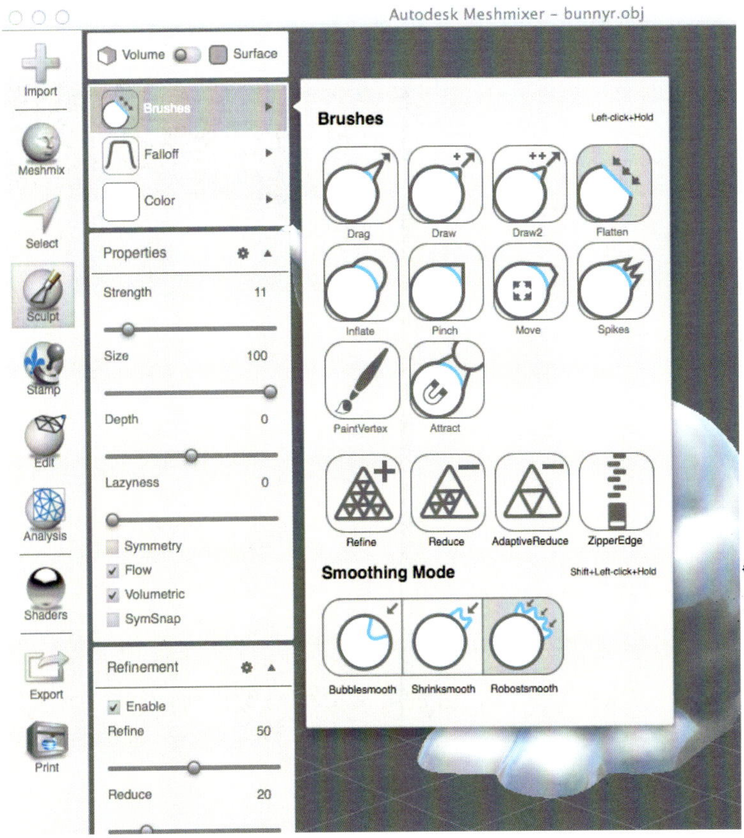

Im Menüpunkt *Edit* finden sich folgende Funktionen:

- Spiegeln von Meshes
- Duplizieren
- Transformieren (nur in eine Richtung skalieren sowie rotieren und im Raum bewegen)
- Objekte ausrichten
- Ebenenschnitte (frei, nicht nur in x-, y- oder z-Richtung)
- Reparaturautomatik (Löcher im Gitternetz schließen)
- etc.

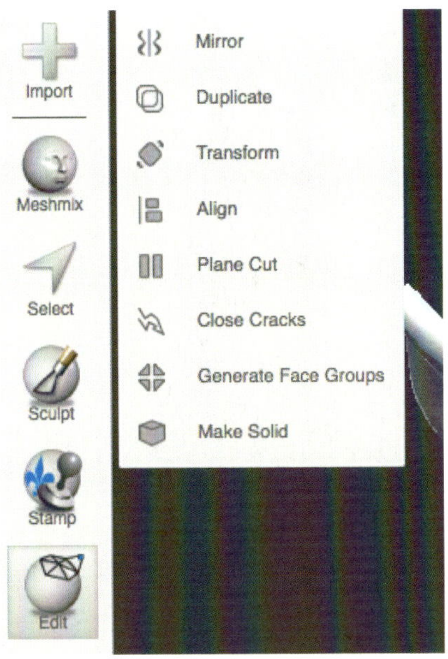

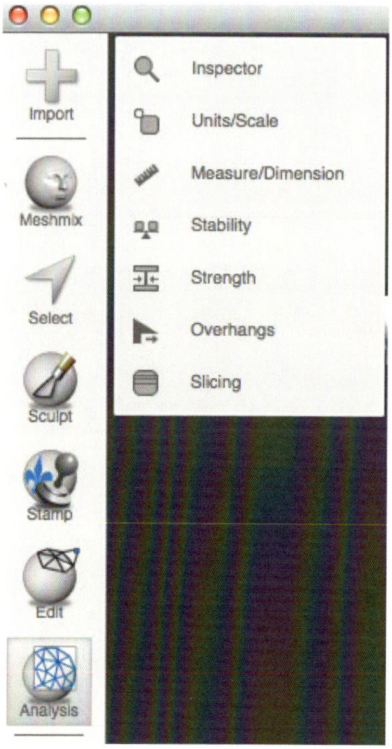

Der Menüpunkt *Analysis* führt zu fortgeschrittenen Funktionen. Unter anderem findet sich hier die Analyse der Überhänge (*Overhangs*), über die Sie in einem Folgemenü Stützstrukturen generieren lassen können.

3D-Navigation in Meshmixer

Meshmixer lässt sich nicht ganz so intuitiv wie andere Applikationen bedienen, wenn es darum geht, sich im dreidimensionalen Raum zu bewegen bzw. die Kameraposition zu verändern oder die einzelnen Werkzeuge zu bedienen. Die Hotkeys von Meshmixer stehen in einem CheatSheet (meshmixer.com/help/sheets/CheatSheet.pdf) zur Verfügung.

netfabb

Die Software netfabb (*www.netfabb.com*) gibt es in nachfolgenden Ausführungen:

Name	Preis	Betriebssystem	Einsatzgebiet
netfabb-Professional	1.500 €	Mac OS X und Windows	Abgestimmt auf den professionellen Anwender in der Fertigung.
netfabb Cloud Services	Kostenlos	Online	Kostenloser Onlineservice zum Reparieren (Löcher schließen) von STL-Dateien.
netfabb Studio Basic	Kostenlos	Mac OS X und Windows	Einfache Bearbeitungs- und Reparaturfunktionen sowie Druckaufbereitung, der kleine Bruder von netfabb Professional.
netfabb Mobile	Kostenlos	Android und iOS	Eine App, um STL-Files visuell darzustellen.

Wir haben konsequent netfabb Studio eingesetzt, weil unseres Erachtens in dieser Applikation sowohl die Ebenenschnitte als auch die Reparaturautomatik am elegantesten implementiert sind. Beide Funktionen werden in den Beispielen weiter unten beschrieben. Für die Reparaturfunktion kann auch netfabb Cloud Services genutzt werden.

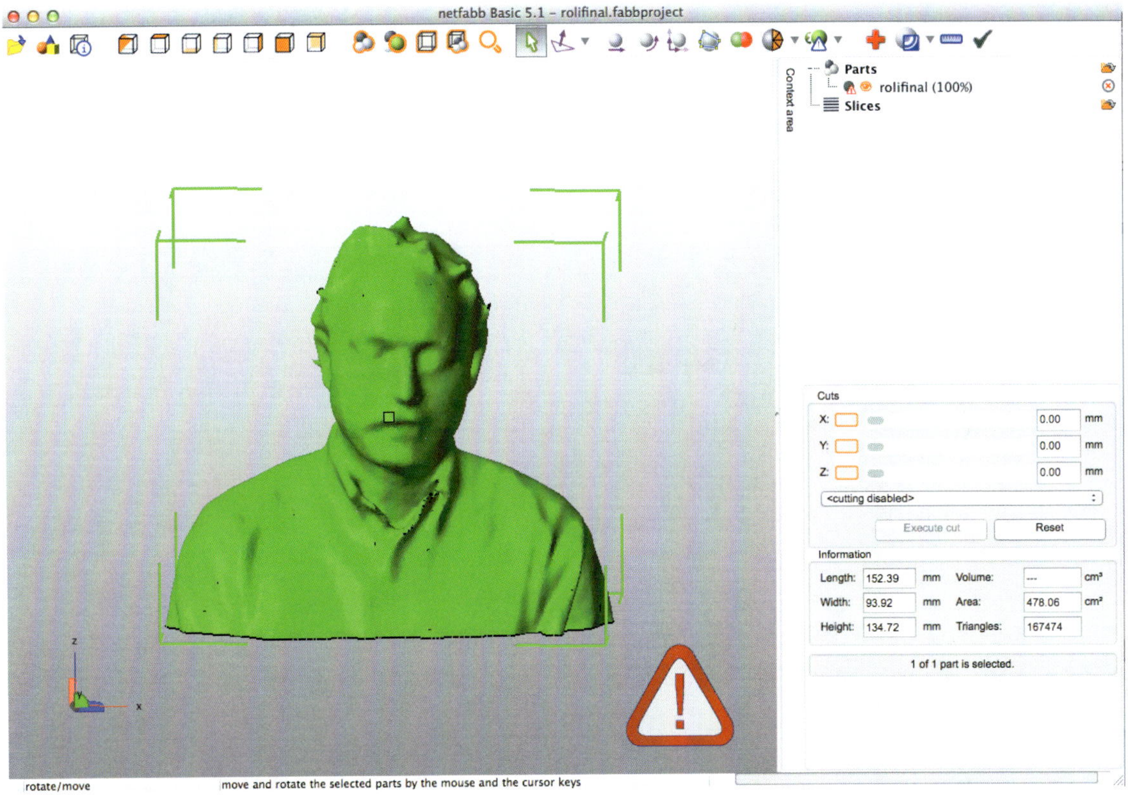
netfabb Basic 5.1 – rolifinal.fabbproject
Context area
Parts
rolifinal (100%)
Slices
Cuts
X:
Y:
Z:
0.00
mm
<cutting disabled>
Execute cut
Reset
Information
Length: 152.39 mm
Width: 93.92 mm
Height: 134.72 mm
Volume: ---
Area: 478.06 cm²
Triangles: 167474
1 of 1 part is selected.
rotate/move
move and rotate the selected parts by the mouse and the cursor keys

KAPITEL 5

SOFTWARE

3D-Modelle erstellen

3D-Modelle erstellen

Wie in den vorherigen Kapiteln beschrieben, können Sie ein fertiges 3D-Modell aus verschiedenen Quellen beziehen (Kapitel 3) oder ein Objekt einscannen, um zu einem 3D-Modell zu kommen (Kapitel 4). Die dritte Alternative für den ersten Schritt im 3D-Druck-Workflow ist, ein 3D-Modell selbst zu entwerfen.

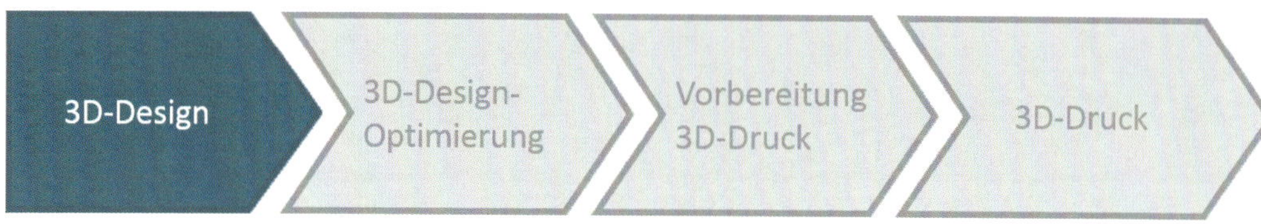

In diesem Kapitel stellen wir eine Auswahl der gängigsten kostenlosen oder sehr günstigen Programme zum Erstellen von 3D-Modellen speziell für den 3D-Druck vor. Der Fokus liegt auf Programmen für 3D-Design-Anfänger. Fast monatlich kommen neue interessante Programme auf den Markt. Manche sind für die speziellen Anforderungen beim 3D-Druck entwickelt worden bzw. bieten Funktionen an, um die 3D-Druckbarkeit von Modellen sicherzustellen. Eines der wichtigsten Kriterien für die Auswahl ist die Möglichkeit, 3D-Objekte mit geschlossenen Oberflächen herzustellen. Zudem sollten Objekte in einem der gängigsten 3D-Druck-Formate gespeichert bzw. exportiert werden können (meist STL-Format).

Im Anschluss an die Übersicht geeigneter Programme erläutern wir grundlegende Begriffe und Techniken für das Design von dreidimensionalen Objekten und die erforderlichen Schritte von der Idee bis zum 3D-Modell. Der Fokus liegt auch hier auf dem Design von Objekten, die später auf einem 3D-Drucker produziert werden sollen und können. Dies unterscheidet sich in einigen Punkten vom Design für andere Anwendungen, wie beispielsweise Animationen oder Architektur. Zudem ist der 3D-Druck in Farbe auf Einsteigergeräten heute noch nicht möglich.

5.1 Kategorien von 3D-Design-Programmen

Die Auswahl an Programmen zum Erstellen und Gestalten von 3D-Objekten ist riesig. Es gibt Überschneidungen in den Funktionalitäten der Programme, die eine klare Gruppierung schwierig machen. Die Philosophien und Anwendungsbereiche der Programme sind aber unterschiedlich. Um die Auswahl der für den 3D-Druck geeigneten Programme zu erleichtern, gliedern wir sie in drei Hauptgruppen:

1 Konstruktion/CAD

2 Gestaltung, Animation

3 Morphing und Sculpting

5.1.1 Konstruktionsprogramme/CAD

Diese Programme werden zum Zeichnen dreidimensionaler Objekte meist im technischen Bereich, wie Industrie, Maschinenbau oder Architektur, von Ingenieuren eingesetzt. Es kommt auf sehr exakte Werte an, die es später erlauben, ein Objekt maßgenau aus der CAD-Datei zu produzieren. CAD-Programme (CAD – Computer Aided Design) arbeiten sowohl mit geometrischen Grundformen als auch mit Freiformkurven und -flächen. Prinzipiell eignet sich jedes CAD-Programm für die Erstellung von 3D-Modellen für den 3D-Druck. Meist bieten sie eine Fülle von Funktionen, die für Einsteiger eher verwirrend und abschreckend sein kann. Der Lernaufwand ist enorm. Wir empfehlen Ihnen daher, mit einem der hier vorgestellten einfacheren Programme (z. B. Tinkercad oder 3D Tin) zu starten und dann Schritt für Schritt komplexere Programme auszuprobieren (z. B. 123D Design, SketchUp). Bekannte Vertreter im professionellen Bereich sind AutoCAD, Solidworks und Catia.

5.1.2 Gestaltungs-/Animationsprogramme

3D-Gestaltungs- und Animationsprogramme werden besonders zur Erstellung von dreidimensionalen Figuren und Objekten verwendet. Die erzeugten Modelle werden oftmals mit Texturen (also Oberflächendesigns) überzogen und in eine dreidimensionale Szene gesetzt. Diese Programme bieten Werkzeuge an, um Schatten, Farbe, Oberflächen, Spiegelungen etc. zu erzeugen. Für den 3D-Druck spielen diese Werkzeuge keine Rolle, können aber helfen, sich das Endprodukt besser vorzustellen. Es kommt nur darauf an, 3D-Objekte mit soliden Oberflächen zu generieren. Im Unterschied zu CAD-Programmen steht bei den Gestaltungsprogrammen eher das Design und weniger die Präzision im Vordergrund, da die erzeugten Objekte normalerweise nicht produziert werden. In den letzten Jahren wurden diese Programme aber erweitert und bieten auch Funktionen zur Gestaltung von Objekten an, die für den 3D-Druck geeignet sind. Bekanntester Vertreter dieser Kategorie ist das kostenlose Open-Source-Gestaltungs- und Animationsprogramm Blender. Blender hat eine sehr große Anwendercommunity, und es existiert eine Fülle von Tutorials, Handbüchern und Schulungsangeboten. Blender ist ein sehr mächtiges Programm, das wir eher für fortgeschrittene Anwender empfehlen. Besser für Einsteiger eignet sich in dieser Kategorie z. B. das Programm 123D Creature von Autodesk. Andere bekannte Vertreter dieser Kategorie sind Maya und Cinema 4D.

5.1.3 Morphing- und Sculpting-Programme

Diese Programme bieten Werkzeuge, um dreidimensionale Objekte wie mit virtuellem Lehm oder Knetmasse zu formen, bestehende Objekte zu verformen oder miteinander zu verschmelzen. Bei den Sculpting-Programmen formt man ein Objekt prinzipiell durch Ziehen oder Drücken einer Knetkugel. Für Einsteiger eignet sich z. B. Autodesk Meshmixer oder Cubify Sculpt. Komplexere Programme mit entsprechend höherem Lernaufwand sind z. B. Sculptris oder zBrush.

5.1.4 Überblick: 3D-Design-Programme für Einsteiger

Tinkercad (*tinkercad.com*) ist ein sehr einfach zu bedienendes und preisgekröntes 3D-Konstruktionsprogramm, das speziell für das Design für den 3D-Druck entwickelt wurde. Tinkercad ist intuitiv und schnell und daher ideal für Anfänger. Da es in jedem WebGL-fähigen Browser läuft, wird nur ein Internetzugang benötigt. Ein 3D-Modell wird in Tinkercad prinzipiell aus der Kombination geometrischer Grundformen, also beispielsweise aus Rechtecken, Quadern und Zylindern erstellt. Komplexe Modelle sind durch einfaches Zusammenfügen und Ausschneiden verschiedener Grundformen erzielbar. Innerhalb weniger Minuten erschließt sich die Bedienphilosophie des Programms. Die Auswahl an Grundformen, Bearbeitungsmöglichkeiten und Schriften ist zwar beschränkt, erleichtert aber dafür den Einstieg und Überblick. Was fehlt, ist ein Werkzeug zum Zeichnen von freien Formen oder Kurven sowie Parametrisierbarkeit (mehr dazu im nächsten Kapitel). Tinkercad bietet zudem eine eigene Onlinedatenbank mit kostenlosen 3D-Modellen anderer Tinkercad-Benutzer. Diese wiederum bewerten, kommentieren oder entwickeln sogar veröffentlichte Designs weiter. Als User kann man ein 3D-Modell selbst erstellen oder ein vorhandenes kopieren und dann den eigenen Wünschen entsprechend anpassen. Der Download für den 3D-Druck (unter anderem STL, OBJ) oder die Beauftragung eines 3D-Druck-Dienstleisters direkt aus Tinkercad heraus sind mit einem Mausklick erledigt. Tinkercad erlaubt zudem den Import von 2D-Vektorgrafiken (SVG-Format) oder 3D-Modellen (STL-Format). Online verfügbare Einführungstrainings erleichtern den Einstieg.

Erfahrung aus dem Tinkercad-Einsatz

Wir selbst setzen das Programm seit 2012 in 3D-Design- und 3D-Druck-Praxisworkshops mit großem Erfolg ein. Die Teilnehmer unserer Workshops sind begeistert und erstellen innerhalb kürzester Zeit ihre eigenen 3D-Modelle. Selbst Produktdesigner, die normalerweise mit weitaus komplexeren CAD-Programmen arbeiten, sind sehr von der einfachen und intuitiven Benutzerführung angetan.

Eine detaillierte Einführung zu Tinkercad finden Sie in Kapitel 6. In Kapitel 7 zeigen wir Ihnen anhand von Praxisbeispielen, wie Sie Schritt für Schritt eigene 3D-Modelle erstellen können.

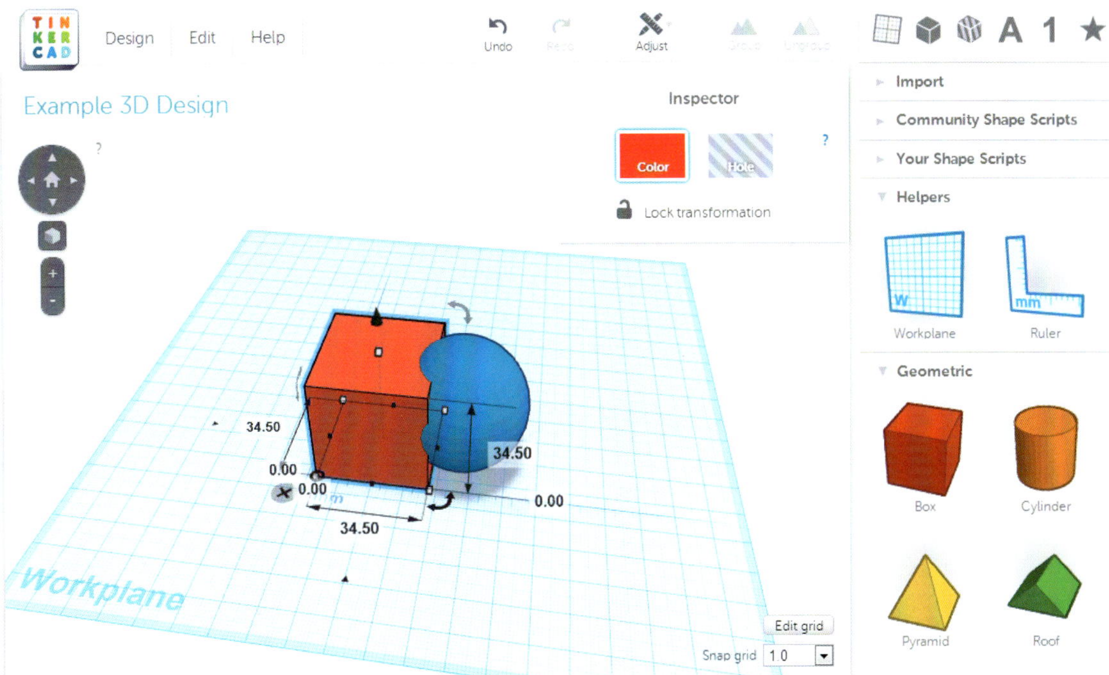

123D Design (*123dapp.com/design*) von Autodesk existiert als Browserversion wie auch als eigenständige Applikation für Windows und Mac. 123D Design ist ein für Anfänger geeignetes Konstruktionsprogramm, ähnlich wie Tinkercad, aber mit etwas weiterführenden Funktionen und Werkzeugen, um z. B. abgerundete Kanten zu erstellen. Wie Tinkercad erlaubt auch 123D Design keine parametrisierte Modellierung. Hilfreich sind die online verfügbaren und gut verständlichen Video- und Onlinetutorials. Mit 123D Design erstellte Modelle lassen sich direkt als STL-File speichern. In der 123D Gallery finden sich außerdem zahlreiche Modelle, die entweder direkt als STL-File verfügbar sind oder über einen Dienstleister gedruckt werden können. Wir empfehlen Anfängern, die Tinkercad nutzen, unbedingt auch 123D Design zu probieren. Da Autodesk im Jahr 2013 Tinkercad übernommen hat, rechnen wir zudem damit, dass in Zukunft beide Programme miteinander verschmolzen werden.

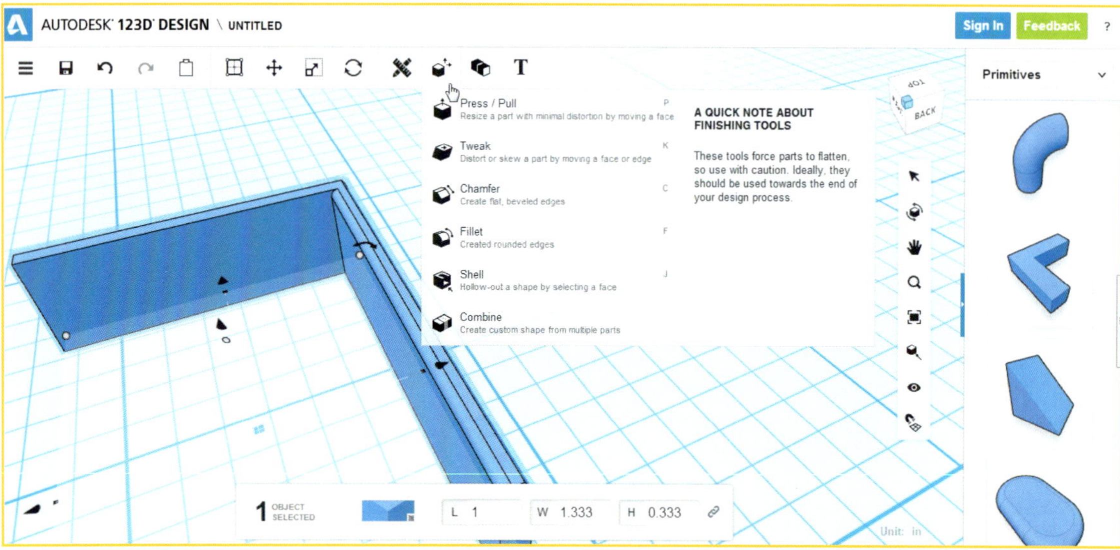

SketchUp Make (*sketchup.com*) ist ein 3D-Konstruktionsprogramm für Windows oder Mac OS, das sowohl für einfache wie auch komplexe Modelle geeignet ist. SketchUp wurde ursprünglich zum Design von Architekturmodellen entwickelt. Die meisten dreidimensionalen Gebäude in Google Earth sind mit SketchUp erstellt. Für das Design von 3D-Modellen für den 3D-Druck muss man aber auf besondere Punkte achten, um z. B. überall geschlossene Oberflächen sicherzustellen. Sehr interessant sind die zahlreichen Erweiterungen (Extensions/Plug-ins), die es für SketchUp gibt, unter anderem für den Export als STL-Dateien (*http://extensions.sketchup.com*). Zudem gibt es online eine Fülle von Foren, Beiträgen, Guidelines etc. für SketchUp. In Kapitel 6 finden Sie eine detaillierte Einführung zu SketchUp Make für das Design für den 3D-Druck.

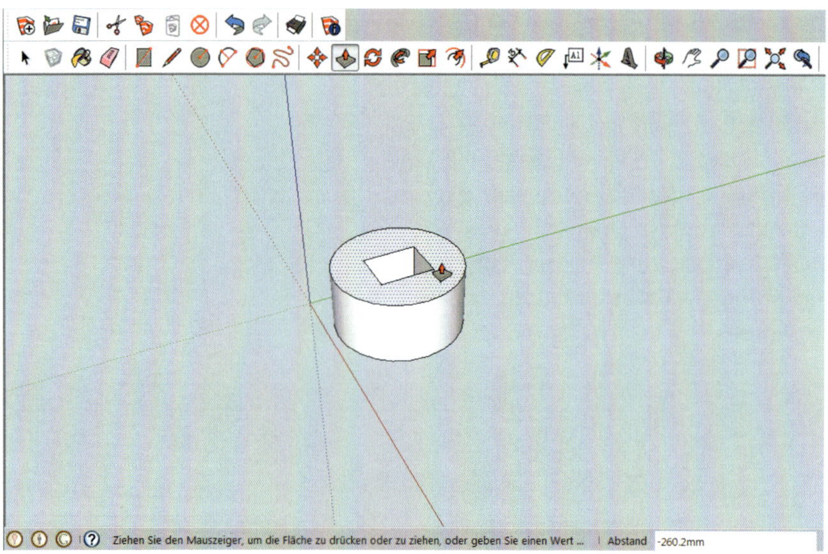

3D Tin (*3dtin.com*) ist ein kostenloses und im Vergleich zu Tinkercad etwas komplexeres Onlinekonstruktionstool. Objekte können aus einer Vielzahl von geometrischen Grundformen konstruiert werden.

3D Tin erlaubt das Erzeugen eigener Formen (Geometries). Das Zusammenfügen und Ausschneiden von Elementen untereinander erfolgt über einen eigenen Editor. Ein Vorteil sind die immens vielen Grundformen. Das Standardexportformat ist STL.

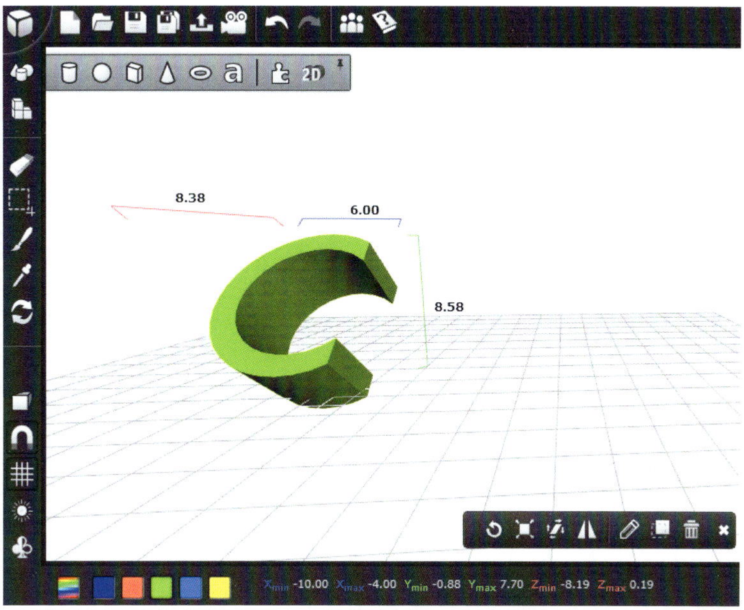

Shapesmith (*shapesmith.net*) ist ein kostenloses CAD-Programm, das in jedem WebGL-fähigen Browser läuft. Das Besondere an Shapesmith ist die Fähigkeit zum parametrischen Design, d. h., jeder einzelne Parameter (Wert) einer Form kann jederzeit geändert werden, selbst wenn zwei Elemente miteinander kombiniert wurden. Damit erstellte Modelle sind immer wasserdicht, also für den 3D-Druck von Anfang an geeignet. Ende 2013 wurde das Benutzerinterface stark vereinfacht. 3D-Designs werden nun allein mithilfe von vier verschiedenen geometrischen Grundformen (Würfel, Kugel, Zylinder und Kegel) und deren Kombinationen erstellt. Was uns derzeit fehlt, sind Werkzeuge zum einfachen Ausrichten/Angleichen verschiedener Elemente. Erstellte 3D-Modelle können als STL gespeichert werden.

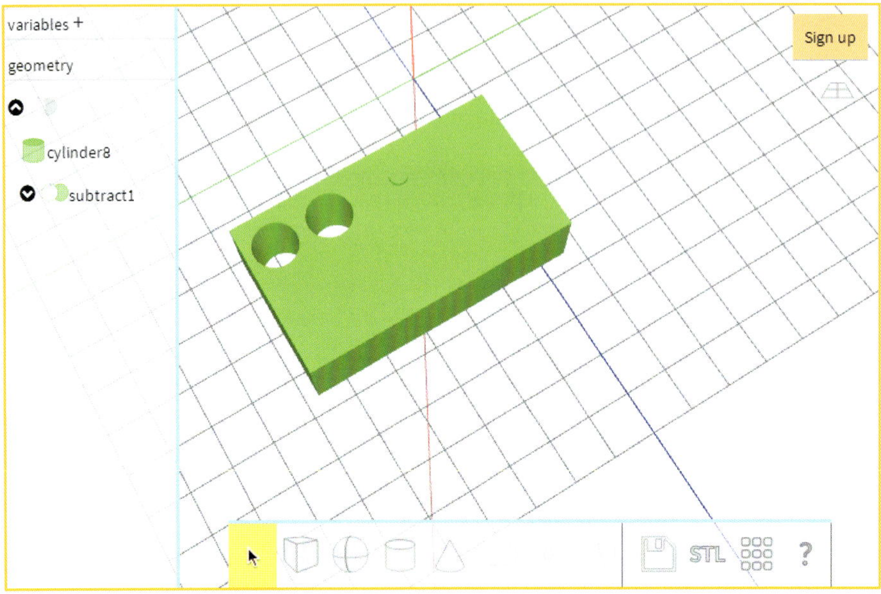

OpenSCAD (*openscad.org*) ist ein kostenloses Open-Source-Konstruktionsprogramm, bei dem ein 3D-Objekt mit einer Skriptsprache programmiert wird. OpenSCAD ist für Linux/UNIX, MS-Windows und Mac OS X verfügbar.

Beispiel: Aus einem 3 x 4 x 2 (LBH) cm großen Quader soll ein Zylinder mit 1 cm Radius ausgeschnitten werden. Der Zylinder bekommt die Höhe 3 cm, damit er oben und unten über den Rand des Quaders vor dem Ausschneiden herausragt.

```
difference() {
   cube ([3,4,2], center=true);
   cylinder (h=3, r=1, center = true, $fn=100);
}
```

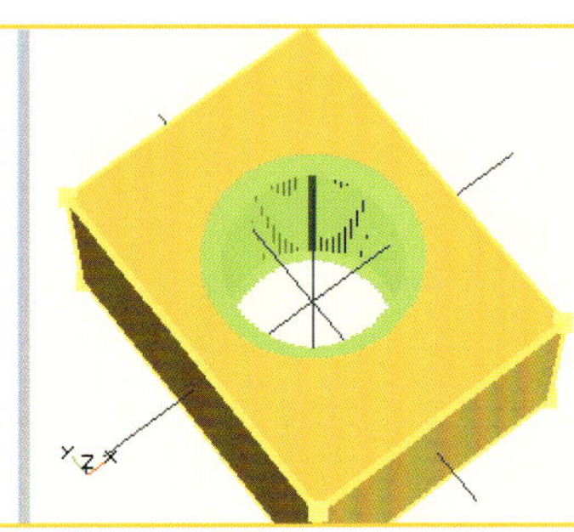

Das Interessante an OpenSCAD ist die Fähigkeit, Modelle zu parametrisieren, d. h., anstelle fixer Werte werden Variablen definiert und verwendet. Selbst in einem fortgeschrittenen Stadium eines komplexen Modells kann damit ein Design sehr einfach geändert werden. Im gezeigten Beispiel definieren wir Länge, Breite und Höhe als Variablen ($L, $B, $H), wobei wir die

Breite und Höhe in ein festes Verhältnis zur Länge ($L) setzen. Die Variablen verwenden wir sowohl für den Quader wie auch für den Zylinder. Damit lässt sich das gesamte Objekt einzig über die Änderung der Variablen L beliebig modifizieren:

```
$L = 3;
$B = $L*1.5;
$H = $B/2;

difference(){
   cube([$L,$B,$H], center=true);
   cylinder (h=$H+1, r=$B/4, center=true, $fn=100);
}
```

Blender (*http://www.blender.org/*) – dieses kostenlose Open-Source-Programm ist ein sehr mächtiges Werkzeug, das seine besonderen Stärken in der 3D-Animation, der 3D-Visualisierung sowie bei Videospielen und interaktiven 3D-Anwendungen hat. Seit Mitte 2013 gibt es eine neue Erweiterung, die speziell das Design für den 3D-Druck unterstützt (*http://wiki.blender.org/index.php/Extensions:2.6/Py/Scripts/Modeling/PrintToolbox*). Sie vereinfacht die Erstellung und Prüfung solider Volumenkörper und erlaubt den direkten Export im STL- oder PLY-Format.

Meshmixer (*http://www.meshmixer.com/*) erlaubt das Verformen des Oberflächennetzes von bestehenden 3D-Designs oder auch das einfache Zusammensetzen einzelner Designs. Hilfreich ist das Programm auch beim Glätten von Oberflächen eingescannter Objekte. Sehr genial ist der Support Generator, der Stützstrukturen für den 3D-Druck berechnet. Diese Strukturen können ganz individuell verändert oder entfernt werden.

Gute Hilfe im Internet

Eine offizielle Anleitung gibt es unter *http://en.wikibooks.org/wiki/OpenSCAD_User_Manual*. Im Internet finden sich einige hilfreiche Seiten zu OpenSCAD. Von Daniel K. Schneider gibt es beispielsweise eine verständlich geschriebene Anleitung unter *http://edutechwiki.unige.ch/en/OpenScad_beginners_tutorial*, die neben den OpenSCAD-Funktionen auch Begriffe und Grundlagen zum 3D-Design erklärt.

Cubify Sculpt (*cubify.com/sculpt*) ist ein 3D-Sculpting-Programm, mit dem man wie mit digitalem Lehm Objekte frei formen kann. Nach dem Start wählt man zuerst eine virtuelle Lehmkugel oder einen virtuellen Lehmblock bzw. -zylinder. Anschließend kann dieser Lehm am Bildschirm durch Drücken und Ziehen geformt werden, um z. B. Gesichter zu modellieren. Es gibt eine kostenlose 14-tägige Probeversion, danach kostet das Programm 129 US-Dollar.

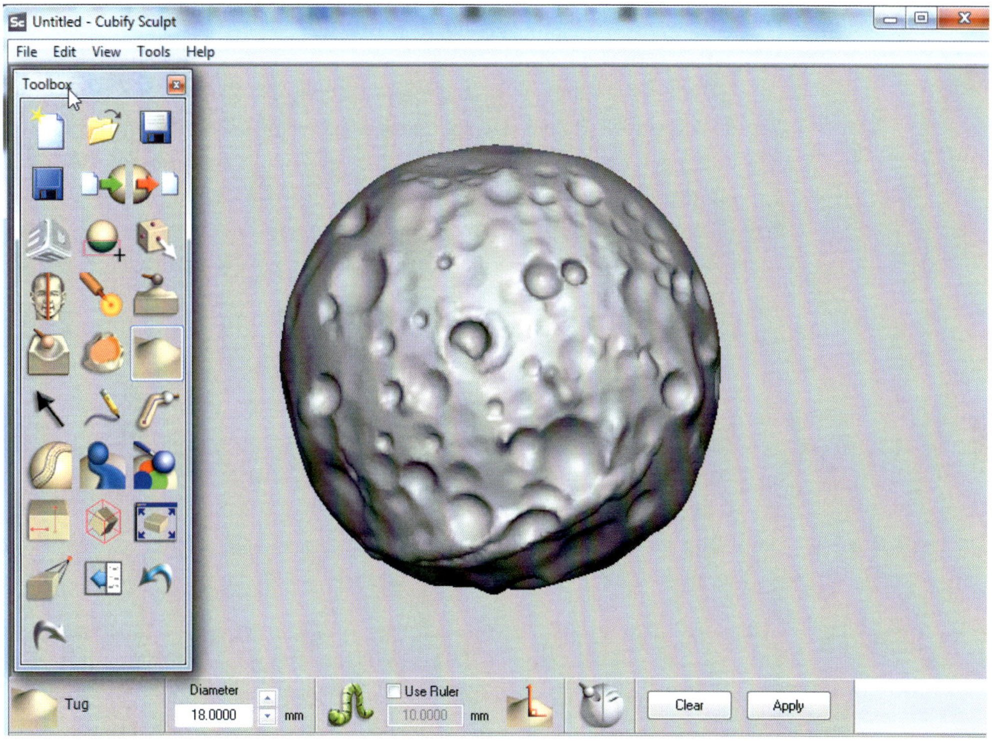

5.1.5 Gestaltungsgrundlagen 3D, Modellierung in drei Dimensionen, Begriffe

Die Erstellung eines dreidimensionalen Körpers im Raum folgt immer grundlegenden Prinzipien, unabhängig von der Art des Programms. Dreidimensional bedeutet in diesem Zusammenhang, dass am (zweidimensionalen) Computerbildschirm ein plastisches Objekt erstellt wird. Es ist also keine 3D-Brille erforderlich, auch ist die Darstellung anders als beim 3D-Fernsehen oder im 3D-Kino. Ein gutes räumliches Vorstellungsvermögen für das Zeichnen in drei Dimensionen am Computerbildschirm ist Voraussetzung. Die heutigen Programme erleichtern die Orientierung im Raum durch drei frei rotierbare Achsen, verschiedene Ebenen und die Darstellung unterschiedlicher Schattierungen.

Weitere Software zur Erstellung von 3D-Objekten

Unter *http://reprap.org/wiki/Useful_Software_Packages* findet sich eine aktuelle Liste der gängigsten 3D-Design-Programme, aber auch anderer Hilfstools und Druckvorbereitungsprogramme mit einer kurzen Beschreibung.

Verschiedene Benutzerphilosophien und Benutzerführung

Jedes Programm hat seine eigene, individuelle Bedienphilosophie und belegt Tasten und auch die Maus mit anderen Funktionen. Machen Sie sich unbedingt mit den Funktionen Ihres Programms zum Bewegen der Arbeitsfläche und den Objekten im Raum vertraut. Manche Programme arbeiten fast ausschließlich mit geometrischen dreidimensionalen Grundformen, andere erlauben auch, Objekte zunächst zweidimensional zu designen (siehe Erläuterung unten). Die meisten Konstruktionsprogramme erlauben das direkte Zeichnen der dreidimensionalen Objekte (WYSIWYG-Prinzip), in einigen Programmen werden Werte und Funktionen über die Tastatur eingegeben, erst danach wird die dreidimensionale Ansicht berechnet. Komplexere 3D-Programme erlauben das Konstruieren komplexer mehrteiliger Objekte und sogar die Simulation von Funktionen der gezeichneten Elemente, z. B. zwei sich miteinander drehender Zahnräder.

Dreidimensionales oder zweidimensionales Zeichnen

Das Zeichnen von dreidimensionalen Objekten in einem 3D-Design-Programm erfolgt in der Regel auf der sogenannten Arbeitsfläche bzw. -ebene. In manchen Programmen zeichnet man zunächst auf einer planen Fläche (x-/y-Koordinatensystem) wie auf Papier und erstellt erst später aus den 2D-Zeichnungen dreidimensionale Objekte. In anderen Programmen arbeitet man direkt in einem dreidimensionalen Raum (x-/y-/z-Koordinatensystem).

Die Programme stellen die Arbeitsfläche und den Raum am Bildschirm unterschiedlich dar. Die Arbeitsfläche präsentiert sich meist in Form einer Ebene mit x-/y-Achsen und Gitterstruktur . Diese Fläche kann über die Maus in alle Richtungen gedreht, gekippt und bewegt werden, um das 3D-Modell von allen Seiten begutachten und bearbeiten zu können.

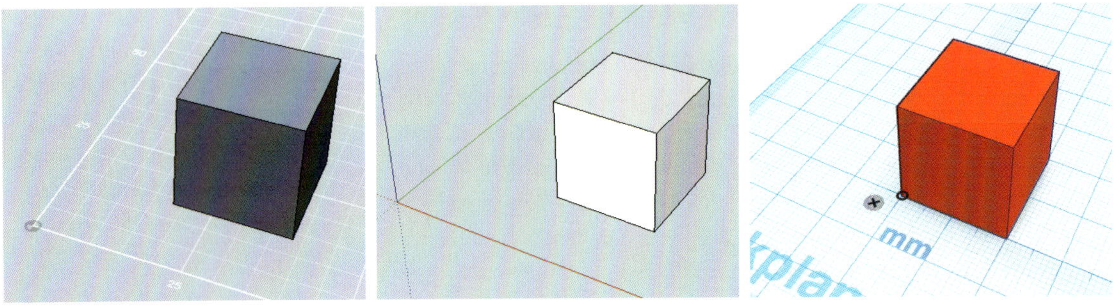

Unterschiedliche Darstellungen der Arbeitsfläche und (x-/y-/z-)Achsen im Raum – in 123D Design, SketchUp, Tinkercad (von links nach rechts).

Die Arbeitsfläche bzw. Arbeitsebene dient neben der Orientierung im dreidimensionalen Raum vor allem der Positionierung von Elementen im Raum sowie untereinander. Die meisten Programme erlauben das Hinzufügen zusätzlicher Ebenen. Man arbeitet/zeichnet aber immer nur auf einer Ebene, der Arbeitsfläche mit ihren x- und y-Koordinaten. Die anderen Ebenen treten in den Hintergrund oder werden automatisch ganz ausgeblendet.

Die Volumenbeschreibungsmethode (Constructive Solid Geometry, CSG) ist eine grundlegende Technik, um 3D-Objekte herzustellen. Man erzeugt

Volumenkörper, die eine geschlossene Oberfläche besitzen. Eine Grundtechnik zum Erstellen von 3D-Designs ist die Verknüpfung geometrischer Grundkörper (sogenannter Primitives oder auch Shapes), wie Quader, Keil, Zylinder, Kugel. Allein dadurch lassen sich z. B. im Maschinenbau 90 % aller Bauteile designen (*http://de.wikipedia.org/wiki/Geometrische_Modellierung*). Die verschiedenen Verknüpfungsmöglichkeiten werden auch boolesche Operationen genannt:

Sie gehören zu den wichtigsten Techniken zur Verknüpfung von Grundformen beim Design von 3D-Objekten (*http://en.wikipedia.org/wiki/Boolean_operations_on_polygons*). Verknüpfung bedeutet hier die Vereinigung (Addition), die Differenz (Subtraktion) oder das Schnittvolumen von einzelnen geometrischen Grundkörpern (auch Shapes oder Primitives genannt). Folgende Beispiele veranschaulichen die Funktionsweise. Wir nehmen zwei Zylinder und platzieren sie so, dass sie sich vertikal und horizontal etwas überschneiden. Auch wenn sie sich überschneiden, bleiben ihre Kanten und Flächen sowohl auf den Außen- wie auch auf den Innenseiten bestehen (im Computer, aber nicht auf den ersten Blick visuell erkennbar):

- Vereinigung
  In manchen Programmen auch Unite-, Gruppieren- oder Addieren-Funktion genannt. Dabei werden zwei oder mehrere Elemente zu einem einzigen Element zusammengefügt. In unserem Beispiel im Bild links auf den nächsten Seite wurden die zwei Zylinder addiert. Es entsteht ein einzelnes Objekt. Merkmal dieses zusammengefügten Objekts sind die nur noch außen liegenden Seiten, Kanten und Wände.

- Schnittvolumen
  Auch als Intersect-Funktion bekannt. Aus zwei oder mehreren Volumenkörpern wird das Schnittvolumen (die Schnittmenge in der Mengenlehre) gebildet. In unserem Beispiel ergibt die Schnittmenge der beiden Zylinder ein Objekt in Form einer lang gezogenen Linse.

- Differenz
  Auch Subtract- oder Ausschneiden-Funktion genannt. Für diese Aktion muss der Anwender zuerst festlegen, welches der Elemente von einem anderen ausgeschnitten werden soll. Danach erfolgt die Anwendung der Subtrahieren-Funktion. Im Beispiel haben wir festgelegt, dass der linke Zylinder vom rechten ausgeschnitten werden soll. Das Ergebnis sehen Sie im Bild rechts. Es bleibt der rechte Zylinder übrig, reduziert um den überschneidenden Teil des linken Zylinders.

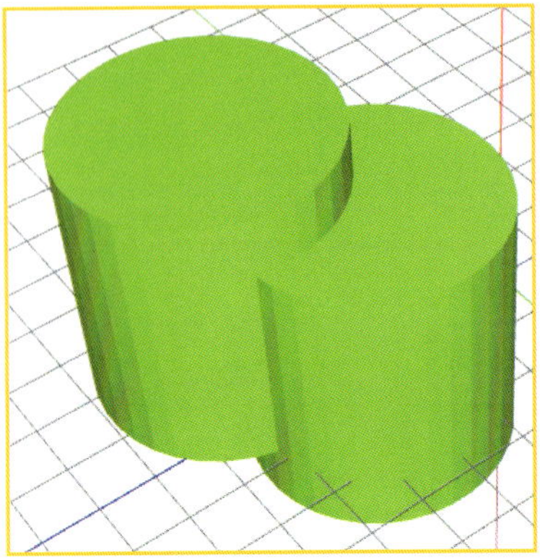
Vereinigung

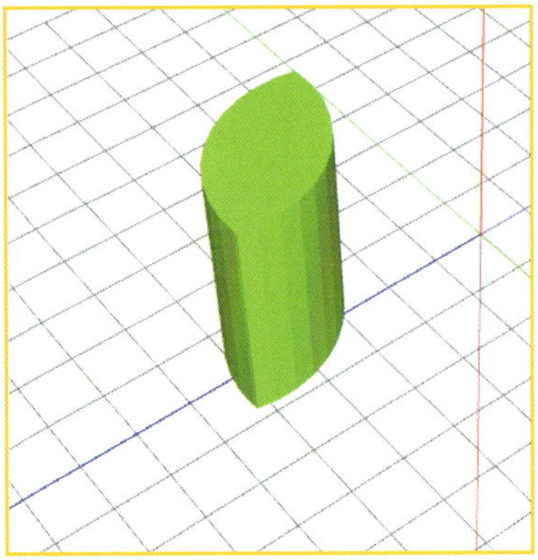
Schnittvolumen

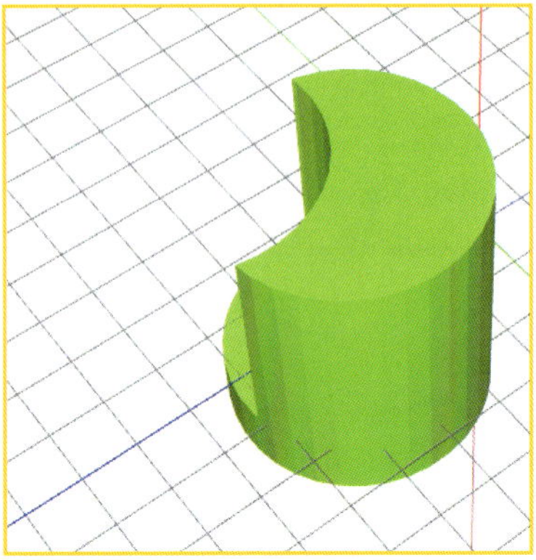
Differenz

- Extrusion
  Mit Extrusion bezeichnet man das Ziehen einer zweidimensionalen Fläche in die dritte Dimension. Stellen Sie sich einen gezeichneten Kreis vor (siehe Bild unten links, Beispiel mit SketchUp erstellt). Durch Ziehen oder Drücken auf den Kreis entsteht durch Extrusion ein dreidimensionaler Zylinder. Im mittleren Bild wurde der Kreis mit dem Extrusionswerkzeug nach oben gezogen (Maus nach oben bewegen). Im rechten Bild sehen Sie den Kreis, nachdem mit dem Extrusionswerkzeug nach unten gedrückt wurde (mit der Maus nach unten bewegen).

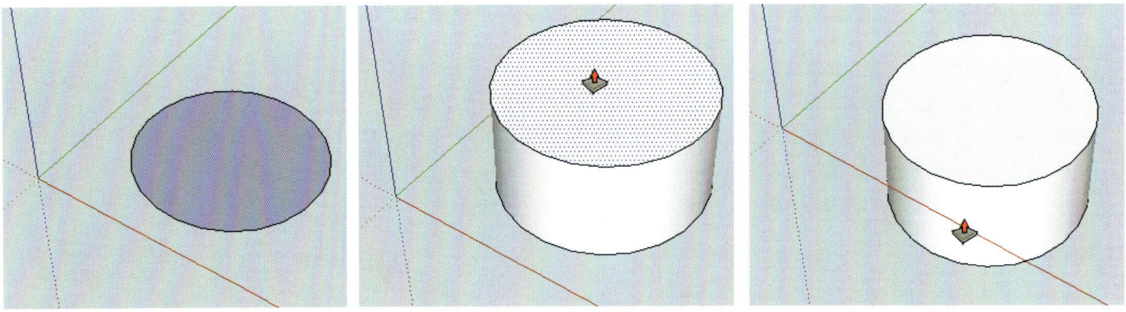

Parametrische Modellierung

Manche CAD-Programme erlauben das Arbeiten mit Variablen und Parametern, die die Beziehungen einzelner geometrischer Elemente (z. B. Linien, Kurven, Körper, Flächen) zueinander beschreiben. In der Praxis bedeutet dies, dass selbst im fortgeschrittenen Stadium eines komplexen Modells mit unzähligen miteinander verknüpften Objekten ein oder mehrere Elemente nur durch Veränderung einer Variablen geändert werden können. Stellen Sie sich z. B. einen Quader mit vier gleichen Bohrungen vor. Die Durchmesser der Bohrungen wurden vorher als Variable definiert. Anstatt nun jede der vier Bohrungen einzeln zu ändern, reicht es aus, lediglich die Variable zu ändern. Dies spart enorm Zeit. OpenSCAD und Shapesmith sind zwei interessante Programme für die parametrische Konstruktion.

5.2 Optimierung 3D-Design

Dreidimensionale Objekte, die in einem 3D-Druckverfahren produziert werden sollen, müssen einige Voraussetzungen erfüllen. Diese müssen sowohl beim Design eigener 3D-Modelle als auch beim Verwenden vorhandener 3D-Designs oder beim 3D-Scannen beachtet werden. Die Besonderheiten unterscheiden sich vom Design für andere Verwendungszwecke, beispielsweise von Charakteren für Animationen. Farben, Texturen oder Schatten spielen beim Design für den 3D-Druck eine untergeordnete Rolle. Dafür müssen Objekte aber zwingend Volumenmodelle sein. Das sind Objekte, die mit ihren äußeren Flächen ein Volumen einschließen. Eine einzelne Ebene oder Kante entspricht nicht dieser Voraussetzung, denn sie umschließt kein Volumen.

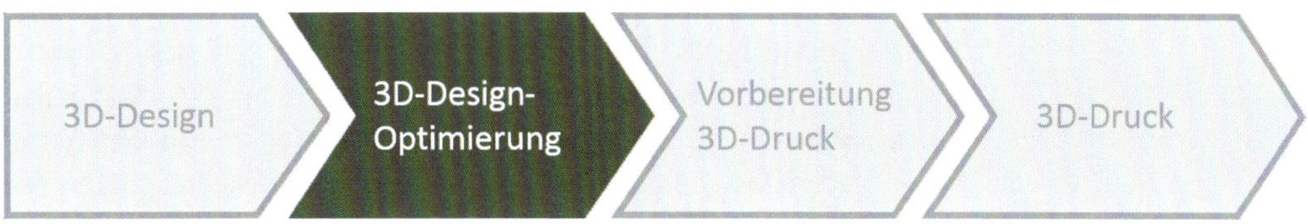

5.2.1 Geschlossene Oberflächen – Wasserdichtigkeit

Eine der wichtigsten Voraussetzungen für den 3D-Druck sind geschlossene Oberflächen des 3D-Modells. Hat ein Objekt geschlossene Oberflächen, wird es als »wasserdicht« bezeichnet. Probleme mit nicht geschlossenen Flächen treten meist bei gescannten Objekten auf. Ist ein Scan unvollständig, können im dreidimensionalen Modell Lücken, also Löcher, entstehen. Angenommen, Sie würden nun in dieses dreidimensionale Modell Wasser einfüllen, würde es auslaufen. Es ist nicht wasserdicht. Aber auch beim Design eines 3D-Objekts mit bestimmten Programmen kann das passieren. Stellen Sie sich beispielsweise einen Würfel vor, der nur aus fünf Seitenflächen besteht, d. h., eine Seite des Würfels bleibt offen. Damit ist er kein geschlossener Volumenkörper mehr. Dies ist dann ein Problem, wenn der Würfel nur aus Kanten mit Flächen besteht (im Bild links). Dieser Würfel kann nicht gedruckt werden. Erzeugen Sie hingegen einen auf einer Seite offenen Würfel mit beispielsweise 1 mm dicken Wänden, ist jede Wand des Würfels ein geschlossener Volumenkörper und gilt damit als wasserdicht (im Bild rechts). Dieser Würfel kann gedruckt werden.

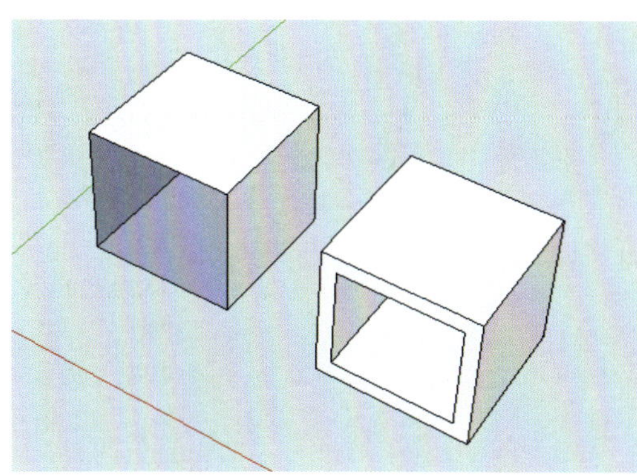

Prüfung offener/geschlossener Oberflächen
Andere Programme, die zwar für 3D-Design geeignet sind, aber nicht explizit fürs Konstruieren von Modellen mit soliden Oberflächen entwickelt wurden (z. B. SketchUp), bieten Funktionen zum Prüfen der Wasserdichtigkeit. Manche Druckvorbereitungsprogramme bieten neben der Prüfung auch manuelle oder automatisierte Reparaturwerkzeuge, um Löcher oder offene Kanten zu schließen (z. B. das kostenlose Open-Source-Programm Meshlab oder die diversen Versionen der netfabb-Software bzw. der netfabb-Cloud-Service *http://cloud.netfabb.com/*). Die meisten 3D-Druck-Dienstleister (wie z. B. Shapeways oder Sculpteo) verifizieren auch jedes Modell, das für den 3D-Druck hochgeladen wird.

5.2.2 Überflüssige Kanten oder Seiten

Neben der Wasserdichtigkeit führen überflüssige Kanten oder Seiten in einem 3D-Modell dazu, dass es nicht oder nicht richtig von einem Druckvorbereitungsprogramm in Schichten zerlegt oder nicht korrekt auf einem 3D-Drucker gedruckt werden kann. Überflüssige Kanten und Seiten können auftreten, wenn man ein Objekt aus einzelnen Seiten und Kanten zusammenfügt. An jeder Kante müssen bei einem geschlossenen Objekt immer exakt zwei Flächen anliegen. Sobald eine Kante keine zugehörige Fläche hat, spricht man auch von einem Manifold-Problem. Erzeugt man z. B. in SketchUp ein Rechteck, besteht dieses aus einer Fläche und vier Kanten. Jede Kante kann einzeln verändert oder gelöscht werden. Beim Konstruieren kann es daher leicht passieren, dass Kanten oder Flächen überschüssig sind. Tools wie SketchUp bieten Werkzeuge an, um festzustellen, ob überflüssige Kanten oder Seiten vorhanden sind.

Weitere Informationen

Für eine Vertiefung dieses Themas empfehlen wir folgende Seiten:

- Shapeways Hilfestellung zur Lösung des Manifold-Problems: *https://www.shapeways.com/tutorials/fixing-non-manifold-models*
- Mannigfaltigkeit: *http://de.wikipedia.org/wiki/Mannigfaltigkeit*

5.2.3 Mindestwandstärken (minimum wall thickness)

Die Produktion mit einem der 3D-Druck-Verfahren erfordert die Einhaltung von Mindestgrößen. Werden diese unterschritten, kann ein Objekt oder Teile davon nicht produziert werden. So müssen besonders die Wände eines Objekts eine gewisse Stärke aufweisen. Die Wandstärke entspricht der Distanz zwischen der äußeren und der inneren Seite an einer beliebigen Stelle im 3D-Modell.

Der abgebildete hohle Würfel weist verschiedene Wandstärken auf. Die linke Wand mit 3 mm ist gut, die anderen Wände mit 0,5 mm und die dünne Verbindungslinie mit einer Dicke (auch Wandstärke) von 0,25 mm sind problematisch. Zu dünne Wände können auf bestimmten 3D-Druckern nicht produziert werden oder können z. B. bei der Nachbearbeitung leicht brechen. Bei den meisten 3D-Druckern im Heim-/Hobbybereich, die nach dem FDM/FFF-Verfahren arbeiten, entspricht diese minimale Wandstärke dem Durchmesser der Heizdüse für das Druckfilament. Üblich sind 0,3 bis 0,5 mm Durchmesser. Die Mindestwandstärke spielt hauptsächlich für die Stabilität des gedruckten Objekts eine Rolle. Größere Teile des Objekts, die später stabil sein müssen, sollten Sie ausreichend dick gestalten. Sind sie zu dünn, können sie während und nach Produktion (z. B. beim Entfernen von Supportmaterial oder nachträglichem Polieren), beim Versand des fertigen Objekts oder natürlich im Praxiseinsatz brechen. Je nach 3D-Druck-Verfahren und gewähltem Material wird eine andere Minimalwandstärke benötigt. Der 3D-Druck mit Polyamid (Nylon) im SLS-Verfahren (Selective Laser Sintering) erfordert mindestens 1 mm. Der 3D-Druck-Dienstleister Shapeways empfiehlt sogar 2 mm für größere Teile eines Objekts. Zur groben Orientierung wird empfohlen, ein Verhältnis von 1: 10 (=Wandstärke zu Länge eines Teils) nicht zu überschreiten, d. h., ein 1 mm dünnes Teil sollte maximal 10 mm lang sein (*https://www.shapeways.com/tutorials/3dprintingminimumwallthicknesstutorial* und *https://www.shapeways.com/tutorials/thin_walls_tutorial*). Andere Materialien erfordern andere Mindestwandstärken, z. B. 3 mm für 3D-Druck in Keramik.

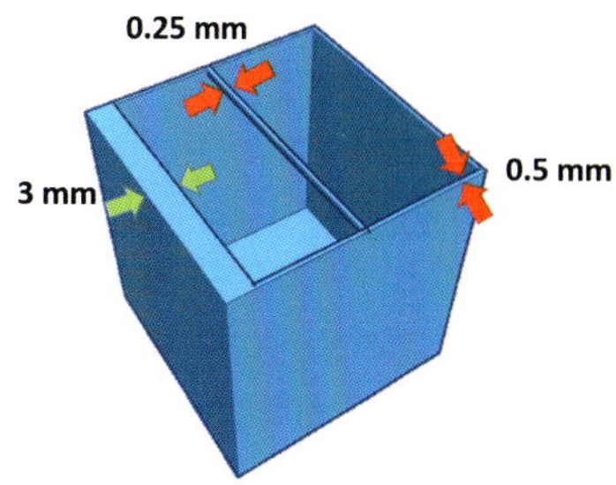

5.2.4 Detaillierungsgrad (level of detail)

Als Detaillierungsgrad versteht man den Abstand zwischen zwei Oberflächen. Stellen Sie sich z. B. ein Schild vor, auf dem ein Text erhaben aufgebracht wird. Je nach Druckverfahren muss der Abstand der oberen Fläche der Schrift zur Fläche des Schilds größer sein. Wird er zu gering gewählt, kann die Schrift nicht gelesen werden. Beim FDM/FFF-Druck haben wir gute Erfahrungen mit einem Abstand von mindestens 0,2 mm gemacht. Aber auch hier kann dieser Wert je nach Material und verwendetem Druckverfahren variieren.

5.2.5 Spitze Winkel vermeiden

Die Berücksichtigung der minimalen Wandstärke spielt auch bei Ecken und spitzen Winkeln eine Rolle. Der 3D-Druck eines spitzen Winkels stellt an sich kein Problem dar. Bei sehr spitzen Winkeln wird allerdings die Mindestwandstärke am äußeren Ende unterschritten, was schlichtweg nicht druckbar ist. Folglich sind die Kanten an dieser Stelle nicht ausreichend verbunden, was letztendlich zu einem instabilen Ergebnis führt. 3D-Druck-Dienstleister wie Shapeways empfehlen daher, nur Winkel größer als 10° zu designen.

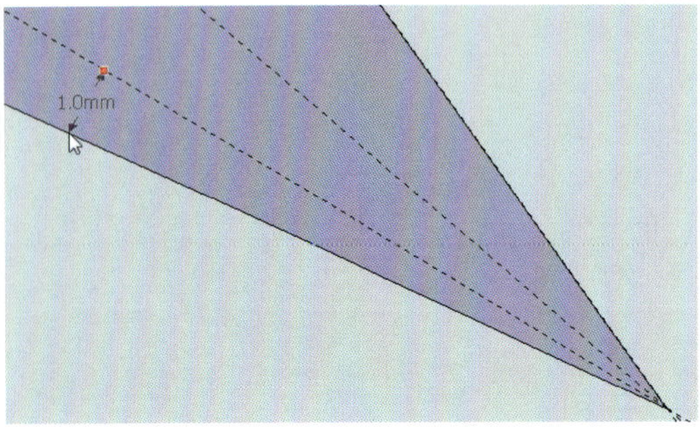

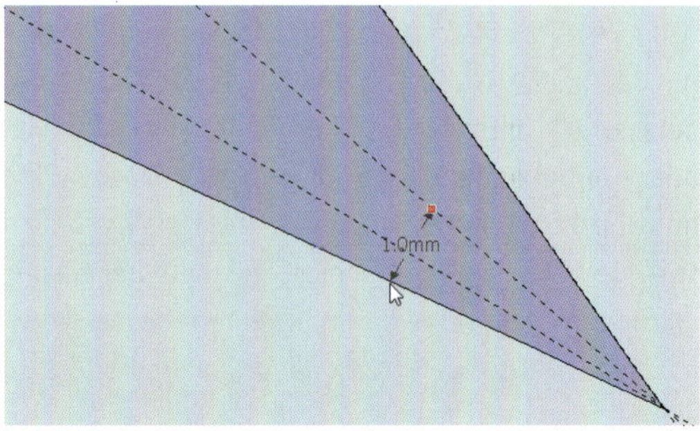

Im Bild oben sehen Sie ein Beispiel mit Winkeln (gestrichelt von unten nach oben) von 10°, 25° und 45°. Zu erkennen ist, wie weit entfernt von der Ecke noch mit einer Wandstärke von 1 mm produziert werden könnte bei einem Winkel von 10° (Bild oben links) und von 25° (Bild oben rechts). Bei 25° bleibt nur ein sehr geringer Teil übrig, der nicht gedruckt wird. Das Risiko eines instabilen Teils verringert sich somit deutlich.

5.2.6 Überhänge

Ein Überhang bedeutet, dass die Steigung eines Objekts, wie z. B. der Felswand im Bild, mehr als 90° in der Vertikalen beträgt.

Werden Objekte mit Überhängen auf einem 3D-Drucker produziert, der nach dem FDM/FFF- oder SLA-Verfahren arbeitet, besteht die Gefahr, dass das Druckmaterial unkontrolliert nach unten sinkt, d. h. keinen Halt findet (siehe Illustration auf der nächsten Seite: Das blaue Druckmaterial findet bei dem oberen schrägen Stück keine Unterstützung und tropft aus der – goldfarben dargestellten – Druckdüse nach unten).

(© Appenzellerland Tourismus AI, www.appenzell.ch)

Da ein Objekt Schicht für Schicht gedruckt wird, benötigt das Material einer oberen Schicht eine Stütze darunter. Befindet sich unterhalb nichts, sinkt das Material nach unten, was zu unsauberen Ergebnissen oder dem kompletten Misslingen eines Drucks führen kann. Bei Pulverdruckverfahren wie 3DP oder SLS wirkt das überschüssige Pulver stützend, was ein immenser Vorteil bei überhängenden oder frei schwebenden Geometrien ist (siehe Kapitel 2). Solche Strukturen werden durch das im kompletten Bauraum vorhandene Pulver einer-

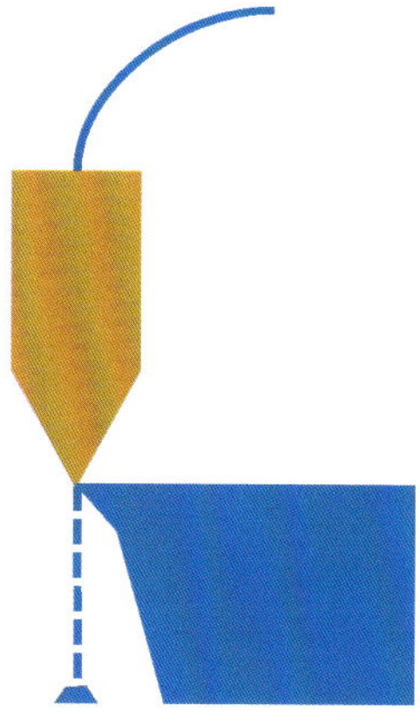

seits gestützt, andererseits verhindert das Pulver, dass Strukturen mit geringen Abständen aneinanderkleben. Achten Sie daher beim Design und beim Druck mit dem FDM/FFF- oder SLA-Verfahren darauf, überhängende oder frei schwebende Geometrien zu vermeiden. Wenn möglich, bauen Sie nur Überhänge mit Winkeln von mehr als 45° (ideal ab 60°) ein. Bei diesen Winkeln berühren neue Schichten die darunterliegenden Schichten, was für genügend Halt sorgt.

5.2.7 Support-/Stützstrukturen

Gegen das unerwünschte Absinken des Druckmaterials bei Überhängen oder frei schwebenden Geometrien helfen zusätzliche Support- und Stützstrukturen. Die meisten Druckvorbereitungsprogramme erlauben, diese Supportstrukturen automatisch hinzuzufügen. Auch manche Design- oder Modellierungsprogramme haben solche Funktionen bereits an Bord (z. B. Meshmixer von Autocad). Beim Druck werden unterhalb der zu stützenden Geometrien zusätzlich feine Säulen oder Gitterstrukturen angebracht, die später leicht weggebrochen, weggeschnitten oder ausgewaschen werden können. Diese Supportstrukturen werden entweder aus demselben Material wie das Objekt erstellt oder aus einem speziellen Stützmaterial, das später z. B. in Wasser aufgelöst werden kann. Bei den Desktop-FDM/FFF-Druckern ist das wasserlösliche PVA (Polyvinylalkohol) als Supportmaterial weit verbreitet. Es lässt sich mit lauwarmem Wasser nach dem Druck einfach entfernen. Der Druck mit Stützmaterial erfordert natürlich einen 3D-Drucker mit zwei Extrudern/Druckdüsen. Bei Verfahren, die mit Pulver arbeiten (3DP, SLS u. Ä.) bilden Überhänge hingegen kein Problem, da das überschüssige Pulver als Stützmaterial wirkt.

In der Praxis funktioniert mehr als in der Theorie

In der Praxis gibt es Möglichkeiten, selbst mit einem FDM/FFF-3D-Drucker überhängende Geometrien ohne Supportmaterial/Stützstrukturen zu drucken. Zum einen kann die Lage des zu druckenden Objekts im Drucker so verändert werden, dass überhängende Strukturen nicht mehr oder nur wenig frei schwebend sind. Zum anderen sind mit einem gut kalibrierten 3D-Drucker und einer feinen Abstimmung von Druckgeschwindigkeit, Temperatur und Extrusionsrate des Druckmaterials auch so manche Lücken überbrückbar. In Kapitel 9 unter »Überbrückung von Distanzen ohne Support« erklären wir genauer, wie das möglich ist.

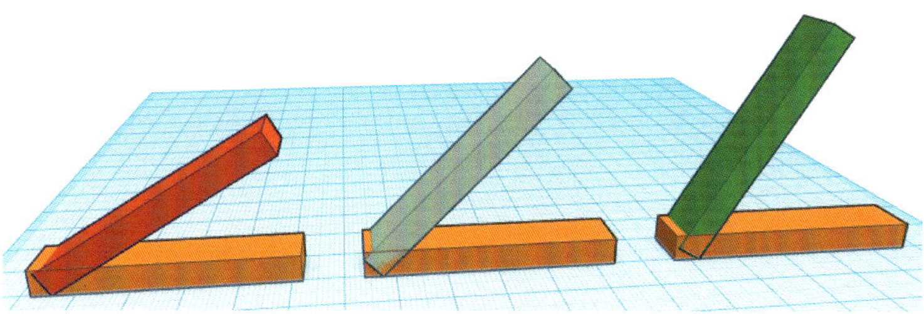

Drei simple Designs mit Überhängen von 30°, 45° und 60° (von links nach rechts).

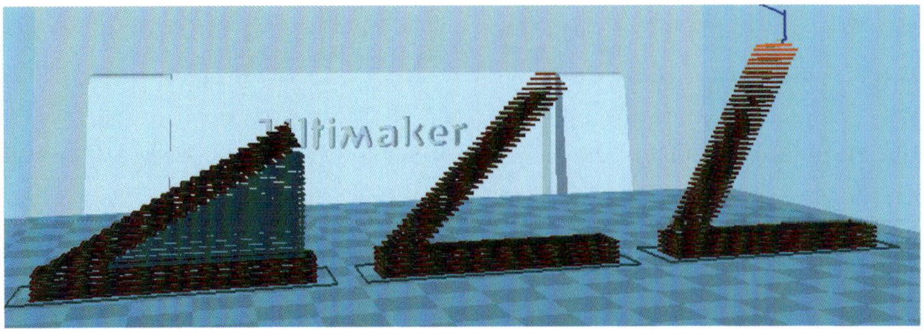

Die drei verschiedenen Objekte aus dem vorherigen Bild haben wir nun mit einem Druckvorbereitungsprogramm in Schichten zerlegt. Das Programm hat auf unseren Wunsch hin automatisch Supportstrukturen eingefügt, im obigen Beispiel allerdings nur bei dem Objekt mit 30°-Winkel. Bei den Winkeln größer als 45° stützen die darunterliegenden Schichten die nachfolgenden ausreichend. Ob und wo ein Programm Supportstrukturen hinzufügt, erkennen Sie in der Schichtenansicht. Das Bild oben zeigt die »Layers«-Ansicht im Druckvorbereitungsprogramm Cura.

5.3 Vorabüberlegungen und Vorgehen im 3D-Design

Bevor Sie mit dem Design eines eigenen 3D-Modells beginnen, ist es wichtig, sich auch Gedanken über den Einsatzzweck des Objekts zu machen. Wie stabil muss das Objekt konstruiert und später produziert werden? Ist es nur ein Demonstrationsteil oder ein »Entwurf«, bei dem die Präzision weniger wichtig ist? Will ich das Objekt später selbst drucken oder an einen 3D-Druck-Dienstleister geben?

Je stabiler ein Objekt sein soll, desto dickere Wände und Verbindungen sollten bereits beim Design berücksichtigt werden. Benötigen Sie ein hochpräzises Teil, muss die Vorbereitung bei den Abmessungen sehr detailliert erfolgen. Zudem eignet sich dann möglicherweise ein anderes CAD-Programm besser als ein Einsteigerprogramm. Die Auswahl des Materials und des Druckverfahrens ist stark abhängig vom Verwendungszweck. Je nachdem, mit welchem Material später das Teil produziert werden soll, müssen besondere Anforderungen wie z. B. die Mindestwandstärke beachtet werden (siehe dazu Kapitel 2 zu den Materialien und Kapitel 9, Unterkapitel »3D-Druck via Dienstleister«). Die meisten 3D-Druck-Dienstleister bieten sehr hilfreiche Datenblätter zu Materialeigenschaften und den jeweiligen Anforderungen an das Design.

Wir empfehlen ein paar zusätzliche Hilfsmittel für das 3D-Design neben dem Programm selbst:

- Notizblock oder Millimeterpapier und Bleistift für Skizzen
- Messwerkzeug, idealerweise eine digitale Schiebelehre
- gegebenenfalls das nachzubauende Originalobjekt

- Fotos des nachzubauenden Objekts
- eventuell Knet- oder sonstige Modelliermasse für einen ersten Entwurf

Zum Erstellen eines eigenen 3D-Modells schlagen wir folgendes Vorgehen vor, das sich auch in zahlreichen unserer Workshops bewährt hat:

1 Erstellen Sie von Hand eine Skizze Ihrer Idee bzw. des 3D-Objekts, das Sie mithilfe eines 3D-Design-Programms erstellen möchten. Dies erleichtert den Aufbau des Modells am Computer und reduziert den Zeitaufwand beim Design und bei späteren Änderungen.
Bei manchen Objekten und Ideen haben wir mit Knete oder einer anderen Modelliermasse zuerst das Objekt von Hand geformt und danach vermessen.

2 Notieren Sie möglichst alle Dimensionen des Objekts auf Ihrer Skizze. Sofern Sie ein vorhandenes Objekt nachdesignen möchten, messen Sie es mit der digitalen Schiebelehre ab.

3 Versuchen Sie zunächst, Ihr Modell mit geometrischen Grundelementen (Box, Zylinder, Kugel, Kegel etc.) grob aufzubauen. Die geplanten Dimensionen sollten hier schon stimmen.

4 Gruppieren Sie zusammengehörende Elemente oder erstellen Sie Komponenten von mehreren Elementen, die wiederkehren und vermutlich Änderungen unterliegen.

5 Verfeinern Sie Schritt für Schritt das Design, z. B. durch abgerundete Kanten, genaue Positionierung und Angleichung der Elemente untereinander.

6 Führen Sie eine Qualitätsprüfung des fertigen 3D-Design-Files durch, bevor Sie es für den 3D-Druck vorbereiten (Kapitel 9). Erfüllt das Design für den 3D-Druck wichtige Voraussetzungen wie Wasserdichtigkeit und Mindestwandstärken? Stimmen die Dimensionen?

Im nächsten Kapitel führen wir Sie in zwei bekannte und schnell zu erlernende 3D-Design-Programme ein. Konkrete Beispiele mit Schritt-für-Schritt-Anleitungen finden Sie dann in Kapitel 7.

M 1:20
M 1:20
M 1:20
+12.500
850
850
1300
630
300
250
650
180
600

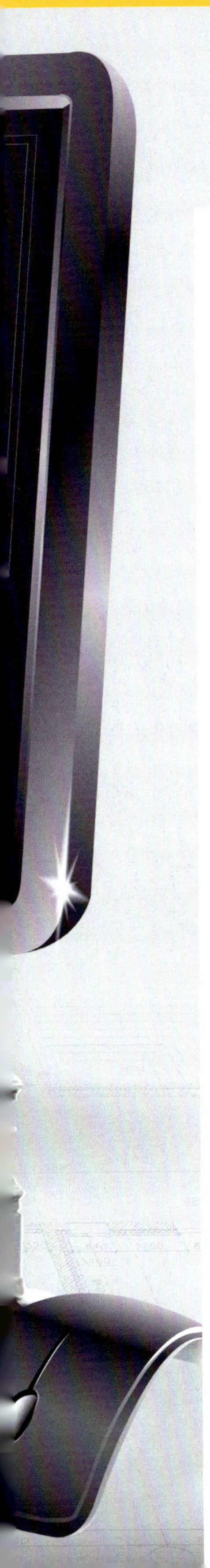

KAPITEL 6

3D-Design in der Praxis – TINKERCAD UND SKETCHUP

Tinkercad und SketchUp

6.1 3D-Design mit Tinkercad

Tinkercad (*tinkercad.com*) ist kostenlos und eines der einfachsten browserbasierten Programme zum Erstellen von 3D-Modellen. Tinkercad wurde speziell für das 3D-Design für den 3D-Druck entwickelt. Einer der entscheidenden Vorteile gegenüber anderen 3D-Design-Programmen wie SketchUp (siehe Abschnitt zu »SketchUp«) und Blender oder CAD-Programmen ist, dass alle mit Tinkercad erstellten Designs automatisch solide Oberflächen aufweisen, man spricht auch von »Wasserdichtigkeit«. Dies ist eine für den 3D-Druck immens wichtige Voraussetzung. Objekte, die nicht wasserdicht sind, können teilweise gar nicht gedruckt werden oder führen zu großen Problemen beim Druck selbst (siehe auch Kapitel 5). Tinkercad liegt zwar nur in einer englischen Version vor, die Bedienoberfläche ist aber so intuitiv und leicht verständlich, dass es selbst ohne Englischkenntnisse bedient werden kann. Das Grundprinzip von Tinkercad ist innerhalb weniger Minuten verstanden und ein erstes Modell erstellt. Setzt man sich intensiver mit Tinkercad auseinander, können damit sehr komplexe 3D-Modelle erzeugt werden. 3D-Objekte in Tinkercad entstehen durch das Zusammenfügen und Entfernen einzelner geometrischer Grundelemente. Sehr rasch können so selbst komplexere 3D-Modelle aufgebaut werden. Bereits Kinder um die acht Jahre designen damit erfolgreich Objekte für den 3D-Druck.

Das Modellieren eines 3D-Objekts mit Tinkercad folgt diesen einfachen Grundprinzipien:

1. Geometrische Grundformen (z. B. Würfel, Kugeln, Zylinder etc.) per Drag-and-drop auf die Arbeitsfläche ziehen.
2. Grundformen anpassen und untereinander ausrichten.
3. Kombinieren (Hinzufügen und Wegschneiden) einzelner Elemente.
4. Fertiges Modell zum 3D-Druck herunterladen.

Tinkercad läuft vollständig in WebGL- und HTML5-fähigen Webbrowsern wie etwa Google Chrome (ab Version 10) oder Mozilla Firefox (ab Version 4) ab Windows Vista oder Apple OS X 10.6. Der Internet Explorer von Microsoft wird voraussichtlich erst ab Version 11 die erforderlichen Voraussetzungen erfüllen. Neben dem Webbrowser werden nur eine Internetverbindung und ein kostenloser Account bei Tinkercad benötigt. Es ist keine Softwareinstallation erforderlich. Wir empfehlen zur Bedienung ausdrücklich eine Maus mit Scrollfunktion. Sie benötigen keinerlei Ingenieursausbildung oder -erfahrung. Hilfreich ist sicherlich ein gutes räumliches Vorstellungsvermögen.

Tinkercad wurde 2010 von drei Finnen ins Leben gerufen und hat sich rasch als eines der meistverwendeten und beliebtesten 3D-Design-Tools für Einsteiger etabliert. Im Juni 2013 wurde Tinkercad von der Firma Autodesk übernommen, einem renommierten Anbieter von Profi-CAD-Software und anderen Programmen rund um den 3D-Druck. Autodesk 123D Catch erstellt beispielsweise ein 3D-Modell aus mehreren einzelnen Fotos, die mit einem Smartphone aufgenommen wurden. Dieses Programm folgt einer ähnlichen Philosophie zum Modellieren eines 3D-Objekts wie Tinkercad.

Alle in Tinkercad erstellten 3D-Modelle werden automatisch auf Servern von Autodesk gespeichert. Sie sind also stets online und plattformübergreifend verfügbar. Mit Tinkercad erstellte und als öffentlich verfügbar gekennzeichnete Modelle können von jedem anderen Tinkercad-Mitglied genutzt werden. Mitglieder können Kopien vorhandener Designs erstellen, diese modifizieren und als Derivat des Ursprungsmodells publizieren. So entstehen gelegentlich sehr interessante Varianten oder Verbesserungen des ursprünglichen Designs.

Weitere Merkmale und Funktionen von Tinkercad:

- Tinkercad-Objekte sind immer solide (wasserdicht) und damit ideal für den 3D-Druck.
- Schnelle Berechnung des 3D-Modells, keine besondere Hardware erforderlich.
- Einfache Bedienung auch mittels allgemein üblicher Kurzbefehle wie Strg+C (Kopieren), Strg+V (Einsetzen), Strg+Z (Rückgängig) etc.
- Import von 3D-STL- und 2D-SVG-Dateien.
- Export als STL, OBJ, X3D, VRML oder SVG (in 2D z. B. für das Lasercutting).
- Onlinebibliothek kostenloser 3D-Modelle (Klick auf *Discover*).
- Tinkercad-Community mit Bewertungen und Kommentaren zu Designs.
- Mächtige Skriptsprache für Fortgeschrittene.

Tipp für Tinkercad-Einsteiger

Tinkercad bietet sehr gute Onlinelektionen für Anfänger, die einen schrittweise in das Programm einführen. Sie können direkt am Bildschirm die gezeigten Schritte nachvollziehen. Sie finden diese Lektionen unter *tinkercad.com/quests/*.

Beschränkungen von Tinkercad

- Keine Freiform-/Freikurvenfunktion. Tinkercad arbeitet nur mit den vorgegebenen Shapes. Die Möglichkeit des Zeichnens von Pfaden oder Kurven für eine spätere Extrusion in 3D fehlt.
- Keine parametrische Modellierung/keine Definition von Variablen möglich. Dies erfordert besonders bei späteren Änderungen fertiger Designs, dass vorhandene Gruppierungen aufgelöst werden müssen, um jedes Element einzeln verändern zu können.

6.1.1 Einführung in Tinkercad

Nach Aufruf von Tinkercad können Sie die Software zunächst auch ohne Registrierung ausprobieren. Klicken Sie auf der Homepage auf *Start the Editor*. Allerdings kann das geänderte 3D-Modell nicht gespeichert werden. Wir empfehlen, ein kostenloses Benutzerkonto anzulegen. Dies ist innerhalb einer Minute erledigt und erlaubt die Nutzung aller Funktionen von Tinkercad. Nach Anmelden gelangen Sie in die Übersicht Ihrer Designs, das sogenannte Dashboard.

Neues Design erstellen

Erstellen Sie aus der Übersicht aller Designs, dem Dashboard, durch Drücken auf *Create new design* ein neues 3D-Modell.

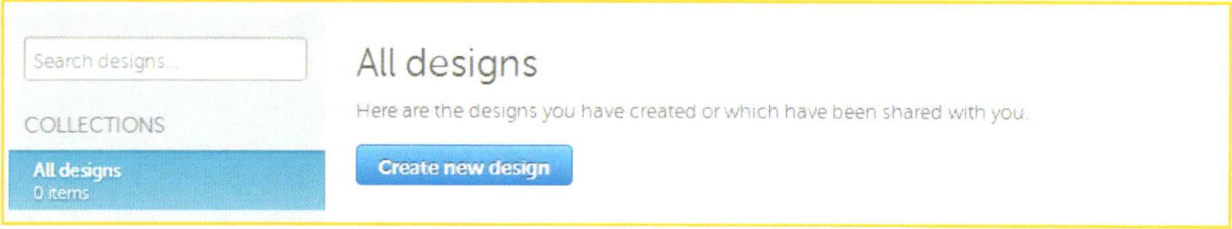

Anschließend gelangen Sie in den Tinkercad-Editor zum Erstellen und Bearbeiten der 3D-Modelle. Tinkercad vergibt für jedes neue Modell automatisch einen zufällig generierten Namen. Dieser sowie die Eigenschaften des neuen Designs können über den Menüpunkt *Design/Properties* angepasst werden. Dort stellen Sie auch die Sichtbarkeit (*Visibility*) Ihres Modells für andere ein. Ist sie *Public*, ist Ihr Design für jeden sicht- und kopierbar. Zum Zeitpunkt der Erstellung dieses Buchs kann mit dem kostenlosen Account die Drittnutzung von frei verfügbaren Modellen nur über die Creative-Commons-Lizenz *Attribution-ShareAlike 3.0* gewählt werden. Dies bedeutet, dass andere Nutzer Ihre öffentlichen Modelle kopieren, verändern und sogar für kommerzielle Zwecke – unter Nennung Ihres Namens und dieses Lizenzmodells – weiterverwenden dürfen. Wollen Sie die Nutzung durch Dritte verhindern, wählen Sie am besten *Visibility/Private*.

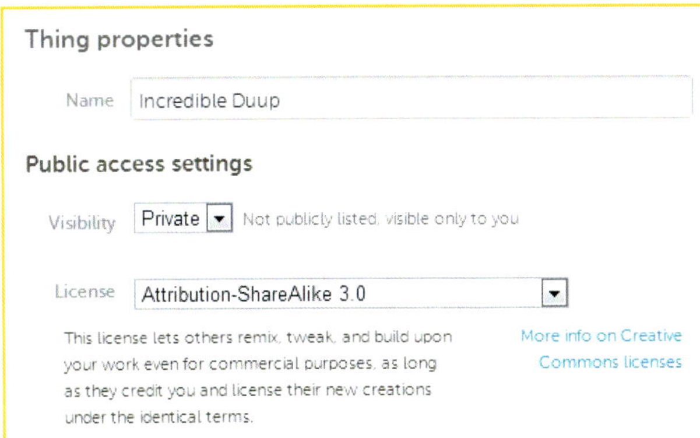

Speichervorgang abwarten

Warten Sie nach jeder Änderung, bei Rückgängigmachen einzelner Schritte (via `Strg`+`Z` bzw. Undo-Pfeil), bei Importen und vor dem Schließen des Browserfensters immer ab, bis die Hinweise auf das Speichern verschwunden sind.

Tinkercad speichert jede Änderung am Design selbstständig in der Cloud. Rechts neben dem Namen Ihres Designs sehen Sie einen kleinen sich drehenden Kreis und gelegentlich *Saving...*, wenn die Speicherung durchgeführt wird. Bitte beachten Sie, dass es beim automatischen Speichern aufgrund der Komplexität oder der Internetverbindung zu Verzögerungen kommen kann. Sind alle Speicherungen erledigt, erscheint *All changes saved* neben dem Namen. Um ganz sicher zu sein, dass der letzte Stand Ihres Designs gespeichert wurde, können Sie vor dem Schließen mittels Menüpunkt *Design/Save* den Speichervorgang explizit verlangen.

6.1.2 Werkzeuge und Funktionen von Tinkercad

Das Editorfenster von Tinkercad setzt sich aus drei Hauptbereichen zusammen:

- Arbeitsfläche (*Workplane*) – der hellblaue Bereich links. Hier wird das 3D-Objekt erstellt.
- Rechte Seitenleiste mit Ebenen- und Linealfunktion, geometrischen Grundformen, Import und Shape-Skripten.
- Obere Menüleiste mit Funktionen wie *Datei*, *Eigenschaften*, *Bearbeiten* (*Kopieren*, *Einfügen* etc.) *Angleichen*, *Spiegeln* und *Gruppieren*.

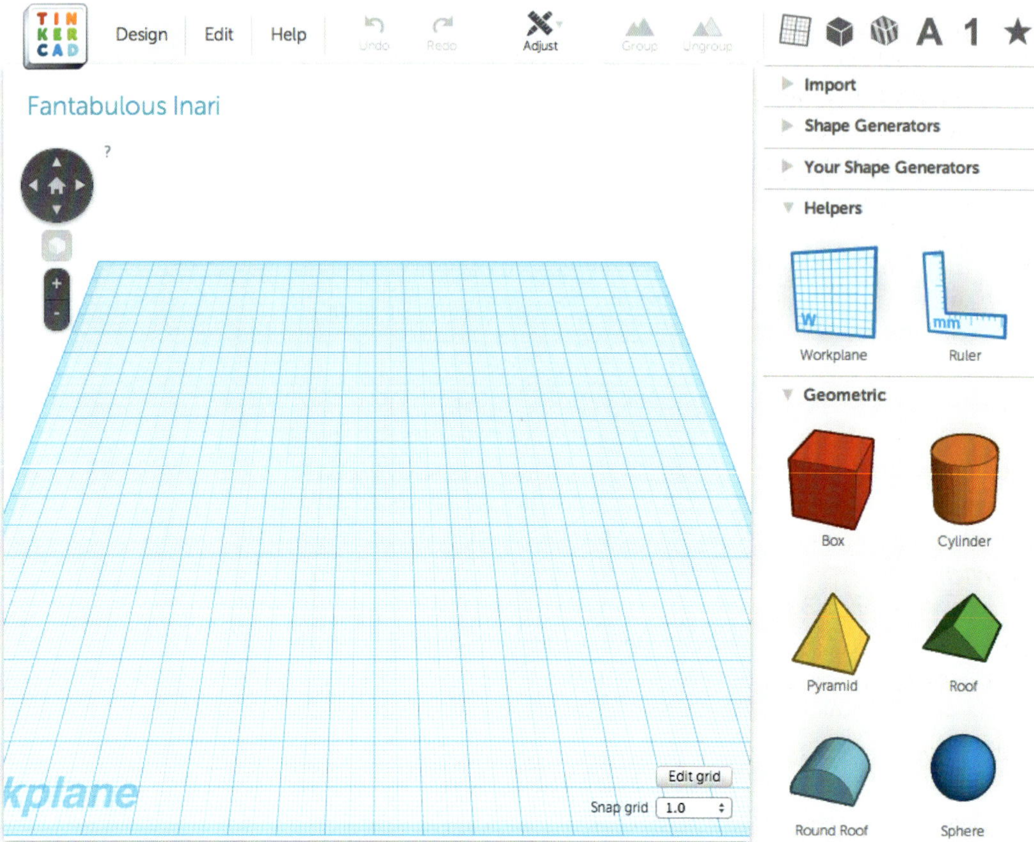

Die Arbeitsfläche, auf der das 3D-Modell erstellt wird, nennt sich in Tinkercad *Workplane*. Darauf wird nun das Objekt Stück für Stück erstellt. Sie können die Arbeitsfläche in alle Richtungen bewegen, um Ihr Design von allen Seiten betrachten zu können und um die ideale Position zu finden, um am Design zur arbeiten.

Bewegen der Arbeitsfläche:

- Arbeitsfläche in alle Richtungen drehen: mit der rechten Maustaste irgendwo auf die Arbeitsfläche klicken (nicht auf ein Objekt) und die Maus bewegen.
- Zoomen: Scrollrad vor- und zurückdrehen.
- Verschieben der Arbeitsfläche: gleichzeitiges Drücken der rechten Maustaste und der Großschreibtaste (/Umschalt/Shift).

Maßstab/Lineal (Ruler)

In der Leiste auf der rechten Seite findet sich unter dem Punkt *Helpers* der *Ruler*, das Lineal- oder Maßstab-Werkzeug. Damit lassen sich später einzelne Elemente oder das gesamte Modell genau skalieren und positionieren. Erst durch Hinzufügen des Lineals werden Größe und Position eines Objekts in der angegebenen Einheit angezeigt. Per Drag-and-drop lässt sich das Lineal an irgendeine Position auf der Zeichenfläche ziehen. Alternativ kann das Lineal auch platziert werden, indem man einmal darauf klickt, dann mit der Maus an die gewünschte Position fährt und erneut klickt. Das Lineal wird an diese Stelle gesetzt. Es besteht aus zwei Achsen, die leicht hellblau schraffiert angezeigt werden und sich im Nullpunkt des Lineals schneiden. Der Nullpunkt ist durch einen schwarzen Kreis symbolisiert. Um die Ausrichtung der beiden horizontalen Achsen des Lineals zu ändern, klicken Sie auf diesen Kreis an der Nullposition des Lineals. Dadurch ändert sich dessen Ausrichtung jeweils um 45°. Zum Entfernen des Lineals reicht ein Klick auf das große graue X neben der Nullposition. Ebenfalls neben der Nullposition wird in Blau noch die eingestellte Einheit (mm oder in für Inch) angezeigt. Achten Sie beim Nachvollziehen der hier im Buch gezeigten Beispiele immer auf die richtige Einheit Millimeter. Sie können diese rechts unten auf der Zeichenfläche über den Button *Edit grid* ändern.

Gitternetz/Grid

Das mit dünnen hellblauen Linien angezeigte Gitternetz auf der Zeichenfläche kann man mit einem Millimeterpapier vergleichen, das beim Zeichnen von Hand sehr hilfreich ist. Beim Design von 3D-Objekten dient das Gitternetz sehr der Orientierung und hilft bei der Positionierung von Elementen auf der Arbeitsfläche und zueinander. Bewegt man ein Element mit den Pfeiltasten der Tastatur über die Arbeitsfläche, wird es genau an diesem Gitter ausgerichtet. Die Elemente werden wie magnetisch angezogen. Über das Auswahlmenü *Snap grid* am unteren rechten Rand der Arbeitsfläche können wir die Einstellungen des Gitternetzes verändern. 1.0 mm ist ein guter Wert zum Starten. Über *Edit grid* (per *Snap grid*) lassen sich zusätzlich die Einheiten (mm, in) und die Größe der Arbeitsfläche (Workplane) anpassen. Achten Sie darauf, dass Millimeter (mm) eingestellt sind.

Das hellblaue Gitternetz ändert sich je nach Einstellung der Einheiten. So zeigen die dünnen hellblauen Linien exakt den bei *Snap grid* eingestellten Wert an. Wenn Sie also *1.0* eingestellt haben, beträgt der Abstand zwischen den hellblauen Linien genau 1 mm. Der Abstand zwischen den dickeren hellblauen Linien beträgt das Zehnfache des Abstands der dünnen Linien, also bei uns 1 cm.

Maximale Druckfläche einstellen

Stellen Sie über *Edit grid* die maximale Druckfläche Ihres 3D-Druckers ein. Dies ist nicht zwingend erforderlich, hilft aber, beim Design den maximalen Druckbereich (nur in x- und y-Richtung) Ihres 3D-Druckers nicht zu überschreiten. Die Workplane zu verkleinern, kann auch hilfreich sein, wenn Sie sich für das Erstellen eines Objekts an deren Rändern orientieren möchten oder eine maximale Größe nicht überschreiten wollen.

Grundformen

In der rechten Menüleiste finden Sie die Grundformen (*Shapes*), aus denen ein Objekt Stück für Stück zusammengesetzt (bzw. subtrahiert) werden kann. In der Liste kommen zuerst geometrische Formen (*Geometric*) wie Quader, Zylinder etc., dann Buchstaben, Zahlen, Symbole etc. Sobald Sie die Maus in die rechte Fensterseite bewegen, kann durch alle vorhandenen Formen gescrollt werden. Diese können Sie per Drag-and-drop aus der Leiste auf die Arbeitsfläche ziehen (oder nach Anklicken mit der Maus an die gewünschte Position fahren und nochmals klicken). Automatisch wird jedes Element exakt auf der Grundfläche positioniert. Beim 3D-Druck werden später nur diejenigen Elemente gedruckt, die sich oberhalb der Arbeitsfläche befinden.

Farben verändern und Element schützen

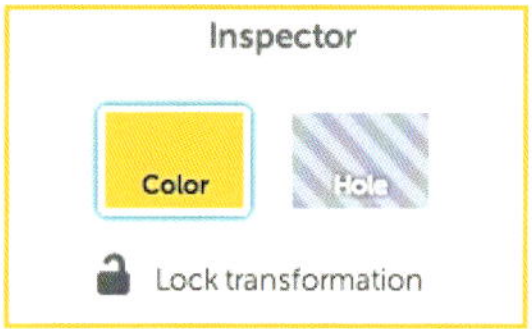

Wenn ein Element markiert ist, erscheint zusätzlich rechts oberhalb der Arbeitsfläche das Fenster *Inspector*.

Dort kann jedes Element eingefärbt oder als Loch (*Hole*) definiert werden. Als Löcher definierte Elemente schneiden aus einem überlappenden Objekt ihre Form aus, sobald sie gruppiert werden. Im nächsten Kapitel zeigen wir Ihnen, wie Sie damit erstaunliche Objekte erstellen können. Über das Inspector-Fenster kann jedem Element oder einer Gruppe von Elementen eine andere Farbe zugewiesen werden. Zudem kann jedes Element durch Klick auf *Lock transformation* vor jeglichen Veränderungen geschützt werden (Bewegen, Gruppieren, Angleichen etc.). Damit geschützte Elemente werden mit einer violetten Umrandung anstelle der blauen dargestellt, wenn sie selektiert werden. Beim Auswählen werden zudem keine Maße angezeigt.

Obere Menüleiste

Im Menü *Design* können Sie die Eigenschaften zum aktuellen Modell (via Menü *Design/Properties*) ändern. Dort finden Sie auch die Befehle zum Download und Export des Objekts in verschiedene Dateiformate (*Download for 3D Printing*) für den 3D-Druck zu Hause oder um ein Objekt von einem 3D-Druck-Dienstleister ausdrucken zu lassen (*Order a 3D Print*). Über *Upload to Thingiverse* können Sie Ihr 3D-Modell auf dem derzeit größten Onlinemarktplatz für kostenlose 3D-Modelle publizieren. Über *Close* gelangen Sie zurück zum Dashboard, der Übersicht Ihrer 3D-Designs. Im Menü *Edit* finden Sie die Befehle, um ein oder mehrere Elemente zu kopieren, einzufügen, zu duplizieren oder zu löschen. Des Weiteren finden Sie hier die Funktion *Adjust* und darunter die Befehle *Align*, um Objekte exakt zueinander auszurichten, und *Mirror* zum Spiegeln eines oder mehrerer Objekte horizontal oder vertikal. Die wichtigsten Funktionen, um ein Objekt aus Grundformen zusammenzufügen, sind *Group* und *Ungroup*. Sobald mehr als ein Element auf der Arbeitsfläche markiert ist, können diese miteinander über *Group* verbunden bzw. die Gruppierung kann wieder aufgelöst werden (*Ungroup*). Durch Gruppierung können Elemente nicht nur addiert, sondern auch subtrahiert werden. Beim Subtrahieren wird ein als Loch (*Hole*) markiertes Element aus einem anderen Element ausgeschnitten.

Bedienung via Tastatur/Tastaturkürzel

Die meistgenutzten Funktionen im Editor sind auch über Kurzbefehle verfügbar. Diese entsprechen den auch unter Windows und Mac OS üblichen Standardbefehlen. Selbst wenn Sie zwei Tinkercad-Browserfenster oder Browser-Tabs offen haben, funktionieren sie. So können Sie ein Element von einem Tinkercad-Fenster in ein anderes Fenster kopieren.

Tinkercad-Tastaturkürzel	
Strg+C	Kopieren eines Elements/Objekts
Strg+V	Einfügen
Strg+D	Duplizieren
Strg+Z	Letzten Befehl rückgängig machen
Strg+G	Gruppieren
Strg+Shift+G:	Gruppierung auflösen
Backspace-Taste	Löschen

Übersicht Kurzbefehle

Es gibt eine Fülle weiterer Kurzbefehle, die die Arbeit mit Tinkercad erheblich beschleunigen können, eine Übersicht aller Kurzbefehle gibt es auf *http://blogdottinkercaddotcom.files.wordpress.com/2012/06/shortcuts-012.png*

6.1.3 3D-Modelle mit Tinkercad erstellen

Jedes Objekt in Tinkercad wird durch die geschickte Kombination einzelner Grundelemente modelliert. Grundsätzlich können Elemente zusammengesetzt (addiert) oder voneinander abgezogen (subtrahiert) werden.

Elemente positionieren und verändern

Hierzu ziehen Sie zunächst aus der rechten Menüleiste eine geometrische Grundform (*Shape*) auf die Arbeitsfläche.

Skizze hilft bei der Erstellung

Bevor Sie anfangen, in Tinkercad zu modellieren, ist es oftmals hilfreich, sich eine Skizze des Objekts inklusive Größenangaben anzufertigen. Wenn Sie ein vorhandenes Design nachbauen möchten, messen Sie mit einer digitalen Schiebelehre die Dimensionen des Objekts möglichst exakt an den verschiedensten Stellen und notieren sie sich in Ihrer Skizze. Die Werte können Sie später direkt in das Tinkercad-Modell übertragen.

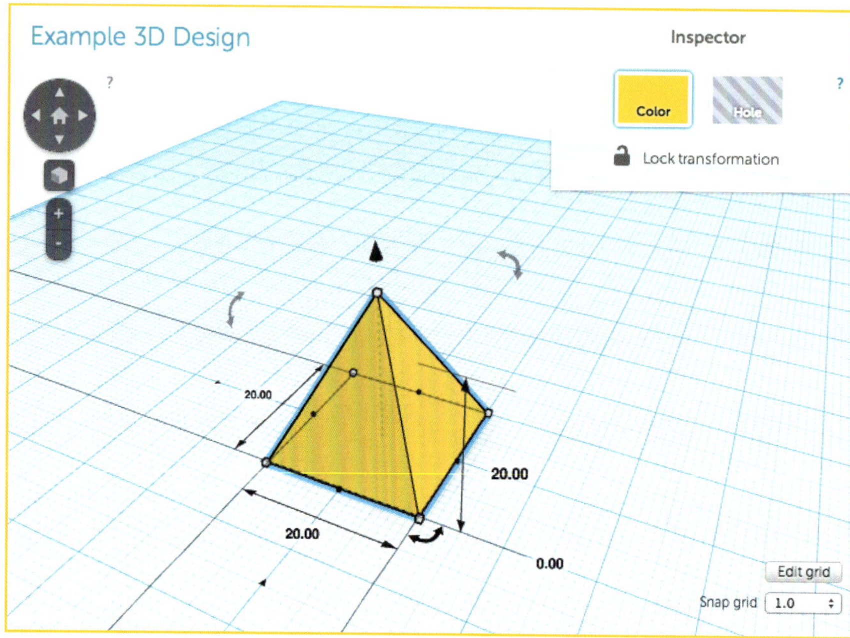

Jedes Element auf der Arbeitsfläche kann einzeln oder zusammen mit anderen Elementen verändert werden. Zur Auswahl eines Elements klicken Sie mit der Maus darauf. Um mehrere Objekte zu selektieren, ziehen Sie entweder einen Rahmen um die gewünschten Elemente (hierzu muss der Rahmen das Element nur berühren, nicht umschließen), oder Sie halten `Shift` gedrückt und klicken auf jedes zu selektierende Element. Der hellblaue Rahmen um das Element zeigt an, dass es selektiert ist. Ist ein Element selektiert, erscheinen an den Ecken kleine weiße Rechtecke. Durch Klick und Ziehen an einem dieser Punkte kann die Größe des Elements frei verändert werden. Wird gleichzeitig `Shift` gedrückt, verändert sich die Größe proportional.

Größenangabe per Tastatur

Um Größenangaben direkt über die Tastatur einzugeben, muss ein Lineal auf der Arbeitsfläche positioniert sein (siehe Abschnitt »Maßstab/Lineal (Ruler)« weiter oben). Ist ein Element selektiert, werden dann alle Größenangaben angezeigt, in unserem Beispiel in mm. Die Pyramide hat 20 mm Kantenlänge und ist 20 mm hoch. Klickt man auf einen der Werte, kann dieser direkt über die Tastatur verändert werden.

Um nur die Größe in x-/y- oder z-Richtung zu verändern, klicken Sie auf den kleinen schwarzen Punkt zwischen den weißen Eckpunkten. Zieht man daran, verändert sich die Größe nur in die entsprechende Richtung. Um ein Element auf der Arbeitsfläche in x-/y-Richtung zu verschieben, klicken Sie und halten die linke Maustaste gedrückt oder drücken die Pfeiltasten auf der Tastatur. Jedes Drücken der Pfeiltasten bewegt das Objekt genau um den beim Grid eingestellten Wert, hier um 1 mm (siehe Abschnitt »Gitternetz/Grid« weiter oben). Das Verschieben eines Elements in der Vertikalen (in z-Richtung) funktioniert durch Klicken auf

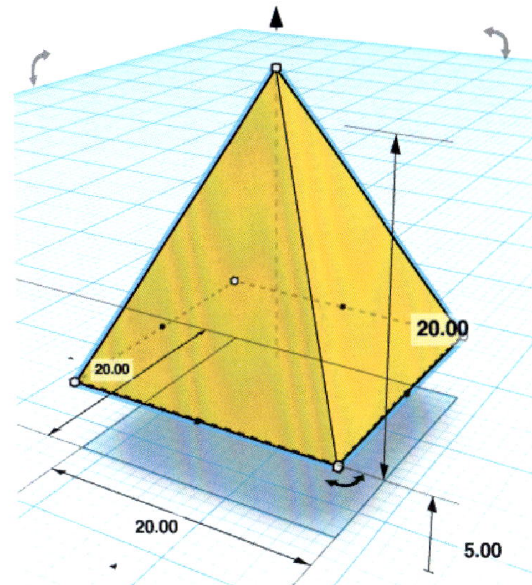

den kleinen schwarzen Pfeil oberhalb des selektierten Objekts und Festhalten der linken Maustaste. Alternativ können Sie auch die Tastenkombination Strg und Pfeiltaste nach oben oder nach unten verwenden. Durch gleichzeitiges Drücken der Shift-Taste wird das Objekt um den Faktor 10 bewegt, hier also anstelle von 1 mm dann um 10 mm.

Ob ein Objekt exakt auf der Arbeitsfläche liegt oder »in der Luft schwebt«, spielt für den späteren Druck keine Rolle. Alle sichtbaren und soliden Elemente gehören zum Modell und werden auch später gedruckt. Ob ein Element auf der Arbeitsfläche liegt, sehen Sie an dem Pfeil, der neben dem Objekt von der Arbeitsfläche nach oben zeigt. Im Beispiel hier schwebt die Pyramide 5 mm oberhalb der Arbeitsfläche.

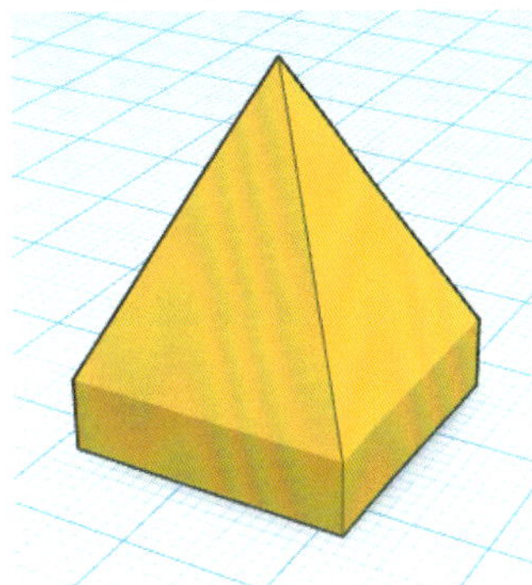

Elemente zusammensetzen und ausschneiden mittels Gruppieren

Eine der wichtigsten Funktionen für das 3D-Design mit Tinkercad ist das Gruppieren einzelner Elemente, um sie zusammenzufügen oder auseinander auszuschneiden. So entstehen aus einzelnen Elementen neue Designs. Im CAD-Design spricht man hierbei auch von den booleschen Operationen Addieren bzw. Zusammensetzen und Subtrahieren bzw. Differenz (siehe Kapitel 5). Die Befehle zum Gruppieren bzw. Auflösen einer Gruppe befinden sich am oberen Bildschirmrand (*Group* bzw. *Ungroup*).

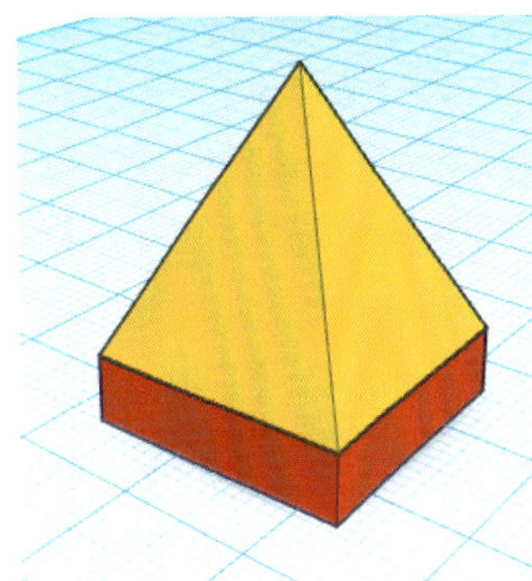

Beim Gruppieren von mehreren soliden Elementen findet eine Addition statt. So entsteht aus zwei separaten Elementen ein einzelnes neues Objekt mit außen liegenden Kanten, Seiten und Wänden. Im obigen Beispiel entsteht aus der Pyramide und dem Rechteck so ein neues einzelnes Objekt, eine Pyramide mit Sockel. Dieses verhält sich nun wie ein einzelnes Element, d. h., jegliche Änderungen wirken sich auf das gesamte neue Element aus.

Markieren Sie dazu die zu gruppierenden Elemente, hier die Pyramide und den Quader. Anschließend wählen Sie die Gruppieren-Funktion (*Group*) aus dem Menü am oberen Rand. Nun ist ein einzelnes neues Element entstanden.

Unterschiedliche Farben beim Gruppieren behalten

Beim Gruppieren von mehreren Elementen mit verschiedenen Farben wird die erstellte Gruppierung normalerweise einfarbig. Die Farben einzelner Elemente in einer Gruppe können aber behalten werden, wenn man im Anschluss an eine Gruppierung im Inspector-Fenster auf die Farbe klickt und dann unterhalb der Farbpalette den Punkt *Multicolor – Preserve original colors in groups* wählt.

Jedes Element kann aus einem anderen Element ausgeschnitten bzw. davon subtrahiert werden (boolesche Operation *Differenz*). Platzieren Sie dazu zuerst dasjenige Element, das ausgeschnitten werden soll, an die gewünschte Stelle (im Beispiel unten links der braune Zylinder). Anschließend muss dieses auszuschneidende Element als Loch (*Hole*) definiert werden. Klicken Sie hierzu im Fenster *Inspector* des selektierten Elements auf *Hole*. Es erscheint dadurch transparent (im Beispiel unten Mitte). Zum endgültigen Ausschneiden müssen nun die beiden Elemente gruppiert werden. Durch die Gruppierung entsteht aus den beiden einzelnen Elementen ein neues Objekt (im Beispiel unten rechts). Es verhält sich wie jedes andere einzelne Element, d. h. alle Funktionen wirken sich auf das neue Element insgesamt aus.

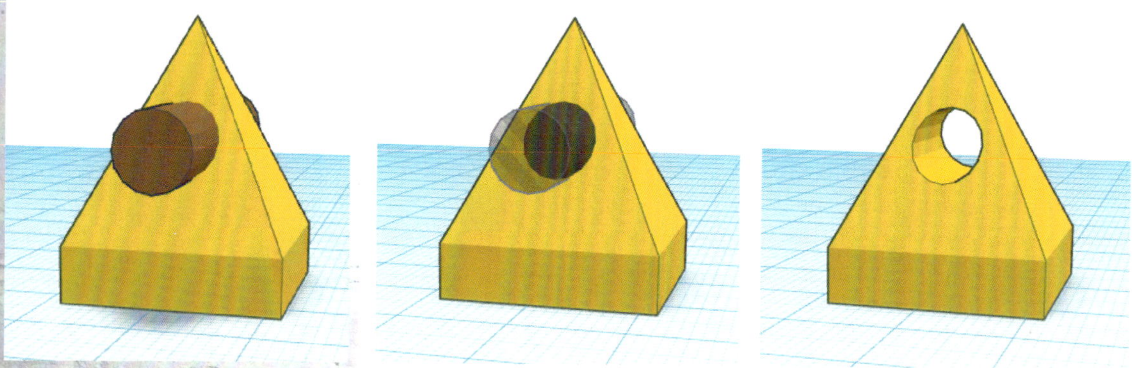

Mit der Ausschneiden-Funktion können so ganz neue Formen entstehen, Ecken können abgeschnitten oder Teile ausgestanzt werden. Alles, was ausgeschnitten wurde (nach Gruppierung), wird später nicht gedruckt.

Schnittmengen/Intersections in Tinkercad erzeugen

Die boolesche Operation *Schnittmenge* bzw. *Intersection* (siehe Kapitel 5) ist in Tinkercad nicht vorhanden. In anderen Programmen erfordert dies einen einzigen Schritt. Über Umwege lässt sich eine Schnittmenge aber auch in Tinkercad erzeugen. In dem unten gezeigten Beispiel soll ein Würfel abgerundete Ecken erhalten, indem wir eine Schnittmenge aus den zueinander ausgerichteten Formen Würfel und Kugel bilden (ganz links). Das Ergebnis der Schnittmenge sehen Sie rechts außen.

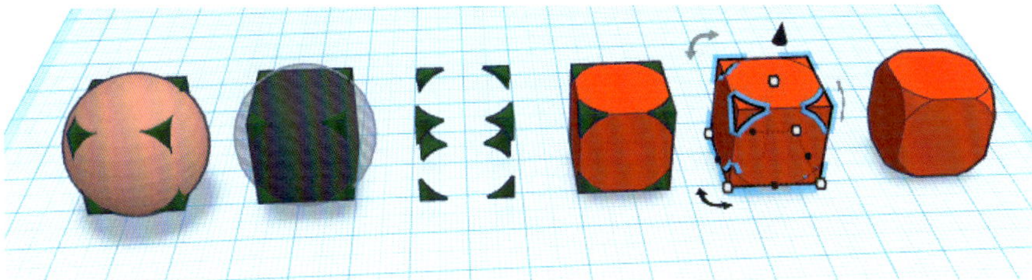

Die einzelnen Schritte im Detail (im Bild von links nach rechts):

1 Die beiden Objekte für die Schnittmenge werden platziert.

2 Zuerst wird Element A (im Beispiel die Kugel) aus Element B (im Beispiel dem Würfel) ausgeschnitten. Dazu wird Element A als Loch definiert (grau und halb transparent dargestellt).

3 Die Elemente A und B werden gruppiert. Das Ergebnis C ist der restliche überlappende Teil von Element B.

4 Element C wird nun an die exakt gleiche Position von Element B bewegt. (Im Beispiel haben wir den Würfel vorher kopiert.)

5 Element C wird nun aus Element B ausgeschnitten. Dazu wird Element C als Loch definiert. Anschließend werden C und B gruppiert.

6 Das Ergebnis nach der Gruppierung ist die gewünschte Schnittmenge.

Das gezeigte Beispiel orientiert sich an einem Video von Kacie Hultgren (*www.youtube.com/watch?v=3FwRyY917Go)* auf YouTube. Sie erläutert dort die einzelnen Schritte.

Wir haben aber festgestellt, dass in Tinkercad gelegentlich Schnittmengen nicht vollständig erzeugt werden. Beim Versuch, z. B. die Schnittmenge von zwei einfachen Zylindern herzustellen, blieb ein Rest übrig (im Bild unten vorne zu sehen).

Der Grund hierfür ist, dass Tinkercad nicht mit Kurven arbeitet, sondern, dass jede nicht gerade Form aus einer Vielzahl von kleinen Flächen besteht, die sich aneinanderreihen (Fachausdruck Parkettierung oder englisch Tesselation). Dies ermöglicht die schnelle Berechnung im Browser, ist aber eben auch eine Einschränkung von runden Elementen. Bei Objekten bis 1 cm Größe verringert Tinkercad die Flächen auf 12 Stück (siehe Bild unten links), Objekte größer als 1 cm stellt Tinkercad mit maximal 32 Flächen dar (siehe Bild unten rechts). Beim 3D-Druck mit dem FDM/FFF-Verfahren macht sich die Parkettierung nicht bemerkbar.

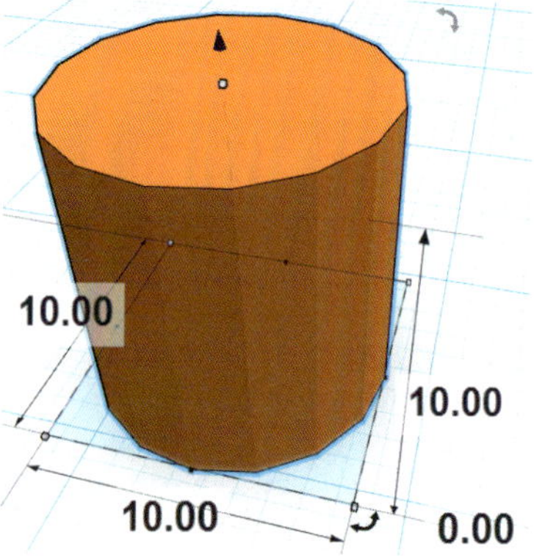

12 Flächen bei einem Zylinder von 10 x 10 x 10 mm

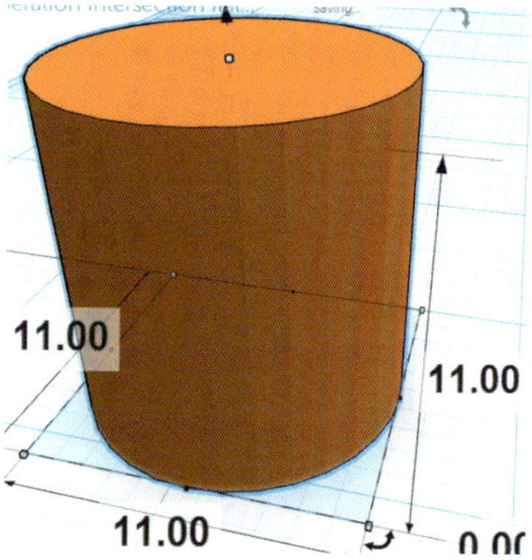

32 Flächen bei einem Zylinder von 11 x 11 x 11 mm

Bei der Berechnung der Schnittmenge kann es daher vorkommen, dass sich diese Flächen nicht genau dort überlappen, wo sie sollen. Falls Sie viel mit Schnittmengen arbeiten möchten und auf exakt runde Formen angewiesen sind, empfehlen wir andere CAD-Programme. Für Einsteiger eignet sich hier Autodesk 123D Design als Alternative zu Tinkercad, da es von der Bedienphilosophie und der Benutzerführung her sehr ähnlich ist. Das Intersection-Problem existiert bei 123D Design nicht.

Drehen von Elementen

Ist ein Element selektiert, erscheinen drei gebogene Doppelpfeile, einer davon auf der Zeichenfläche (zunächst schwarz dargestellt), zwei an den oberen Rändern des selektierten Elements (zunächst hellgrau dargestellt). Berührt man einen der Doppelpfeile mit der Maus, wird er rot, und zusätzlich erscheint in Grau ein Winkelmesser als Hilfsmittel (siehe Bild unten). Durch Klicken und Festhalten eines dieser Doppelpfeile kann das Objekt frei gedreht werden. Je nach Perspektive ermöglichen die Doppelpfeile das Drehen des Objekts in x-, y- oder z-Richtung.

45°-Schritte

Wird beim Drehen die Shift-Taste gedrückt, dreht sich das Element genau in 45°-Schritten.

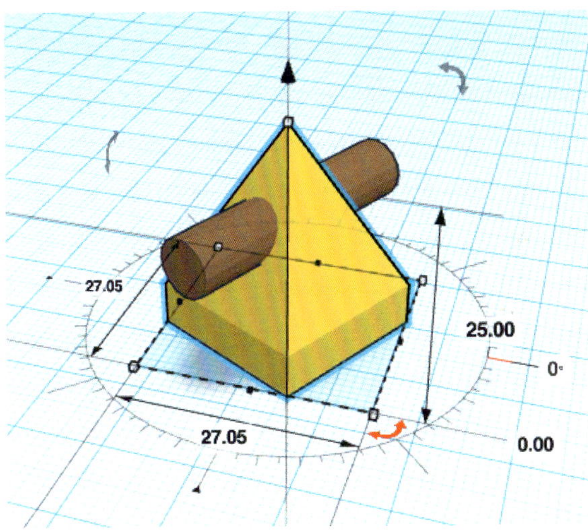

Spiegeln von Objekten

Um ein Objekt in der Vertikalen oder Horizontalen zu spiegeln, selektieren Sie es zuerst und wählen dann den Menüpunkt *Adjust/Mirror...* Am unteren Rand und neben dem Element erscheinen Doppelpfeile, die die richtige Spiegelachse symbolisieren. Sobald Sie mit der Maus einen Pfeil berühren, zeigt Tinkercad eine Vorschau davon, wie die Spiegelung aussehen würde (im Beispiel Spiegelung an der z-Achse). Durch Anklicken des Doppelpfeils wird die Spiegelung durchgeführt. Ein Klick auf den Doppelpfeil unten am Objekt spiegelt dieses an der x- bzw. y-Achse. Klickt man auf den Doppelpfeil neben dem Element, spiegelt es in z-Richtung.

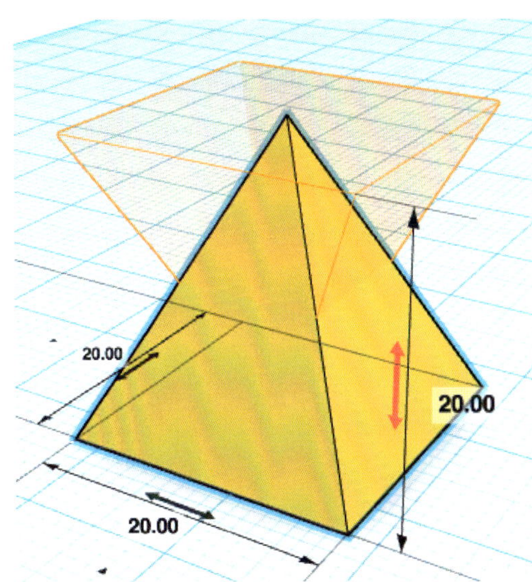

Objekte aneinander angleichen/aneinander ausrichten

Um mehrere Elemente aneinander auszurichten, müssen zuerst mindestens zwei Elemente selektiert sein. Rufen Sie die Funktion über das Menü *Adjust/Align...* auf. Am unteren Rand und neben dem Element erscheinen dicke schwarze Punkte, die die Möglichkeiten der Ausrichtung symbolisieren. Sobald Sie mit der Maus einen dieser Punkte berühren, zeigt Tinkercad eine Vorschau davon, wie die Ausrichtung aussehen würde. Durch Anklicken des Punkts findet die Angleichung statt.

Im Beispiel soll die gelbe Pyramide über dem roten Quader zentriert werden, damit sie exakt aufeinanderliegen. Nach Auswahl beider Elemente und Aufrufen der *Align*-Funktion klicken Sie zuerst in den schwarzen mittleren Punkt auf der x-Achse, dann in den schwarzen mittleren Punkt auf der y-Achse. Das Ergebnis sehen Sie im Bild rechts.

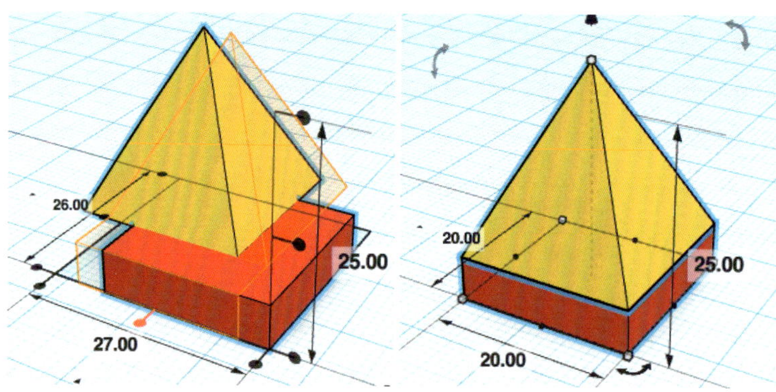

Kopieren von Elementen (Duplizieren)

Über das Tastaturkürzel Strg+C kann jedes selektierte Element oder eine Gruppe von selektierten Elementen kopiert und über Strg+V wieder eingefügt werden. Die Kopie erscheint dann leicht versetzt neben dem Original. Dies funktioniert sogar über mehrere offene Browserfenster mit verschiedenen Tinkercad-Modellen hinweg. So können Sie ein Element oder ein ganzes Design sehr leicht in Ihr eigenes Design übernehmen.

Um ein Element zu duplizieren, reicht auch die Tastenkombination Strg+D. Die Kopie erscheint hier allerdings exakt an derselben Stelle wie das Original. Erst durch Verschieben des eben duplizierten Elements wird die Kopie sichtbar.

Smart-Duplicate-Funktion

Interessante Effekte lassen sich über die Duplizieren-Funktion erzielen, wenn Sie nach dem Duplizieren eines Elements (via Strg+D) die Kopie mit der Maus etwas verändern oder verschieben. (Achtung: Dies funktioniert nicht bei Änderungen über die Pfeiltasten der Tastatur.) Im obigen Beispiel selektieren wir das rote Rechteck und drücken [Strg]+[D]. Dann drehen wir das selektierte rote Rechteck mit der Maus (das jetzt das Duplikat an derselben Stelle wie das Original ist) um wenige Grad nach rechts (hier um 10°). Anschließend drücken wir mehrmals erneut [Strg]+[D]. Jedes Duplikat wird um den vorher gewählten Wert gedreht, also jede Kopie um weitere 10°. So entsteht rasch der symmetrische rote Stern.

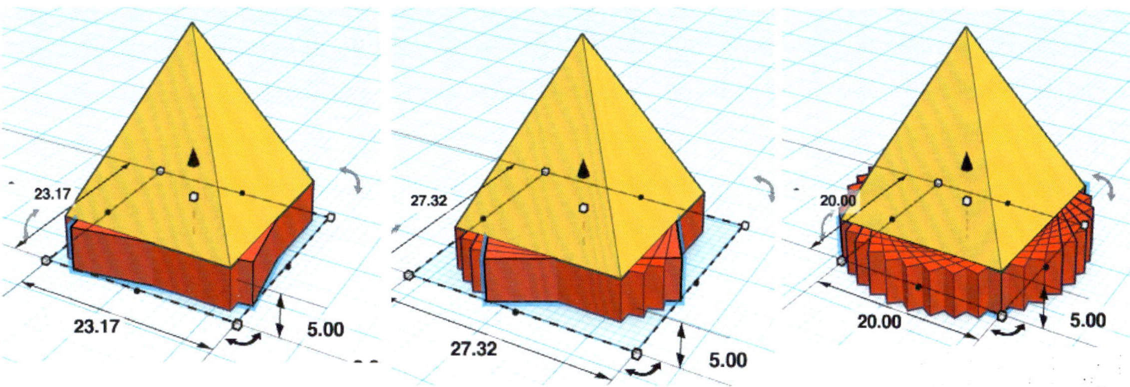

6.1.4 Import von 2D- oder 3D-Designs

In Tinkercad existieren drei Möglichkeiten, 3D-Designs/-Modelle aus anderen Quellen für die weitere Bearbeitung zu importieren:

- Import eines 3D-Designs (STL-Format)
- Import eines 2D-Designs (SVG-Format)
- 3D-Designs anderer Tinkercad-Benutzer

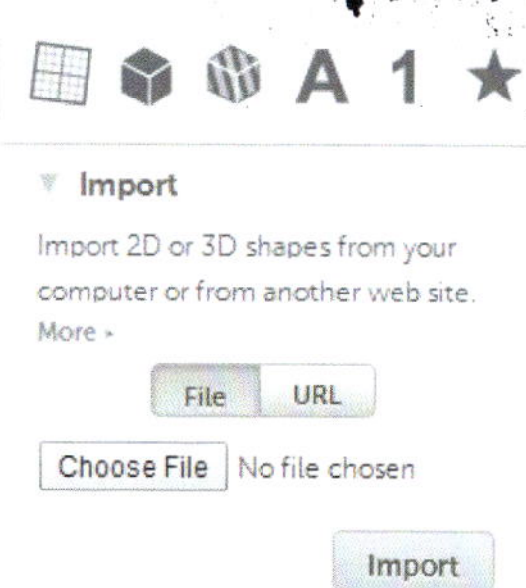

Die Importfunktion finden Sie rechts oben in der Navigationsleiste.

Sie können 3D-Designs im STL-Format oder zweidimensionale SVG-Dateien in Tinkercad importieren. Entweder importieren Sie die Datei von Ihrem Computer (*File/Choose File/Import*) oder durch Angabe einer Webadresse (*URL*/URL in das Feld kopieren/*Import*). Importierte Modelle können in Tinkercad weiterbearbeitet werden, allerdings können sie nicht mehr in Einzelteile zerlegt werden (Auflösung von Gruppen).

Abschluss des Imports abwarten

Warten Sie unbedingt mit weiteren Änderungen an Ihrem Design, bis der Import vollständig abgeschlossen ist. Solange sich der kreisförmige Pfeil rechts vom Designnamen dreht, ist der Import noch nicht abgeschlossen.

Vor dem Start des Imports können Sie noch die Größe des importierten Modells verändern und die Maßeinheiten angeben. Das 3D-Modell wird in das aktuell geöffnete Tinkercad-Design hochgeladen und dann auf der Arbeitsfläche positioniert. Dieser Vorgang kann abhängig von der Größe des Modells, Ihrer Internetverbindung und der Auslastung des Servers einige Zeit in Anspruch nehmen.

Import eines 3D-Designs

Zum Importieren via Webadresse (URL) gehen Sie folgendermaßen vor: Gehen Sie zuerst auf die Website, auf der die STL-Datei des zu importierenden Modells liegt. Dort müssen Sie nur den Link auf die STL-Datei kopieren: Wir gehen im folgenden Beispiel auf die STL-Datei eines kostenlosen 3D-Designs für ein LEGO®Duplo/Brio-Eisenbahnverbindungsstück auf Thingiverse. Unter dem Punkt *Download this Thing* gelangt man zu der STL-Datei *duplo_to_brio.stl*. Per Klick mit der rechten Maustaste wird der Link kopiert (siehe Bild unten).

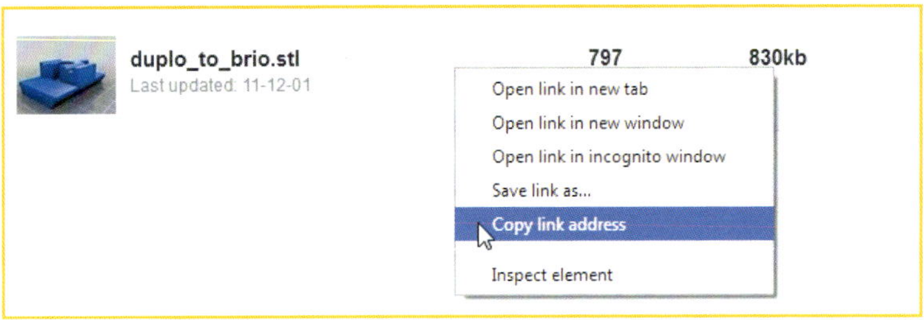

Im Importfenster von Tinkercad wählen wir *URL*, fügen dann die vorher kopierte Webadresse des STL-Files ein und klicken auf *Import*. Bevor der Importvorgang startet, erscheint noch die Option zur Skalierung der Größe und Änderung der Maßeinheit, die wir unverändert lassen. Ein erneuter Klick auf *Import* startet den Upload. Nach erfolgreichem Hochladen erscheint das importierte 3D-Design auf der Tinkercad-Arbeitsfläche.

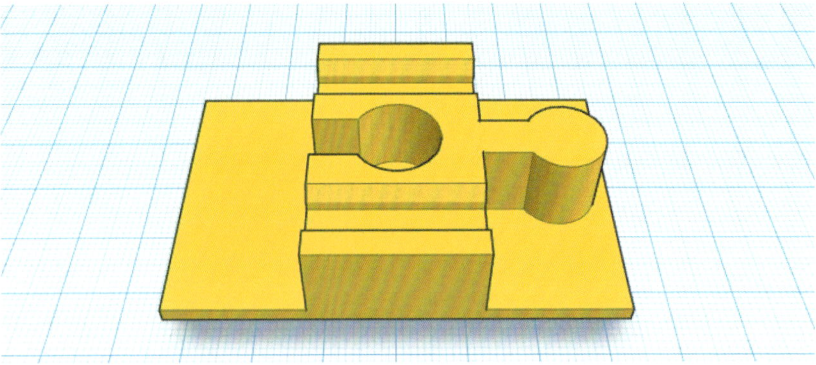

Duplo to Brio converter brick von Thomas Flummer, *www.thingiverse.com/thing:14175*

Der Import von Tinkercad-Designs über die Importfunktion via URL oder Datei ist nicht möglich, solange das Tinkercad-Design nicht als STL-Datei auf Ihrem Computer gespeichert ist. Allerdings können Sie andere Tinkercad-Designs sehr einfach für sich selbst nutzen. Siehe Erläuterung unter »3D-Designs anderer Tinkercad-Benutzer«.

Import eines 2D-Designs

Eine sehr interessante Funktion ist die Möglichkeit, zweidimensionale Grafiken zu importieren. Tinkercad unterstützt den Import von Vektorgrafiken im SVG-Format – analog zum STL-Import entweder von Ihrem Computer oder unter Angabe der Webadresse der SVG-Datei. So können Sie im Prinzip jede Schwarz-Weiß-Zeichnung sowie Logos, Schriftzüge etc., die in eine SVG-Datei konvertiert wurde, importieren. Ein sehr empfehlenswertes Werkzeug zur Konvertierung jeglichen Grafikformats in eine Vektorgrafik (und ins SVG-Format) ist das kostenlose Inkscape (*http://inkscape.org/de/*).

Für unser Beispiel wollen wir auf dem Duplo/Brio-Adapter noch das Bild einer Lokomotive anbringen. Dazu suchen wir im Internet nach einer (frei verfügbaren) Grafik einer Lokomotive im SVG-Format. Anschließend importieren wir die SVG-Datei in Tinkercad. Beim Import von SVG-Dateien können Sie noch die Größe skalieren und zusätzlich angeben, wie hoch die importierte Grafik bereits extrudiert werden soll. Wir wählen als Größe 10 % und Höhe 1 mm. Anschließend setzen wir eine Hilfsebene auf die Seite des Duplo/Brio-Adapters und verkleinern die Lokomotive weiter, bis sie genau auf diese Seitenfläche passt. Somit haben wir innerhalb kürzester Zeit den Duplo/Brio-Adapter individualisiert.

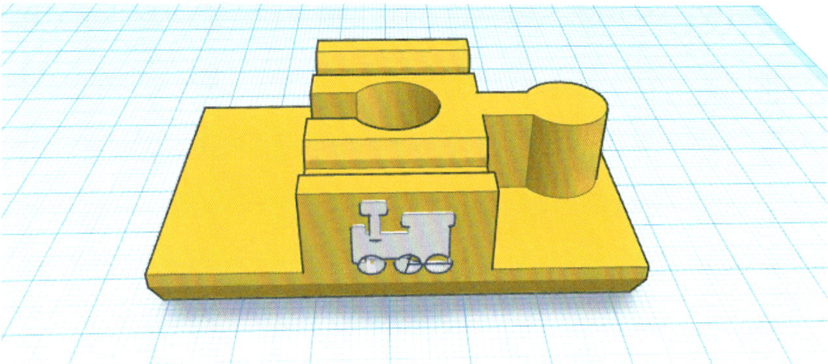

3D-Designs anderer Tinkercad-Benutzer

Über die Suchfunktion oder den *Discover*-Button auf der Tinkercad-Startseite findet man Hunderte frei verfügbarer 3D-Modelle anderer Tinkercad-Mitglieder. Sofern Sie ein anderes öffentliches 3D-Modell aus Tinkercad in Ihrem eigenen Tinkercad-Design verwenden möchten, können Sie entweder direkt aus der Tinkercad-Suche heraus über *Copy & Tinker* eine Kopie

Nutzerrechte beachten
Achten Sie bei der Nutzung anderer 3D-Modelle immer auf die vom Designer angegebenen Nutzungsrechte.

des 3D-Designs erstellen und bearbeiten, oder Sie kopieren ein Design direkt aus dem Tinkercad-Editor und fügen es in Ihr Tinkercad-Design ein.

Gefällt Ihnen ein 3D-Modell eines anderen Tinkercad-Benutzers, können Sie es für sich nutzen, indem Sie in der Übersicht auf das Modell klicken und anschließend *Copy & Tinker* wählen.

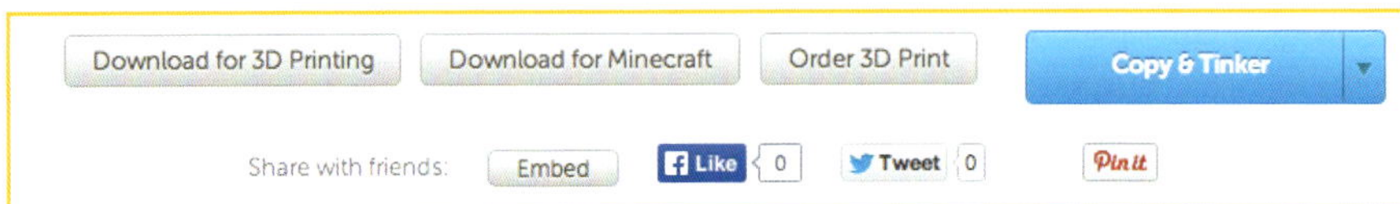

Dadurch entsteht eine neue Kopie, die Sie nun nach Lust und Laune verändern oder aus der Sie (nach Auflösung vorhandener Gruppierungen) Teile nutzen können. Sehr komfortabel und hilfreich ist die Möglichkeit, gleichzeitig mehrere Browserfenster mit Tinkercad geöffnet zu haben, um einzelne Elemente oder ganzen Modelle von einem Fenster in ein anderes zu kopieren.

Zum Verwenden eines gesamten anderen Tinkercad-Designs oder von Teilen davon gehen Sie folgendermaßen vor:

1. Öffnen Sie das gewünschte andere Tinkercad-Modell im Editormodus in einem Browserfenster.

2. Sofern Ihr eigenes Tinkercad-Design noch nicht geöffnet ist, öffnen Sie nun ein neues Browserfenster oder einen neuen Browser-Tab.

3. Gehen Sie in das Browserfenster mit dem anderen Tinkercad-Design im Editor und selektieren Sie das Objekt oder Teile davon via Strg+C oder per Menü *Edit/Copy*.

4. Gehen Sie zu dem Browserfenster mit Ihrem Tinkercad-Design und drücken Sie Strg+V oder wählen Sie Menü *Edit/Paste* zum Einfügen der Elemente aus der Zwischenablage.

6.1.5 Modelle für den 3D-Druck exportieren

Falls Sie Ihr Tinkercad-Modell auf dem eigenen 3D-Drucker ausdrucken möchten, wählen Sie die Funktion *Download for 3D Printing* entweder im Editor aus dem Menü *Design* oder in der Designübersicht nach Klick auf ein Modell. Für den Druck auf Ihrem 3D-Drucker zu Hause wählen Sie dann das Format *.STL* und warten, bis der Dialog *Speichern unter* erscheint. Speichern Sie die Datei auf Ihrem lokalen Rechner ab. Möchten Sie ein Tinkercad-Modell über einen 3D-Druck-Dienstleister produzieren lassen, wählen Sie die Funktion *Order 3D Print* entweder im Editor aus dem Menü *Design* oder in der Designübersicht nach Klick auf ein Modell. Wählen Sie im erscheinenden Dialog einen der aufgeführten 3D-Druck-Dienstleister aus, um dort einen neuen Auftrag zu erstellen. Sie gelangen anschließend auf die Seite des gewählten Dienstleisters, um Ihren Auftrag zu vervollständigen.

6.1.6 Tinkercad-Tipps

Hier geben wir Ihnen weitere Tipps, mit denen Sie sich die Arbeit mit Tinkercad noch mehr erleichtern können.

Hilfselemente zur Positionierung, Distanzmessung etc.

Wie in Kapitel 5 beschrieben, müssen beim Design für den 3D-Druck einige Punkte beachtet werden, etwa überhängende Strukturen und Mindestwandstärken. Die präzise Abmessung spielt daher beim Design eines 3D-Objekts eine wichtige Rolle. Jedes 3D-Konstruktions-/CAD-Programm bietet beim Design und für das Messen solcher Werte entsprechende Werkzeuge an. Falls Sie planen, ein 3D-Modell später kleiner zu skalieren, denken Sie daran, dass sich diese Skalierung auch auf die Wandstärken auswirkt. Dann besteht die Gefahr, dass vormals ausreichend dicke Wände zu dünn werden und der Druck fehlschlägt. Mehr dazu finden Sie in den Kapiteln 5 und 9.

Für das Messen von Distanzen an zwei beliebigen Punkten oder zur präzisen Positionierung eines Objekts gibt es derzeit in Tinkercad keine ausreichend nützlichen Funktionen wie in den meisten anderen Konstruktionsprogrammen, z. B. in SketchUp. Das Lineal, die Angleichfunktion (Menü *Adjust/Align*) und die Verwendung einer zweiten Ebene erleichtern die Arbeit etwas. Wir behelfen uns zusätzlich mit selbst erstellten Hilfselementen. Das Lineal zeigt die maximalen Dimensionen einzelner Elemente in Breite, Länge und Höhe an. Werden mehrere Elemente miteinander gruppiert, werden in Tinkercad wiederum nur die maximalen Dimensionen des kombinierten Elements angezeigt. Darin enthaltene kleinere Elemente, wie z. B. eine dünnere Wand, zeigt das Programm nicht an, und es gibt auch kein Werkzeug, um die Dimensionen oder Distanzen an einer bestimmten Stelle zu messen.

Beispiel mit Hilfselementen

Im Beispiel unten wollen wir den grünen Block mit 5 mm Abstand vom vorderen Rand des gelben Blocks positionieren. Um genau diesen Abstand zu erzielen, erstellen wir nun ein Hilfselement in Form eines 5 x 5 mm großen Quaders (im Bild der rote Quader). Wir ziehen per Drag-and-drop eine *Box* aus den Grundformen der rechten Navigationsleiste heraus und geben dann über die Tastatur die Werte 5 x 5 x 5 mm für Breite, Tiefe und Höhe ein. Fertig ist unser 5-mm-Hilfselement. Zur Positionierung gleichen wir zuerst das rote Hilfselement und die gelbe Box aneinander aus. Selektieren Sie beide und gehen anschließend ins Menü *Adjust/Align*. Klicken Sie auf den schwarzen äußeren Punkt, werden die Elemente am äußeren Rand ausgerichtet. Tinkercad bestätigt das durch Anzeige *Aligned*, und der vorher schwarze Punkt erscheint nun rot.

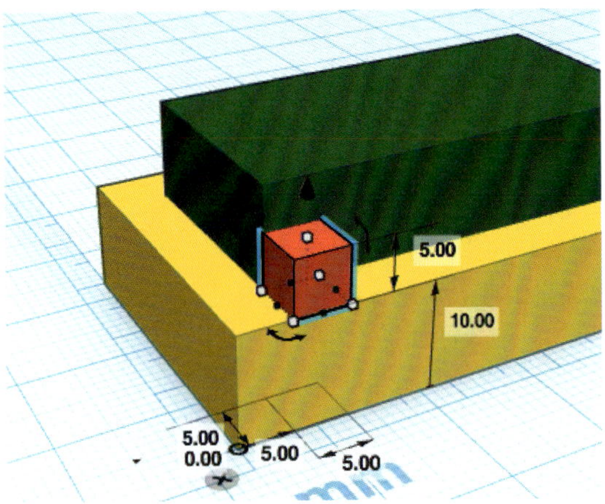

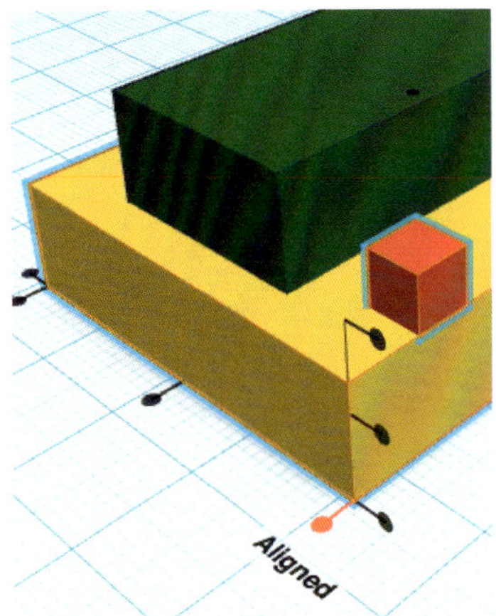

Jetzt muss noch der grüne Quader exakt am roten Hilfselement ausgerichtet werden. Die *Align*-Funktion in Tinkercad kann leider dieses Angleichen nicht direkt. Hier hilft die Positionierung mit einer Hilfsebene, wie nachfolgend beschrieben.

Genaue Positionierung mittels einer Hilfsebene

Normalerweise arbeitet man im Editor auf einer Arbeitsfläche (*Workplane*), die durch das blaue Gitternetz dargestellt wird. Jedes Element, das auf die Arbeitsfläche gelegt wird, ist automatisch mit seiner Unterseite exakt auf der Höhe der Arbeitsfläche. Wenn nun neue Elemente oberhalb oder neben einem anderen Element platziert werden, kann deren exakte Positionierung mit der Maus oder über die Pfeiltasten schwierig sein. Es ist teilweise nicht leicht erkennbar, ob sich die beiden Elemente berühren oder überschneiden. Tinkercad zeigt dies durch eine graue Schraffur wie im Bild unten an. Dies ist aber nicht immer sofort ersichtlich und unseres

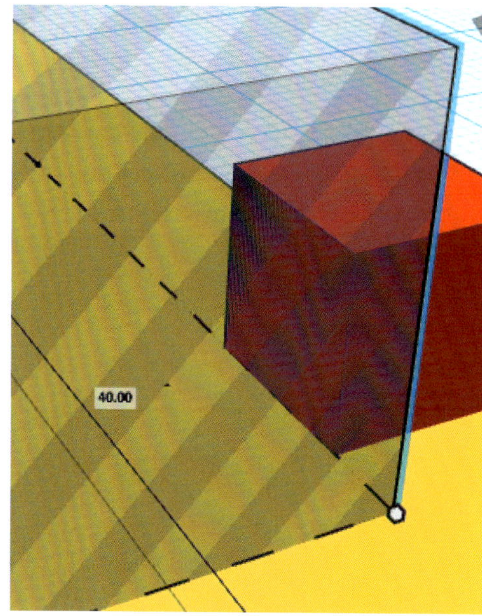

Schneller und einfacher ist aber die Positionierung mit einer zweiten Arbeitsfläche, wir nennen sie hier »Hilfsebene«.

Erachtens auch nicht sehr zuverlässig. Im Bild unten haben wir zur Verdeutlichung den grünen Quader durchsichtig gemacht (im Inspector-Fenster über *Hole*) und ihn anschließend über die Pfeiltasten an das rote Hilfselement bewegt. Die leichte graue Schraffur in der linken oberen Ecke der roten Fläche zeigt, dass sich die beiden Elemente nun exakt berühren.

Wir wollen nun im gezeigten Beispiel so eine Hilfsebene verwenden, um den grünen Quader exakt auf der hinteren Seite des roten Hilfselements zu positionieren. Dazu drehen wir zunächst die Zeichenebene so, dass die hintere Seite des roten Quaders sichtbar ist. Zum Erstellen einer zweiten Hilfsebene klicken Sie einmal auf das *Workplane*-Symbol in der rechten Menüleiste und bewegen dann die Maus bei gedrückter linker Maustaste auf die Hauptarbeitsfläche.

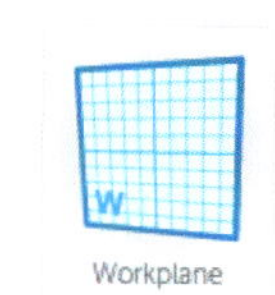

Sobald Sie sich mit der Maus neben oder oberhalb eines Elements befinden, ändert sich der Mauszeiger in ein kleines weißes Rechteck mit einem Pfeil in der Mitte. Dieses Rechteck deutet die Fläche an, an der die Hilfsebene positioniert wird, sobald man die Maustaste loslässt.

In unserem Beispiel bewegen wir also diese zweite Ebene nun mit gedrückter Maustaste an die Rückseite des roten Quaders. Im linken Bild erkennen Sie an der Ausrichtung der Ebene und dem kleinen weißen Rechteck, dass die Hilfsebene an der hinteren Seite ausgerichtet ist. Nach Loslassen der Maustaste erscheint diese zweite Hilfsebene nun als orangefarbenes Gitternetz (siehe Bild rechts).

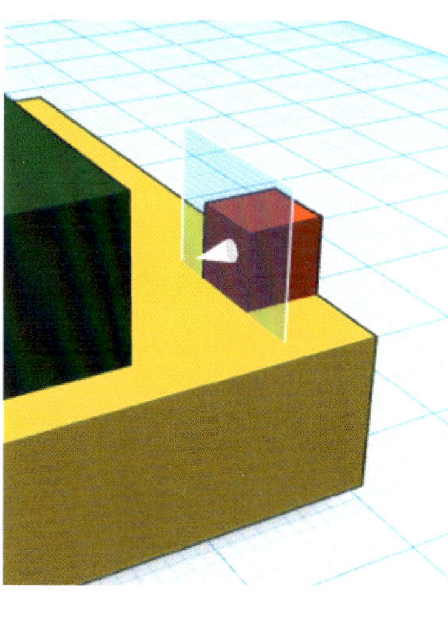

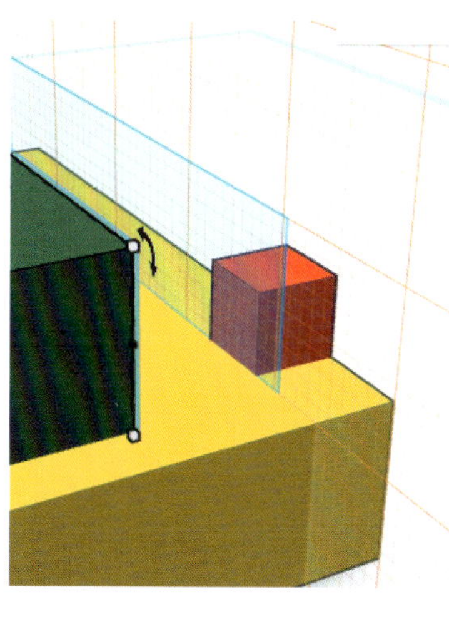

Zum Positionieren des grünen Quaders an der neuen Hilfsebene (die ja nun direkt auf der hinteren Seite des roten Quaders anliegt), setzen wir zunächst auch ein Lineal (*Ruler*) auf diese Hilfsebene. Dann selektieren wir den grünen Quader und können nun sehr einfach via Tastatur die angezeigte Distanz (im Beispiel unten links 9 mm) zwischen dem grünen Quader und der Hilfsebene auf null setzen. Jetzt liegen der grüne und der rote Quader exakt aneinander an (siehe Bild unten rechts). Der grüne Quader ist nun genau die gewünschten 5 mm vom Rand des gelben Quaders entfernt.

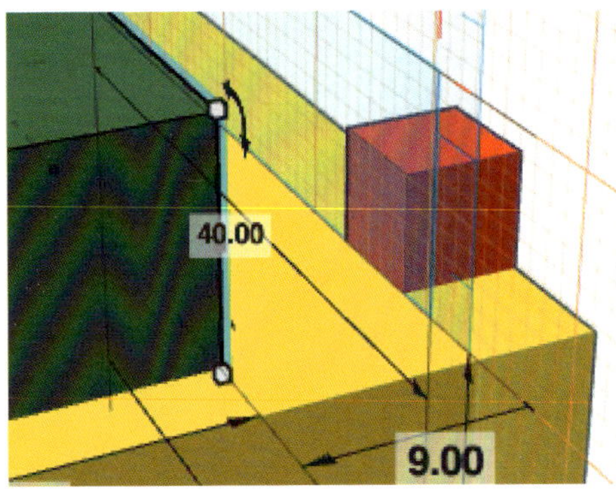

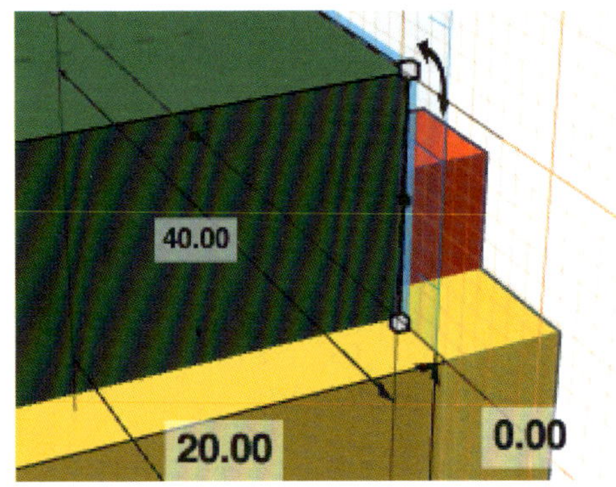

Da der rote Quader nur ein Hilfselement für den exakten Abstand von 5 mm ist, löschen wir ihn zum Schluss mit der Entf- bzw. Backspace-Taste.

Alle weiteren Formen (*Shapes*), die Sie aus der rechten Navigationsleiste nun auf diese Hilfsebene ziehen, werden zunächst exakt auf deren Höhe positioniert. Um eine Hilfsebene wieder zu löschen, klicken Sie auf das *Workplane*-Symbol in der rechten Menüleiste und bewegen dann die Maus auf die Arbeitsfläche. Sobald Sie die Maustaste loslassen, verschwindet die Hilfsebene.

Mehrere Designs als Projekt verwalten

Sie können jedes Ihrer Designs in Tinkercad einem Projekt zuordnen. Dies erleichtert das Organisieren mehrerer einzelner Designs, die für dasselbe Projekt verwendet werden. Um ein neues Projekt anzulegen, klicken Sie im Dashboard links auf die Funktion *Create Project*. Bereits vorhandene Projekte sind links aufgelistet. Name und Beschreibung können Sie anschließend über den Punkt *Add a description* angeben. Um Designs zum Projekt hinzuzufügen, erstellen Sie entweder ein neues Design in der Projektübersicht (via Button *New design*) oder fügen aus dem Dashboard vorhandene Designs hinzu. Wenn Sie in der *Dashboard*-Ansicht sind, können Sie jedes Design einfach per Drag-and-drop auf das Projektsymbol am linken Bildschirmrand ziehen. Dann wird es dem Projekt hinzugefügt. Im Screenshot unten sind beispielsweise zwei Designs im Projekt *Praxisbuch* vorhanden.

Zum Entfernen eines Designs aus dem Projekt klicken Sie links auf den Projektnamen. Über das Zahnradsymbol bei einem Design wählen Sie zuerst die Funktion *Move to Project* und dann *none*.

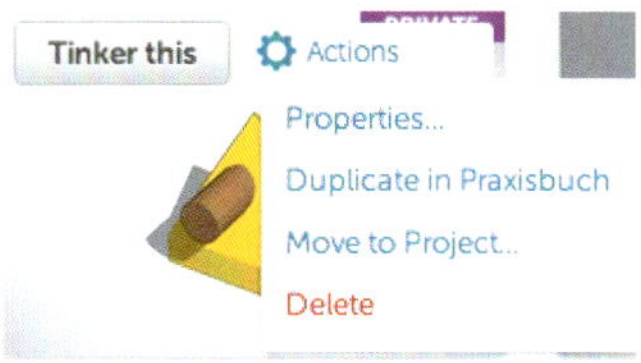

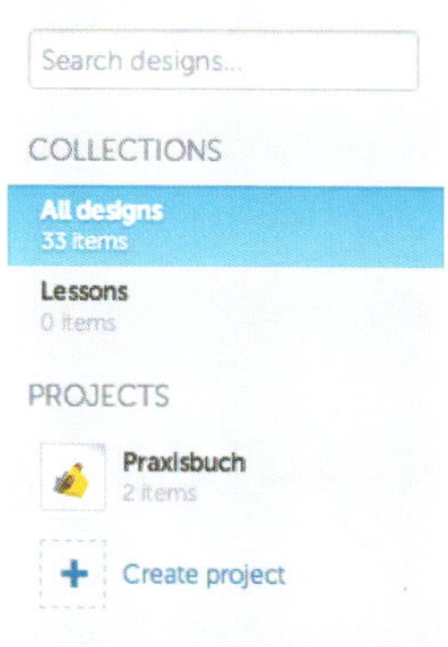

Vorsicht beim Löschen

Wählen Sie nicht *Delete*, sonst wird Ihr Design unwiderruflich von Tinkercad gelöscht (nicht nur aus diesem Projektverzeichnis)!

Reparatur defekter STL-Dateien

Tinkercad kann sogar zur Reparatur von STL-Dateien mit defekten Oberflächen verwendet werden, damit ein wasserdichtes Modell entsteht. Tinkercad berechnet automatisch immer solide Oberflächen. Wie eben beschrieben, importieren Sie dazu eine defekte STL-Datei in Tinkercad und exportieren sie dann wieder. Vorher »undichte« Oberflächen sind nach dem Export repariert.

Erstellen einer Standardvorlage

Wie bei Textverarbeitungsprogrammen kann es sich lohnen, eine Vorlage mit den persönlichen Voreinstellungen (z. B. Größe des Druckbetts, Einheiten zur Positionierung und Einstellungen des Lizenzmodells) zu erzeugen. Dazu erstellen Sie ein neues leeres Design, wie zu Beginn dieses Kapitels beschrieben. Nennen Sie das neue Design z. B. »Standard-Vorlage« (Menü *Design/Properties*). Hier können Sie auch als Voreinstellung wählen, ob das Design für andere sichtbar oder privat sein soll.

Eine weitere sinnvolle Einstellung für eine Vorlage ist die Größe der Zeichenfläche und des Zeichengitters, an dem sich die Objekte leicht ausrichten lassen. Vor allem die maximale Größe des Druckbereichs Ihres Druckers ist eine hilfreiche Voreinstellung.

Als Drittes lohnt es sich, ein Lineal bereits in der Vorlage zu positionieren. Setzen Sie es am besten in die linke untere Ecke. Dies hilft später z. B., alle Objekte in gleichem Abstand von den Rändern zu positionieren. In den Beispielen in Kapitel 7 verwenden wir diese Technik.

Zum Speichern dieser Vorlage schließen Sie diese nun zunächst über das Menü *Design/Close*.

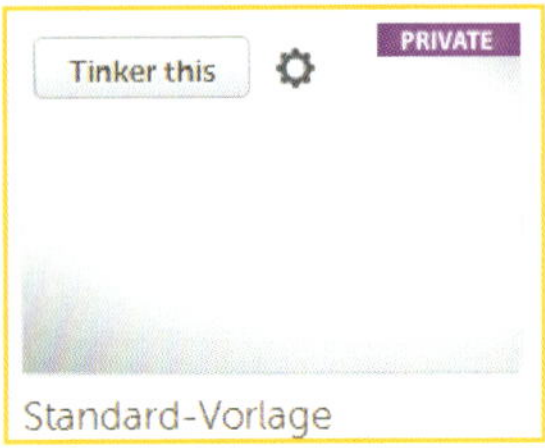

Um Ihre Vorlage für neue Designs zu verwenden, klicken Sie in der Übersicht aller Ihrer Designs (*Dashboard*) auf das Zahnradsymbol Ihrer Vorlage (wir haben sie hier »Standard-Vorlage« genannt) und wählen anschließend *Duplicate*. Hinweis: Das Zahnrad und der Button *Tinker this* erscheinen erst, wenn man die Maus über ein Design bewegt.

Nutzen Sie diese Kopie dann als Basis zur Erstellung Ihres Modells. Klicken Sie auf *Tinker this*, um mit Ihrem Design zu beginnen. Im Arbeitsbereich sind nun alle vorher festgelegten Voreinstellungen aus Ihrer Vorlage vorhanden.

6.1.7 Tinkercad-Community

Tinkercad ist nicht nur ein Tool zum Erstellen von eigenen 3D-Designs, sondern auch eine Quelle von 3D-Modellen anderer Tinkercad-Benutzer. Wie im Kapitel Import beschrieben, können Sie Kopien von Designs anderer Benutzer erstellen und selbst modifizieren. Öffentliche Designs anderer Benutzer, die Sie über die Suchfunktion oder den *Discover*-Button in Tinkercad finden, können kopiert und verändert werden. Gefällt Ihnen ein Design, finden Sie nach Klick darauf im unteren Teil des Fensters Kommentare und »Likes« anderer Mitglieder (*Comments & Likes*) bzw. können es natürlich auch selbst kommentieren (siehe Bild unten).

Kopien und Derivate eines vorhandenen Designs finden Sie unter dem Tab *Original & Copies*. So ist die gesamte Historie eines Designs ersichtlich. Es kann sogar sein, dass andere Mitglieder Ihr öffentliches 3D-Modell weiter verbessern.

6.2 Tinkercad für Fortgeschrittene

Shape Generators/Your Shape Generators

Tinkercad bietet eine sehr ausgefeilte Skriptsprache an, über die eigene geometrische Grundformen (*Shapes*) erstellt werden können (*tinkercad.com/developer*). Dieses mächtige Werkzeug findet man in der rechten Navigationsleiste *Shape Generators/Your Shape Generators*. Die Grundformen dort können über den *Edit*-Button verändert werden. Oder man erzeugt eine eigene Grundform komplett neu. Klicken Sie dazu auf den Button *New Shape Generator*.

Die Skriptsprache ist JavaScript. Shapes, die damit erstellt wurden, können genau so wie alle anderen Elemente im vorhandenen Design verwendet werden. Sie können jederzeit nachträglich in der Skriptsprache modifiziert werden. Zudem können für die so erstellten Shapes Parameter definiert werden, über die die Form später direkt per Eingabefelder oder

Schieberegler im Browserfenster und ohne Programmierung geändert werden kann. Wer bereits Erfahrung mit anderen Skriptsprachen hat oder neue sammeln möchte, sollte das unbedingt einmal ausprobieren. Unter der Adresse *tinkercad.com/developer/tutorial-platonic.html* finden Sie eine sehr gute Einführung in die Tinkercad-Shape-Skriptsprache. Mit *Your Shape Generator* erstellte Shapes sind nur im eigenen aktuellen Design verfügbar. Sie können jederzeit selbst eine mit der Shape-Skriptsprache erstellte Grundform jedermann zugänglich machen, wenn Sie nach Fertigstellung und Speichern unter *Settings* auf *Publish* klicken. Grundformen, die mit der Shape-Skriptsprache erstellt wurden, sind unter dem Menüpunkt *Shape Generators* in der rechten Navigationsleiste für jeden Tinkercad-Anwender nutzbar. Tinkercad selbst sowie Tinkercad-Nutzer fügen kontinuierlich Shapes hinzu. Nachfolgend finden Sie ein paar interessante und hilfreiche Shapes/Communityskripte.

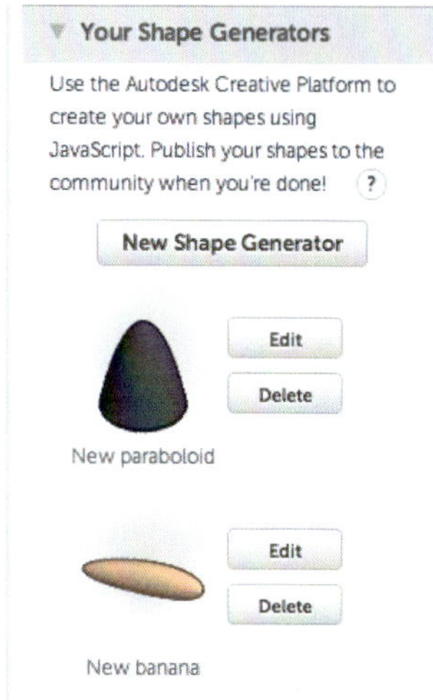

Shape Text – Stempelschrift zum Ausschneiden

Im Dezember 2013 hat Tinkercad zwei sehr interessante neue Shapes vorgestellt, *Extrusion* und *Text*. Das *Text*-Shape erlaubt die freie Eingabe von Text auf der Zeichenfläche und bietet momentan drei verschiedene Schriftarten an. Die Schrift »Majorsnafu« eignet sich perfekt, um Schrift aus einem Objekt auszuschneiden. Sie ist so gemacht, dass kein Teil eines Buchstabens in der Luft schwebt oder nur ein Loch ergibt. So hat z. B. der Buchstabe O zwei Stege (siehe Beispiel rechts, 3D-Design: *bit.ly/1l6AL9v*).

Shape Extrusion – Grundrisse frei gestalten

Mit dem Shape *Extrusion by Tinkercad* können neue Grundrisse mit vier Ecken gestaltet werden. Ausgangsbasis ist ein Zylinder.

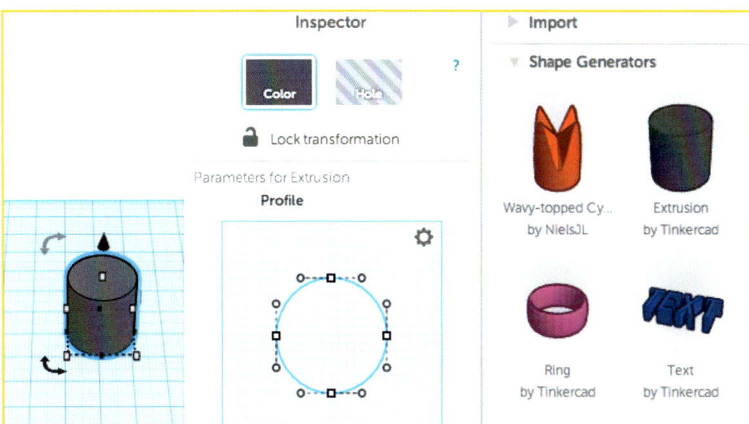

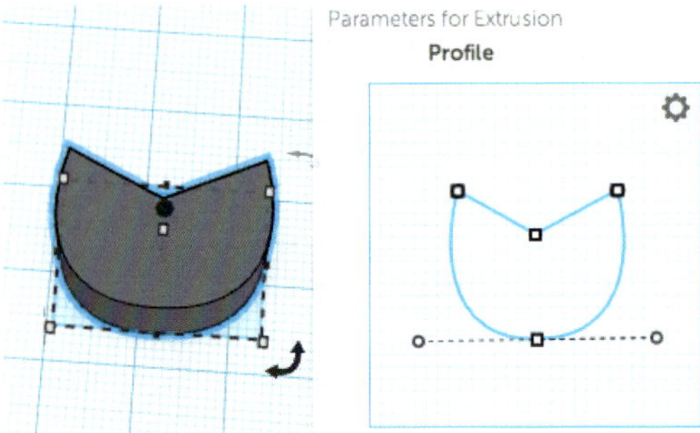

Nach Drag-and-drop des Zylinders *Extrusion by Tinkercad* auf die Zeichenfläche kann die Form über die Parameter im Inspector-Fenster verändert werden. Die eckigen Punkte bilden die Ecken des Objekts. Die weißen Punkte bestimmen den Winkel und den Verlauf der Linien an jeder Ecke. Bewegen Sie die weißen Punkte Richtung eines eckigen Punkts, wird die Ecke spitzer. Im Beispiel links haben wir aus dem Zylinder einen Katzenkopf geformt.

Hinweis

Die Objekte werden durch die Anwendung dieser Funktion um wenige Hundertstelmillimeter länger und breiter. Beim 3D-Druck wirkt sich dies normalerweise nicht aus, da dort meist mit gröberen Toleranzen im Zehntelmillimeterbereich produziert wird.

Shape chamfered & rounded – Abgeschrägte Kanten erzeugen

Tinkercad bietet keine eingebaute Funktion an, um Kanten eines Objekts abzurunden oder flacher zu machen. In der Fachsprache werden abgeschrägte Flächen an einer Kante als »Fase«, im Englischen als »Chamfer« bezeichnet. In der Regel haben Fasen einen Winkel von 45° zur Fläche eines Objekts (*http://de.wikipedia.org/wiki/Fase*). Mit dem genialen Community-Shape *chamfered & rounded* von Olivier Roth ist es sehr einfach möglich, die oberen und unteren Kanten für einige n-eckige Körper mit 45° zu brechen. Die Anzahl der Ecken (*N Corners*) kann zwischen 4 und 40 verändert werden. Der Wert *Chamfer* gibt an, wie viel Prozent am Objekt oben und unten abgeschrägt werden sollen. Sie finden dieses Shape im rechten Menü unter *Shape Generators/Community/chamfered & rounded*. (Um es zu finden, muss man alle Communityskripte durchblättern, es existiert noch keine Suchfunktion, um ein bestimmtes Skript zu finden. Zum Zeitpunkt der Bucherstellung war das Shape auf Seite 3 der Community-Shapes.) Um es zu verwenden, ziehen Sie das Shape *chamfered & rounded* einfach mit der Maus auf die Arbeitsfläche. Im Inspector-Fenster können nun die verschiedenen Werte eingegeben werden. Das Beispiel unten haben wir in der Größe 20 x 10 x 10 mm erstellt. Im linken Objekt wurde die Anzahl der Ecken auf 8 gestellt, der *Chamfer*-Wert auf 20 %. Da das Objekt 10 mm hoch ist, werden die oberen und unteren 10 %

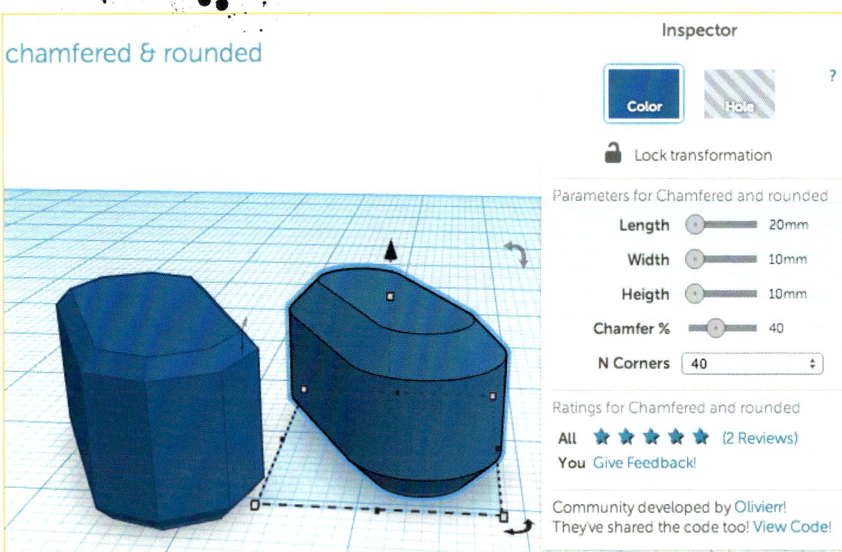

Abgerundete Ecken mit dem Skript *chamfered and rounded*.

vom Objekt abgeschrägt, also jeweils 1 mm. Dies ist die Distanz der obersten, nach innen versetzten Kante zur äußersten Kante.

Das rechte Objekt ist gleich groß, aber mit 40 Ecken, wodurch es fast rund erscheint. Der *Chamfer*-Wert ist hier 40 %. Nun wird das Objekt oben und unten jeweils um 20 % abgeschrägt. Die Distanz zwischen den äußeren Flächen oben und unten zur äußeren Kante beträgt jetzt 2 mm.

6.3 3D-Design mit SketchUp

SketchUp, das von Google weiterentwickelt und 2012 von der Firma Trimble übernommen wurde, eignet sich als Alternative für Einsteiger zum Designen und Konstruieren von 3D-Modellen. Im Vergleich zu Tinkercad bietet SketchUp viele weitere Möglichkeiten, ist allerdings auch etwas anspruchsvoller zu erlernen. Die Bedienphilosophie ist eine andere als bei Tinkercad. SketchUp erfreut sich seit Jahren sehr großer Beliebtheit. Im Internet finden Sie zahlreiche Tipps, Tutorials und gute Beispiele sowohl für Anfänger wie auch für Fortgeschrittene. Ursprünglich ist SketchUp als Tool zum Design von Architekturmodellen konzipiert worden. Heute wird es beispielsweise für fast alle dreidimensionalen Gebäude in Google Earth verwendet. Durch den Einsatz von unzähligen Erweiterungen und in der 2013 neu herausgekommenen Version SketchUp Make ist die Software für den Einsatz zum Design solider 3D-Modelle für den 3D-Druck einfacher geworden. Hauptherausforderung beim 3D-Design für den 3D-Druck bei SketchUp ist, solide, geschlossene Oberflächen zu erzeugen. Dies geschieht anders als bei Tinkercad nicht automatisch. Der Anwender muss hierauf ein besonderes Augenmerk legen, um »wasserdichte«, druckbare Modelle zu erhalten.

6.3.1 Installation von SketchUp und Vorbereitung

SketchUp gibt es als kostenlose Version »SketchUp Make« für den privaten, nicht kommerziellen Einsatz und in einer kostenpflichtigen Profiversion mit erweitertem Funktionsumfang als herunterladbare Software für Windows und Mac. Von Vorteil gegenüber Tinkercad ist der vom Netzzugang unabhängige Betrieb und die Verfügbarkeit einer deutschen Version (*http://www.sketchup.com/de/download*)

3D-Design-Vorlagen für den 3D-Druck

Die gewählte Standardvorlage wird nach dem Festlegen dann bei jedem Start von SketchUp automatisch ausgewählt. Klicken Sie hierzu am unteren Rand auf den Pfeil neben *Vorlagen*. Für das Design von soliden 3D-

Modellen für den 3D-Druck empfehlen wir die Vorlage/das Template *Produktdesign und Holzarbeiten – Millimeter*.

Nach Auswählen der Vorlage verwendet SketchUp diese ab sofort als Standard. Nach dem nächsten Starten von SketchUp klicken Sie einfach auf *SketchUp verwenden*, um anzufangen. Natürlich kann die Standardvorlage über den ersten Startdialog jederzeit wieder geändert werden.

Installieren des STL-Export-Plug-ins

Ein großer Vorteil von SketchUp sind die unzähligen Erweiterungen oder Plug-ins, die im eigenen SketchUp Extension Warehouse zur Verfügung stehen. Von Haus aus unterstützt SketchUp das STL-Format nicht, deshalb muss eines der hierfür entwickelten Plug-ins zwingend installiert werden. Wir empfehlen das Plug-in »SketchUp STL«, das den Export sowie den Import von STL-Dateien erlaubt. Zum Installieren gehen Sie ins Menü *Fenster/Erweiterungsmarkt* und suchen nach diesem Plug-in (Direktlink: *http://extensions.sketchup.com/en/content/sketchup-stl*).

Nach Anmeldung im SketchUp Extension Warehouse und Zustimmung der Bedingungen wird das Plug-in heruntergeladen und automatisch installiert. Dies funktioniert selbst, während SketchUp geöffnet ist. Für den Export eines SketchUp-Modells muss das zu exportierende Objekt oder Element vorher markiert werden. Wird nichts ausgewählt, wird man später gefragt, ob das gesamte Modell exportiert werden soll.

Wählen Sie dann das Menü *Datei/Exportiere STL...*, wählen Sie *mm* unter *Exportiere* und *Binärdatei*"unter *Dateiformat*. (Hinweis: STL-Dateien im Binärformat benötigen weniger Speicherplatz als im ASCII-Format. Allerdings verstehen manche Programme nur das ASCII-Format.)

6.3.2 Oberfläche und Bedienung

Nach dem Start von SketchUp und Bestätigen von *SketchUp verwenden* gelangt man zur Zeichenfläche, die im Wesentlichen aus der oberen Menüleiste mit den verschiedenen Werkzeugen und der grauen Zeichenfläche besteht. Auf der Zeichenfläche helfen die rote x-, die grüne y- und die blaue z-Achse, sich im dreidimensionalen Raum zu orientieren.

Am unteren Rand des Hauptfensters befindet sich die Statusleiste, die in der Mitte Hilfstexte zum gewählten Werkzeug anzeigt. Rechts unten ist das Eingabefeld *Maßangaben* zum manuellen Eingeben von exakten Massen und Werten. Rechts am Bildschirmrand wird das *Mentor*-Fenster angezeigt, das für jede Aktion wertvolle Hinweise für Einsteiger liefert. Dieses Fenster kann jederzeit über den Menüpunkt *Fenster/Mentor* deaktiviert werden.

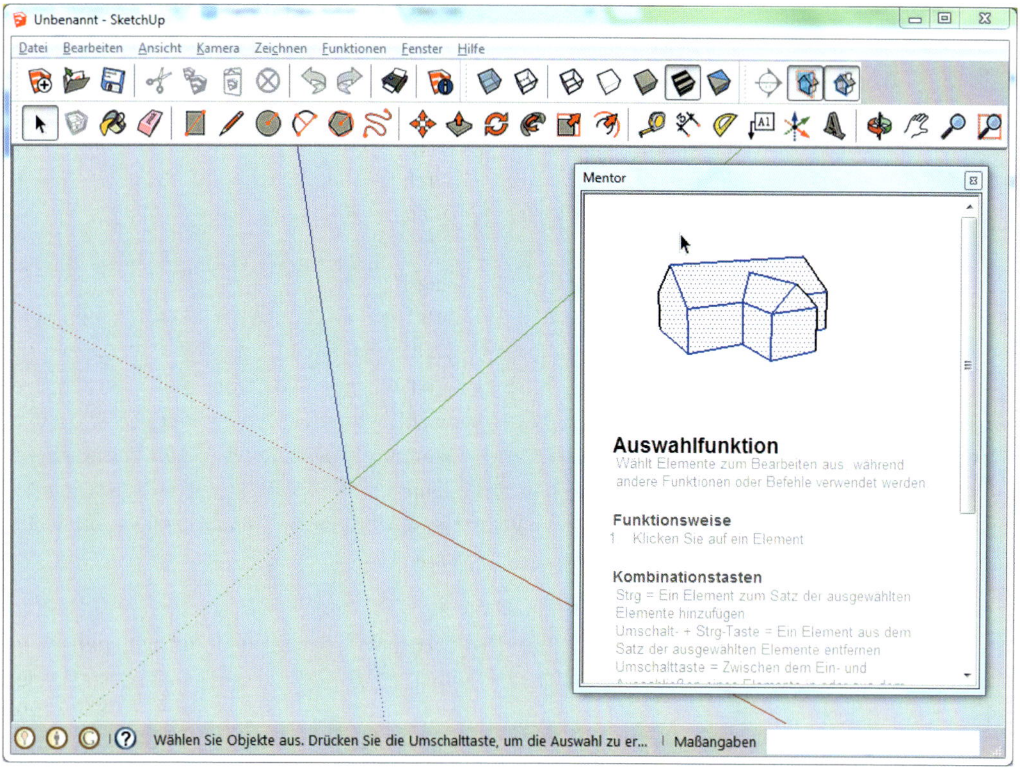

Zusätzliche Werkzeuge können Sie über das Menü *Ansicht/Symbolleisten* ein- und ausschalten. Wir empfehlen, mit den Symbolleisten *Großer Funktionssatz* und *Standard* zu starten.

Bedienphilosophie

Die Bedienphilosophie von SketchUp ist komplett eine andere als die des bereits vorgestellten Einsteigerprogramms Tinkercad. Wie wir gesehen haben, arbeitet Tinkercad mit soliden Grundformen (Shapes) wie Boxen, Kugeln und Zylindern, die einzeln platziert, bewegt und miteinander kombiniert (addiert oder subtrahiert) werden können. Eine Grundform kann nur als Ganzes modifiziert werden, nicht einzelne Seiten oder Kanten. In SketchUp hingegen entsteht ein 3D-Modell aus einzeln miteinander kombinierten Flächen. Jede Fläche wird durch die sie umgebenden Kanten bestimmt. SketchUp stellt Flächen auf der Außenseite hellgrau, auf der Innenseite blau dar. Jede Kante ist durch mehrere Punkte definiert, mindestens durch einen Anfangs- und einen Endpunkt. Geschlossene Flächen, Kanten oder Punkte können einzeln verändert werden. Sobald Elemente eine Kante miteinander teilen, betrachtet sie SketchUp als zusammengehörig (das zeigt sich z. B. beim Verschieben).

Vorsicht beim Löschen

Sie sollten beim Löschen von Elementen darauf achten, jede zugehörige Fläche und Kante zu selektieren. Ansonsten laufen Sie Gefahr, dass z. B. einzelne Kanten vorhanden sind, die schlimmstenfalls das Gelingen des 3D-Drucks verhindern (siehe auch Wasserdichtigkeit in Kapitel 5).

Dreidimensionale Volumenkörper bestehen aus mehreren miteinander kombinierten (zweidimensionalen) Flächen. Am einfachsten kann ein Körper durch das »Extrudieren« einer Fläche gezeichnet werden. Extrudieren bedeutet das Ziehen einer Fläche aus dem zweidimensionalen Raum in die dritte Dimension. Im nachfolgenden Kapitel zeigen wir dies anhand einiger Beispiele.

Tastenkombinationen (Shortcuts)

SketchUp bietet für fast alle Funktionen Shortcuts an, die voreingestellt sind, sich aber jederzeit über das Menü *Fenster/Voreinstellungen/Tastenkombination* ändern oder neu erfassen lassen.

Shortcuts hängen von der Version ab

In den folgenden Kapiteln schreiben wir hinter jede Funktion in Klammern den zugehörigen Shortcut, und zwar in dieser Form: (xy). Die meisten Grundfunktionen sind über eine einzige Taste, wie z. B. M für Verschieben (Move), zu erreichen. Beachten Sie aber, dass sich die Shortcuts auf unterschiedlichen Systemen oder Versionen von SketchUp unterscheiden können. Die aufgeführten Shortcuts sind gültig für SketchUp Make, Version 13.0.4812, unter Windows 7.

6.3.3 Navigation auf der Zeichenfläche

Um die Zeichenfläche in SketchUp zu drehen, zu bewegen oder die Ansicht zu vergrößern/zu verkleinern, stehen drei Navigationstools zur Verfügung. Zur Erleichterung empfehlen wir unbedingt eine Maus mit drei Tasten und Scrollfunktion.

Rotieren (O)

Halten Sie die mittlere Maustaste gedrückt und bewegen Sie dann die Maus zum Drehen der Zeichenfläche. (Dies funktioniert nicht auf allen Systemen.) Oder Sie klicken vorher auf die Rotierfunktion und bewegen die Maus bei gleichzeitigem Drücken der linken Maustaste. Das Drücken von Esc aktiviert das zuvor gewählte Werkzeug.

Bewegen der Zeichenfläche (H)

Zum Bewegen der gesamten Zeichenfläche vertikal oder horizontal halten Sie die mittlere Maustaste und gleichzeitig Shift gedrückt. (Dies funktioniert nicht auf allen Systemen.) Alternativ wählen Sie das Handsymbol aus der Symbolleiste und drücken gleichzeitig die linke Maustaste zum Verschieben. Das Drücken von Esc aktiviert das zuvor gewählte Werkzeug.

Vergrößern, Verkleinern (Z)

Am einfachsten kann durch Drehen des Scrollrads einer Maus gezoomt werden. Alternativ klicken Sie auf das Lupensymbol in der Symbolleiste. Ein Drücken der linken Maustaste und Bewegen der Maus nach oben vergrößert die Anzeige, bewegen Sie die Maus nach unten, verringert sich der Zoomwert.

6.3.4 Wichtige Grundfunktionen

Konstruktionswerkzeuge

Körper werden durch Flächen definiert, diese können mit den sechs Konstruktionswerkzeugen von SketchUp gezeichnet werden. Nachfolgend erklären wir diese Werkzeuge im Detail.

Die Werkzeuge von links nach rechts im Bild:

1. Rechteck (zum Zeichnen rechteckiger Flächenelemente)
2. Bleistift = Linie (zum Zeichnen von Kanten Punkt zu Punkt)
3. Kreis (zum Zeichnen von Kreiselementen)
4. Bogen (zum Zeichnen von Bogen und Kreisen)
5. Vieleck (zum Zeichnen von Vielecken)
6. Freihand (freies Zeichnen unregelmäßiger Kurvenelemente)

Konstruktionshilfen

SketchUp bietet eine Fülle von hilfreichen Zusatzinformationen, die das Einarbeiten erleichtern. Auf den Symbolen der Konstruktionswerkzeuge symbolisieren kleine rote Punkte, wie das Werkzeug grundsätzlich funktioniert. So zeigen z. B. beim Rechtecksymbol zwei Punkte an, dass dessen Größe durch die Bestimmung der beiden Ecken gezeichnet wird. Beim Kreissymbol zeigen die roten Punkte, dass dieser durch Angabe des Mittelpunkts und dann des Radius gezeichnet wird. Achten Sie beim Zeichnen selbst auf die angezeigten Tipps, die nach einem kurzem Moment erscheinen. Beim Zeichnen zeigen Hilfstexte und Linien an, dass man sich z. B. bei einem Rechteck gerade auf einer Kante, einem End- oder einem Mittelpunkt einer Linie befindet, dass die Größe ein Quadrat wird oder den »Goldenen Schnitt« darstellt. Auch wenn Sie über den Nullpunkt oder eine der drei Achsen fahren, zeigt SketchUp an, dass man sich dort befindet. Je nach Werkzeug sind die angezeigten Informationen unterschiedlich. Sie erleichtern das Zeichnen und Positionieren ungemein.

Rechteck (R)

Mit diesem Werkzeug können Sie rechteckige Flächenelemente einfach von Ecke zu Ecke zeichnen.

- Klicken Sie irgendwohin, um die erste Ecke festzulegen.
- Bewegen Sie dann den Mauszeiger diagonal.
- Klicken Sie erneut zum Festlegen der zweiten Ecke.

Der Vorgang kann jederzeit mit Esc abgebrochen werden. Rechts unten in der Statusleiste sehen Sie beim Zeichnen die Größe des eben gezeichneten Rechtecks. Diese kann während (nach Festlegen des ersten Eckpunkts) oder unmittelbar nach dem Zeichnen (nach Klicken des zweiten Eckpunkts) manuell eingegeben werden.

Größenangaben manuell eingeben:

Die Größe des Rechtecks kann sehr einfach nach Festlegen des ersten Eckpunkts oder nach Festlegen des zweiten Eckpunkts über die Tastatur eingegeben werden. Dazu tippen Sie einfach auf der Tastatur die gewünschten Werte ein. Sie erscheinen in der Statusleiste im Fenster rechts unten unter *Abmessungen*. Geben Sie die Werte im Format »x-Wert, y-Wert« ein, z. B. »1000, 500« (Standardmaß in der deutschen Version sind Millimeter, in der englischen Inch). Sobald Sie Enter drücken, erscheint das

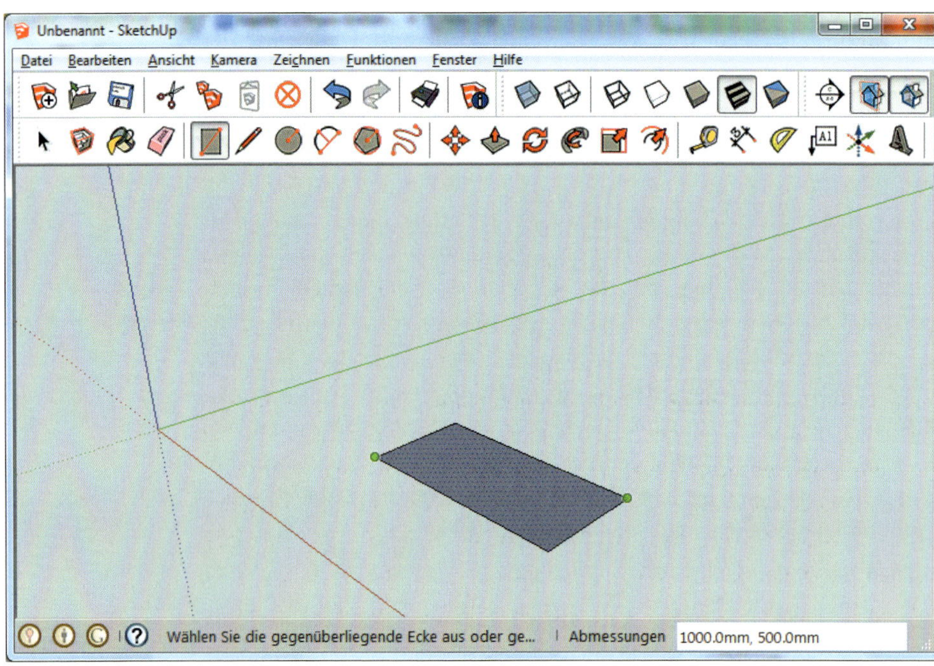

Rechteck in der eingegebenen Größe. Im Beispiel zeigt SketchUp dann ein Rechteck von 1000 mm (x-Achse) und 500 mm (y-Achse) Kantenlänge an der Position, an der die erste Ecke festgelegt wurde. Alternativ können die Werte auch in cm bestimmt werden, dann muss nur die Maßeinheit mit angegeben werden, z. B. »10 cm, 5 cm«.

SketchUp speichert nicht automatisch

Für die weiteren Übungen im Buch speichern Sie nun am besten Ihre erste Zeichnung ab. Anders als bei Tinkercad, das automatisch jede Veränderung speichert, muss bei SketchUp manuell gespeichert werden. Denken Sie daran, um einem Verlust Ihrer Daten vorzubeugen. Zum Speichern klicken Sie einfach links oben auf das Diskettensymbol oder wählen aus dem Menü *Datei/Speichern* (via Tastatur [Strg]+[S]).

Linie ([L])

Mit dem Linienwerkzeug können Sie eine Linie oder Kante aus zwei oder mehr miteinander verknüpften Punkten erstellen.

- Klicken Sie für den Startpunkt einer Linie irgendwo auf die Zeichenfläche.
- Bewegen Sie den Cursor und klicken erneut, entsteht der nächste Punkt, der mit dem ersten verbunden wird.
- Wiederholen Sie den zweiten Schritt, um beliebig viele weitere Punkte einer Linie festzulegen.
- Sobald ein gesetzter Punkt die Linie berührt (muss nicht erneut der Startpunkt sein) und eine Fläche umschließt, wird diese als Fläche dunkelgrau dargestellt.

Wie beim Rechteckwerkzeug zeigt SketchUp Hilfspunkte, um z. B. zu erkennen, ob man sich auf einem Endpunkt, auf gleicher Höhe eines Punkts (*Von Punkt*) oder in Richtung einer der drei Achsen befindet (z. B. *Auf grüner Achse*). Im Statusfeld rechts unten zeigt SketchUp die Länge an, und diese kann wie beim Rechteck auch über Drücken auf [Tab] und eine manuelle Eingabe angegeben werden. Am Beispiel des vorher gezeichneten Rechtecks wird dies anschaulich. Wir wollen das Rechteck halbieren. Fahren Sie mit der Maus z. B. über eine der Seitenkanten, zeigt SketchUp im Tooltipp automatisch an, ob Sie sich nun auf der Linie oder in der Mitte der Kante befinden. Sobald SketchUp neben dem Bleistiftsymbol *Mittelpunkt* anzeigt, klicken Sie einmal. Für den Endpunkt der Linie führen Sie nun den Mauszeiger auf die andere Seite des Rechtecks und klicken erneut, sobald neben dem Bleistift wieder *Mittelpunkt* angezeigt wird. Jetzt sollte das Rechteck wie im Bild auf der nächsten Seite in genau zwei Hälften geteilt sein. Auf gleiche Weise können Sie mit dem Linienwerkzeug auch von Eckpunkt zu Eckpunkt fahren, wenn Sie z. B. das Rechteck in der Diagonalen halbieren wollen.

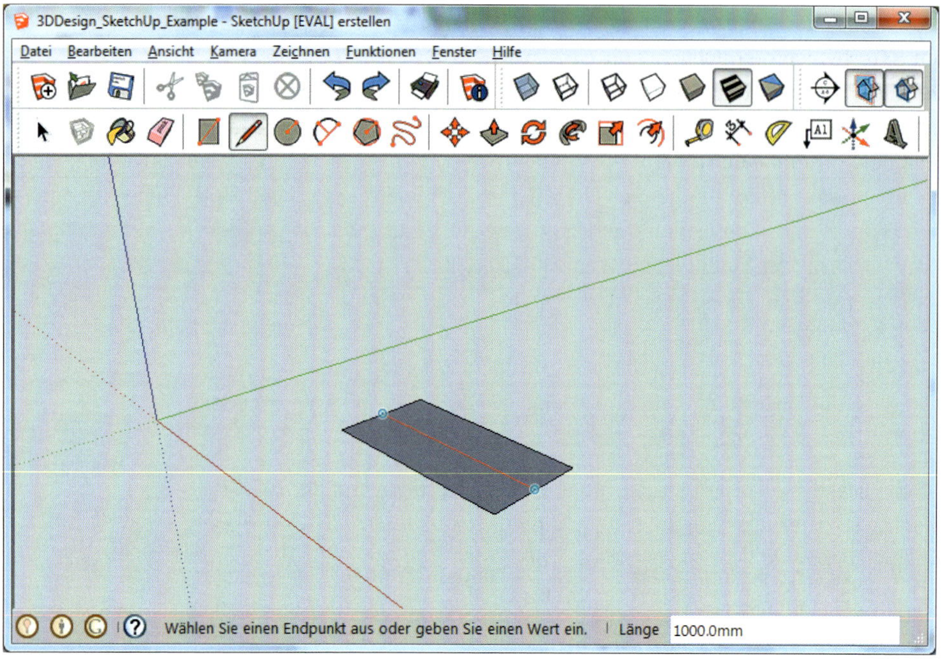

Kreis (`C`)

Ein Kreis kann in zwei Schritten gezeichnet werden:

- Mit dem ersten Klick wird der Mittelpunkt des Kreises festgelegt.
- Bewegen Sie nun den Mauszeiger und klicken Sie erneut, um den Radius zu definieren.

Tipp: Linien/Segmente eines Bogens/Kreises für den 3D-Druck optimieren

SketchUp definiert Kreise und Bogen aus einer Vielzahl von einzelnen geraden Linien. In SketchUp werden diese auch als Seiten oder Segmente bezeichnet. Aus je mehr Linien ein Kreis oder Bogen besteht, desto runder wird er. Dies ist vor allem für den späteren 3D-Druck relevant. Die Anzahl dieser Linien setzen Sie durch Eingabe einer Zahl unmittelbar nach Wählen des Kreis- bzw. Bogenwerkzeugs (und vor dem Setzen des ersten Punkts). Sobald Sie das Werkzeug gewählt haben, steht rechts unten in der Statusleiste *Seiten*. Tippen Sie auf der Tastatur einfach den gewünschten Wert ein und bestätigen Sie ihn mit `Enter`. Dann können Sie mit dem Zeichnen des Bogens bzw. Kreises starten. Zum Veranschaulichen setzen Sie einmal die Anzahl der einzelnen Linien auf 5 herunter (geht nur beim Bogen, beim Kreis sind es mindestens 24) und zeichnen dann einen Bogen oder Kreis. Nun sind die einzelnen Linien klar erkennbar. Beim Bewegen der Maus über die einzelnen Linien zeigt SketchUp zudem die Endpunkte jeder Linie an (Tooltipp und grüner Punkt). Die verborgenden Linien eines Bogens oder Kreises werden auch sichtbar, wenn Sie im Menü *Fenster/Ausgebl. Geometrie* wählen. Beim späteren 3D-Druck wollen wir runde Bogen und Kreise, daher empfehlen wir, dass die einzelnen Linien ca. 1 mm betragen. Berechnung der idealen Seitenzahl für einen Kreis:

Umfang (U) = π • Durchmesser (d)
oder 2 • π • Radius (r)

Beispiel: Kreis mit 5 cm Durchmesser = 50 mm:

U: 157,05 mm = 3,141 • 50 mm

Damit jede Linie des Halbkreises nun 1 mm beträgt, muss er also aus mindestens 157 Linien bestehen.

Sie können diesen Wert auch nachträglich für ein Kreissegment angeben, wenn Sie dieses selektieren und über die rechte Maustaste *Elementinformationen* (oder *Fenster/Elementinformationen*) wählen. Natürlich lässt sich auch ein geringerer Wert für eine noch glattere Rundung wählen, allerdings nimmt dann sowohl die Geschwindigkeit in SketchUp wie auch später beim Berechnen der Schichten für den 3D-Druck ab. Zudem verdoppelt sich die Größe der exportierten Datei in etwa mit jeder Verdopplung der Anzahl der Linien. Im Bild unten sehen Sie einen Zylinder mit 60 mm Durchmesser und Höhe, einmal mit 24 Seitenlinien und einmal mit 628 Seitenlinien. Deutlich ist die glattere Oberfläche bei mehr Seitenlinien zu erkennen. Das Berechnen der Schichten für den 3D-Druck mit dem hier verwendeten Programm Cura und 0,1-mm-Schichten hat für den Zylinder mit 628 Seiten etwa doppelt so lange benötigt wie für den Zylinder mit 24 Seiten. Die Dateigröße des »runderen« Zylinders war mit 127 KB um den Faktor 26 größer (628/24).

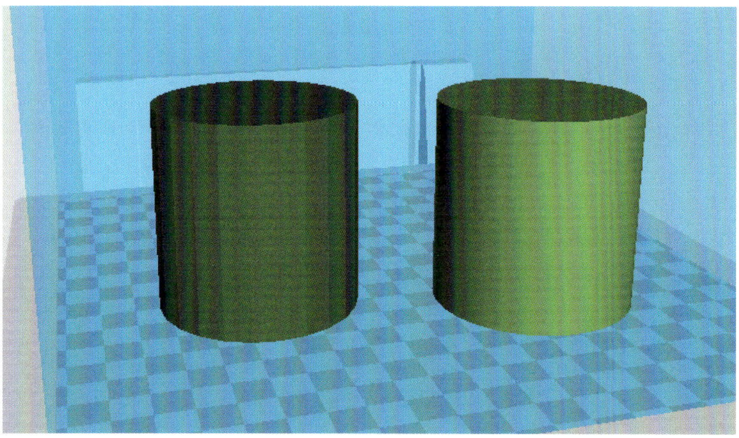

Bogen (A)

Mit dem Bogenwerkzeug können sehr einfach Bogen gezeichnet werden. Als Bogen wird ein Teil einer Kreislinie oder eine beliebig nach einer Seite gekrümmte Linie, eine Kurve, bezeichnet. Zum Zeichnen wählen Sie zuerst das Werkzeug an.

- Legen Sie als Erstes den Startpunkt des Bogens durch einmaliges Klicken mit der linken Maustaste fest.
- Bewegen Sie den Mauszeiger an den gewünschten Endpunkt des Bogens und klicken Sie erneut.
- Bewegen Sie nun den Mauszeiger senkrecht zur Linie und klicken Sie erneut, sobald die gewünschte Höhe des Bogens erreicht ist.
- Zum vorzeitigen Abbrechen drücken Sie Esc.

Wie bei den anderen Werkzeugen gibt SketchUp hilfreiche Hinweise beim Zeichnen direkt als Tooltipp, z. B. sobald der Bogen einen Halbkreis bildet. Die Anzahl der Linienelemente (Seiten) eines Bogens kann wie beim Kreis unmittelbar nach Anklicken des Werkzeugs festgelegt werden.

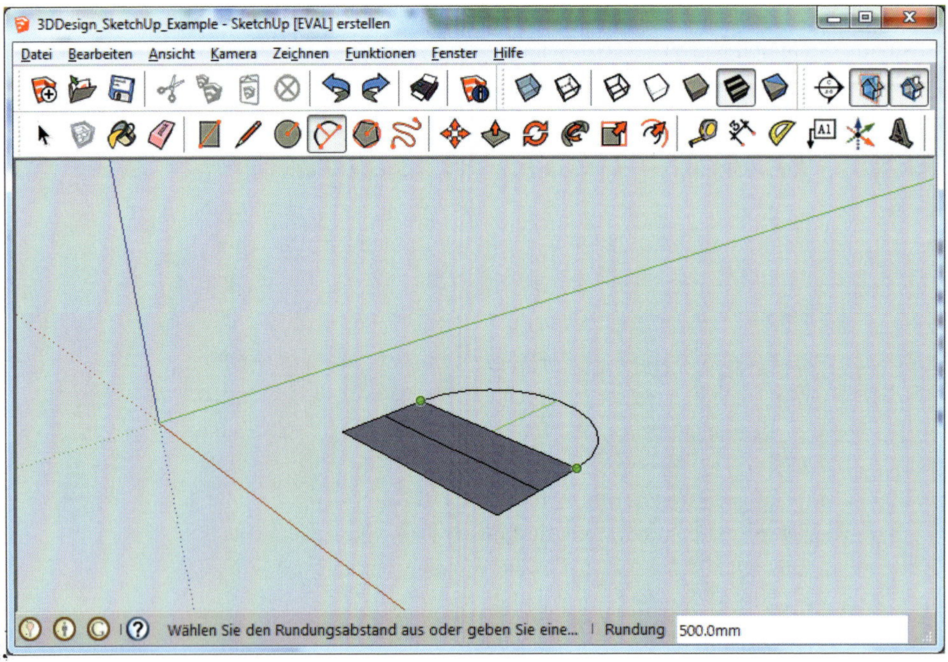

Vieleck

Mit der Vieleckfunktion können Elemente mit beliebig vielen Ecken gezeichnet werden. Es ist damit also möglich, sowohl Dreiecke und Vierecke als auch nahezu runde Objekte zu zeichnen. (Siehe hierzu auch den Abschnitt »Kreiswerkzeug«. Ein Kreis mit 24 Linien ist in SketchUp dasselbe wie ein Vieleck mit 24 Linien.) Die Anzahl der Ecken kann unmittelbar nach Wählen des Werkzeugs über das Eingabefenster rechts unten in der Statusleiste eingegeben werden. Dazu drücken Sie nach Wahl des Werkzeugs Tab oder klicken mit der Maus direkt ins Eingabefeld *Seiten* und geben den gewünschten Wert ein. Zum Bestätigen drücken Sie Enter. Vorgegebene Standardeinstellung für das Vieleck sind sechs Seiten. Zum Zeichnen gehen Sie folgendermaßen vor:

- Mit dem ersten Klick wird der Mittelpunkt festgelegt.
- Bewegen Sie den Cursor weg vom Mittelpunkt, um den Radius festzulegen.
- Klicken Sie mit der Maus, um das Vieleck abzuschließen.
- Zum vorzeitigen Abbrechen drücken Sie Esc.

Auswahlwerkzeug (Leertaste)

Anders als bei Tinkercad müssen Sie bei SketchUp darauf achten, dass Elemente aus einzelnen Kanten bestehen, die wiederum Flächen bilden. SketchUp behandelt jede Fläche und Kante einzeln, d. h., bei manchen Aktionen müssen Sie explizit jede Fläche und Kante selektieren, die verändert werden soll.

Das Auswahlwerkzeug wird durch den Pfeil symbolisiert.

Wählen Sie diesen an und klicken Sie nun auf die gewünschten Elemente. Mit einem einzelnen Klick können einzelne Kanten oder Flächen selektiert werden. Durch Doppelklick auf eine Fläche wird diese zusammen mit den sie umgebenden Linien ausgewählt. Dreimaliges Klicken wählt alle miteinander verbundenen Kanten und Flächen aus. Alternativ können Sie mit dem Auswahlwerkzeug auch ein Rechteck durch Klicken der linken Maustaste und Ziehen aufspannen. Beim Aufziehen von rechts nach links werden alle berührten oder umschlossenen Kanten und Flächen selektiert. Zieht man hingegen das Auswahlrechteck von links nach rechts auf, werden nur diejenigen Elemente selektiert, die von dem Auswahlrechteck komplett umschlossen werden. Ausgewählte Linien werden dunkelblau und dick dargestellt, Flächen erscheinen blau gepunktet. Gesperrte Linien, die nicht geändert werden können, werden rot dargestellt.

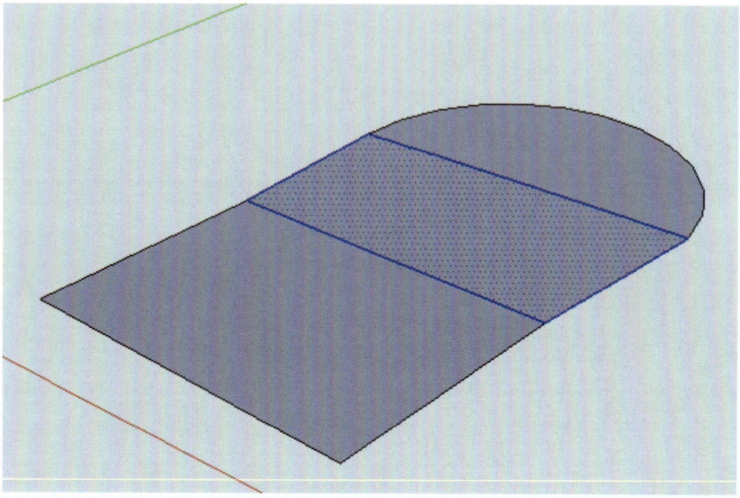

Einzelne Kanten oder Flächen können durch gleichzeitiges Drücken von Shift und Mausklick zur aktuellen Auswahl hinzugefügt oder auch deselektiert werden.

Änderungswerkzeuge

SketchUp bietet zurzeit sechs verschiedene Werkzeuge an, um Elemente zu verändern.

Die Änderungswerkzeuge von links nach rechts im Bild:

Verschieben, Drücken/Ziehen, Drehen, Folge mir, Skalieren, Versatz

Sie befinden sich nebeneinander in der Symbolleiste *Großer Funktionssatz*. (Sollte diese bei Ihnen nicht angezeigt werden, aktivieren Sie sie im Menü *Ansicht/Symbolleisten/Großer Funktionssatz*.)

Verschieben (M)

Mit diesem Werkzeug können einzelne Elemente oder gruppierte Objekte auf der Zeichenfläche verschoben werden. Diese müssen nicht vorher selektiert werden, klicken Sie einfach nach der Wahl des Verschieben-Werkzeugs auf ein Element und bewegen Sie die Maus. Zum Beenden der Bewegung klicken Sie nochmals mit der Maustaste. Wird vor dem Klick auf ein Element Strg gedrückt und gehalten, wird eine Kopie des gewählten Elements erstellt.

Drücken/Ziehen (P)

Dies ist eine für das 3D-Design sehr wichtige Funktion. In anderen CAD-/3D-Designprogrammen wird diese Funktion auch als »Extrudieren« oder

»Extrusion« bezeichnet. Damit kann eine zweidimensionale Fläche in die dritte Dimension gezogen (also extrudiert) werden. Dies kann sowohl durch Ziehen wie auch durch Pressen/Drücken entstehen. So entstehen aus zweidimensionalen Flächen dreidimensionale Körper.

Nach Auswahl des Werkzeugs klicken Sie auf das Element, das extrudiert werden soll, halten die Maustaste gedrückt und bewegen dann die Maus in eine Richtung, z. B. nach oben oder unten.

Im folgenden Beispiel wird das zweidimensionale Rechteck (Bild 1) mit dem Drücken/Ziehen-Werkzeug nach oben extrudiert. Somit entsteht ein Quader (Bild 2). Würden wir die Maus im Beispiel nach unten bewegen, entstünde aus der Fläche eine innen hohle Box (Bild 3).

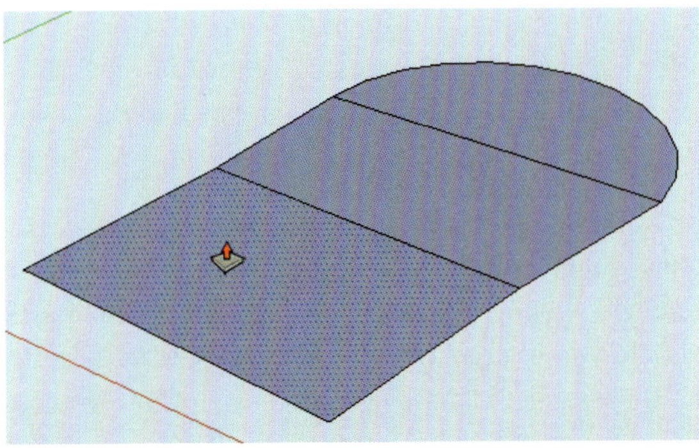

Bild 1

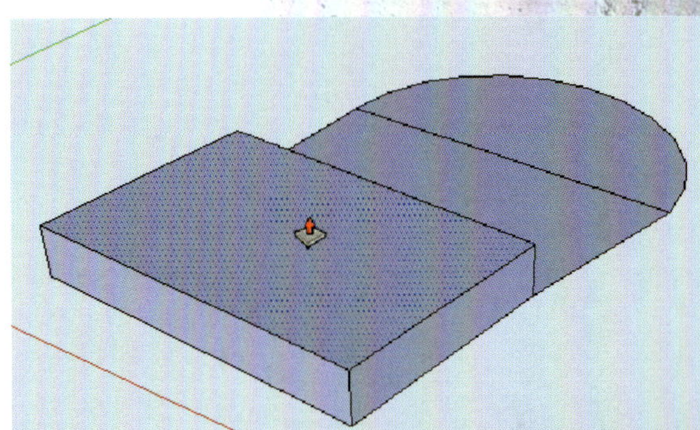

Bild 2

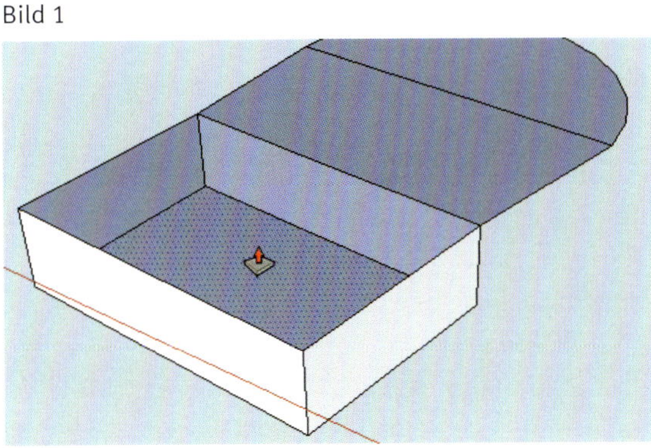

Bild 3

Um ein anderes Element exakt auf der Höhe eines daneben liegenden Elements auszurichten, extrudieren Sie das zweite Element bis in etwa zur Höhe des ersten Elements und bewegen dann die Maus in Richtung der Fläche des ersten Elements. Sobald Sie sich auf derselben Höhe wie das erste Element befinden, zeigt SketchUp im Tooltipp *Auf Kante* an (siehe Bild 4):

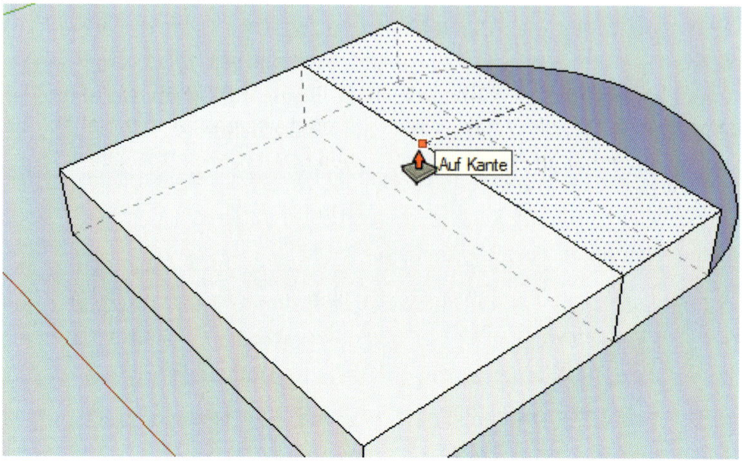

Analog zum Extrudieren können mit dem Drücken/Ziehen-Werkzeug Teile eines Objekts weggeschnitten werden, wenn man ein Element ins Innere eines bestehenden dreidimensionalen Objekts bewegt. Im CAD-Jargon wird auch von Subtrahieren gesprochen.

Anhand eines Beispiels wollen wir das veranschaulichen. Ziel ist es, in den vorderen Quader eine hohle Röhre zu schneiden. Dazu platzieren wir zuerst einen Kreis auf die vordere rechte Seite des Quaders mittels des Kreiswerkzeugs (Bild 1). Anschließend wählen wir das Drücken/Ziehen-Werkzeug, fahren mit der Maus auf den eben erstellten Kreis und »schieben« ihn in den Quader. Damit haben wir die Röhre in dem Quader erstellt.

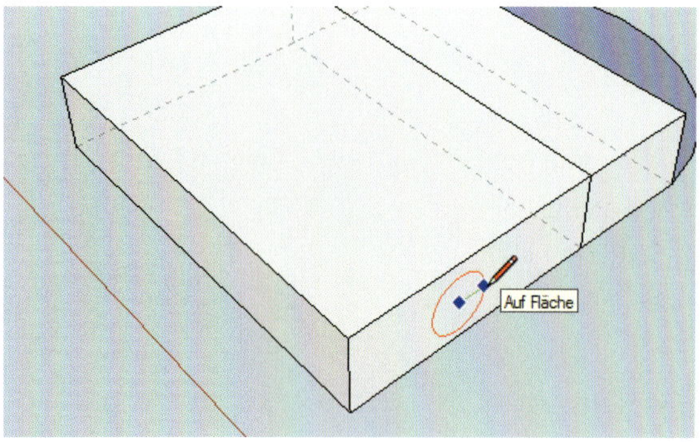

Bild 1

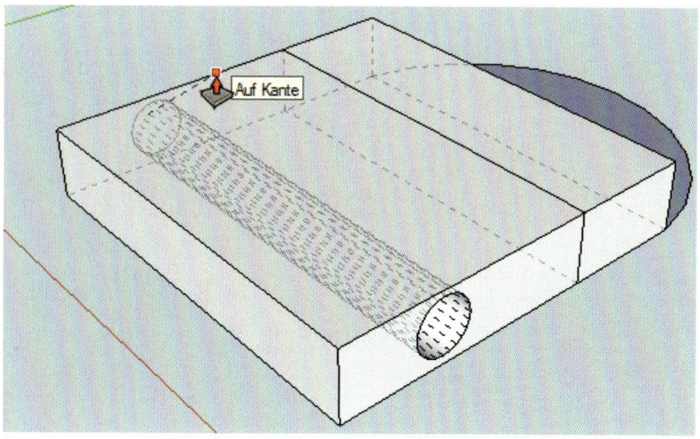

Bild 2

Drehen (Q)

Mit dem Drehen-Werkzeug können Elemente gedreht, gedehnt oder verzerrt werden.

Vorgehensweise:

1 Selektieren Sie entweder zuerst mit dem Auswahlwerkzeug diejenigen Elemente, die gedreht, gedehnt oder verzerrt werden sollen. (Im Beispiel unten haben wir alle vorhandenen Elemente vorab ausgewählt.)

Oder gehen Sie direkt mit dem Drehen-Werkzeug auf eine Fläche oder Linie.

Falls Sie damit eine Fläche selektieren, wird die gesamte Fläche gedreht. Selektieren Sie mit dem Drehen-Werkzeug nur eine Linie, wird das Element, das an die Linie angrenzt, verzerrt.

Auf der Zeichenfläche erscheint ein sogenannter »Winkelmesser«, der als Hilfestellung für die Drehung fungiert (im Bild unten links). Je nach Ausrichtung an einer der drei Achsen verändert sich dessen Farbe (Grün, Rot oder Blau):

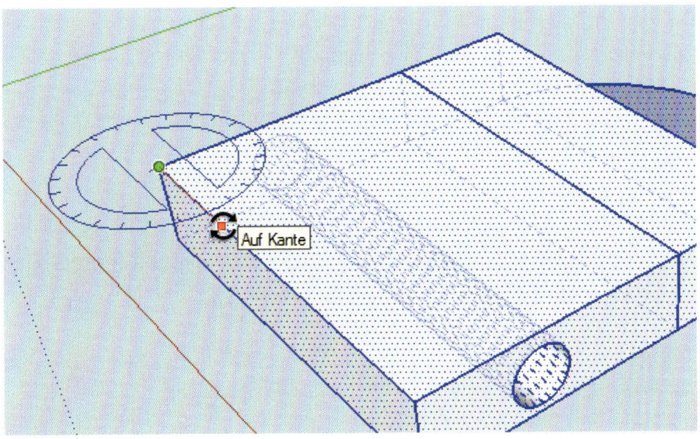

2 Bewegen Sie den Cursor innerhalb des Winkelmessers an diejenige Stelle, an der die Drehung stattfinden soll, eigentlich der Startpunkt für die Drehung (irritierend ist, dass der Tooltipp in SketchUp *Endpunkt* heißt).

3 Klicken Sie einmalig, um damit den Dreh-/Angelpunkt festzulegen.

4 Bewegen Sie dann den Cursor in diejenige Richtung, in die die Drehung stattfinden soll, bis zum gewünschten Endpunkt der Linie, an der entlang die Drehung stattfinden soll. Klicken Sie, um den Endpunkt der Drehachse festzulegen.

5 Bewegen Sie nun die Maus, um das Element zu drehen.

6 Ein erneuter Klick beendet die Drehung.

Halten Sie [Strg] vor der Drehung gedrückt, wird eine Kopie des ausgewählten Elements gedreht.

Folge mir

Mit dem *Folge mir*-Werkzeug kann man eine Fläche entlang eines Pfads vervielfachen.

Diese Vorgehensweise soll ein Beispiel verdeutlichen. Wir wollen in unserer Zeichnung an der oberen Kante des ersten Quaders eine Röhre anbringen:

1 Bestimmen Sie dazu als Erstes mit dem Auswahlwerkzeug diejenige Kante, die verändert werden soll, im Beispiel die Kante vorne (siehe Bild 1). Diese Kante gilt dann als der Pfad, an dem entlang eine andere Fläche vervielfacht werden soll.

2 Zeichnen Sie nun die Fläche senkrecht zum eben definierten Pfad, die dann vervielfacht werden soll. Im Beispiel zeichnen wir einen Kreis, der durch Vervielfachen eine Röhre bilden soll (siehe Bild 2).

3 Klicken Sie erst jetzt auf das *Folge mir*-Werkzeug.

4 Klicken Sie auf die Fläche, die vervielfacht werden soll, im Beispiel auf den vorher gezeichneten Kreis.

5 Halten Sie die Maustaste gedrückt und ziehen Sie entlang des im ersten Schritt gebildeten Pfads.

6 Klicken Sie erneut, um den Vorgang abzuschließen. Nun wird die Verdopplung der Fläche (von Schritt 2) ausgeführt. Im Beispiel entsteht jetzt die Röhre (siehe Bild 3).

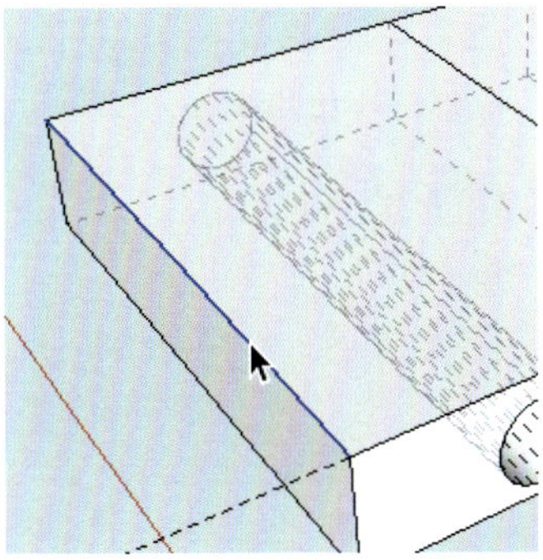

Bild 1

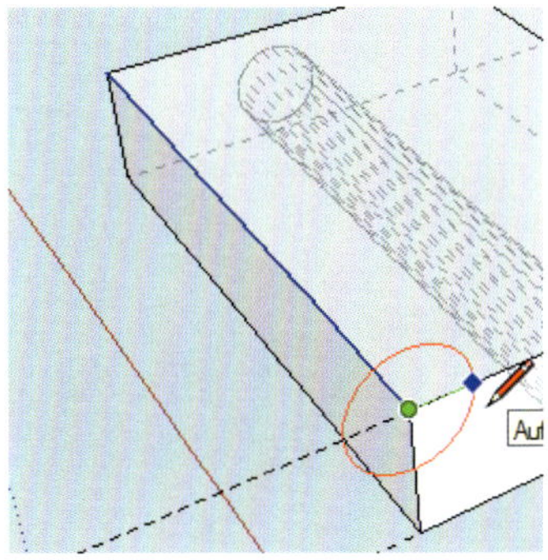

Bild 2

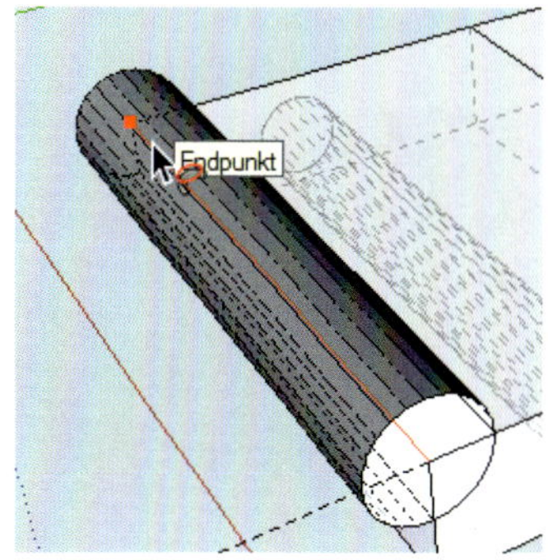

Bild 3

Skalieren ([S])

Mit dem Skalieren-Werkzeug kann man die Größe von Elementen verändern.

Dieses Werkzeug ist einfach zu bedienen.

1 Wählen Sie als Erstes mit dem Auswahlwerkzeug ein Element aus (keine Kanten).

2 Wählen Sie nun das Skalieren-Werkzeug.

3 Klicken Sie mit der Maus einen der grünen Punkte an und halten Sie zum Verändern der Größe die Maustaste gedrückt.

4 Ziehen Sie nun so lange in eine Richtung, bis die gewünschte Größe erreicht ist.

5 Klicken Sie erneut, um die Skalierung zu beenden.

Das Ziehen an einem der Eckpunkte verändert die Größe des Objekts proportional (entlang des gegenüberliegenden Punkts). Das Ziehen an einem anderen Eckpunkt verändert die Größe unproportional entlang der Achse zum gegenüberliegenden Punkt.

Tipp: Nach dem ersten Klick auf einen der Punkte kann über die Tastatur direkt die gewünschte Größenskalierung eingegeben werden. Beim Eintippen erscheint die Zahl rechts unten in der Statusleiste unter *Maßangaben*. Geben Sie beispielsweise eine 2 ein und drücken [Enter], wird das selektierte Objekt exakt verdoppelt.

Wird beim Skalieren gleichzeitig [Strg] gedrückt, wird das Objekt um den Mittelpunkt herum skaliert (anstatt um den gegenüberliegenden Punkt).

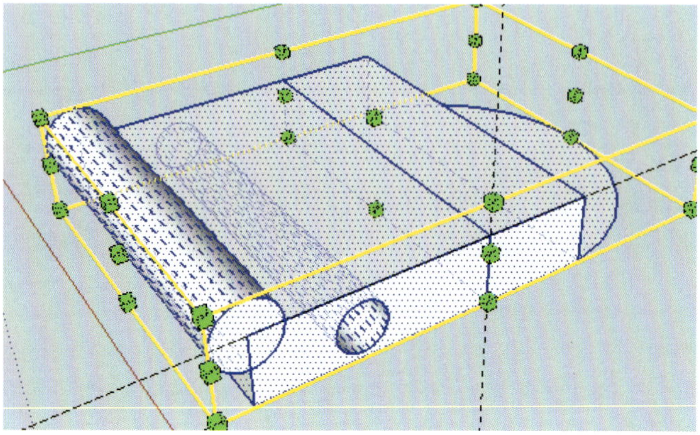

Versatz ([F])

Für das Konstruieren von 3D-Modellen spielt das Versatz-Werkzeug eine große Rolle, denn damit lässt sich sehr einfach die Wandstärke von Objekten festlegen. In Kombination mit dem Drücken/Ziehen-Werkzeug kann man so sehr leicht hohle Objekte zeichnen. Denken Sie daran, dass sich die Wandstärke beim Skalieren mit verändert. Vor dem Druck empfehlen wir dringend, sie erneut zu prüfen.

Wählen Sie als Erstes das Versatz-Werkzeug: 

Versatz-Werkzeug anwenden:

1 Nach Auswahl des Werkzeugs klicken Sie auf diejenige Fläche, auf der eine versetzte Kontur (= Wand) entstehen soll. Im Beispiel unten erstellen wir damit einen Rand des zweiten Quaders.

2 SketchUp zeigt eine Vorschau der Versatzkontur an. Ein Bewegen des Mauszeigers verändert die Randbreite.

3 Klicken Sie erneut, sobald die gewünschte Randbreite angezeigt wird, um den Vorgang zu beenden.

Mit [Esc] kann der Vorgang jederzeit abgebrochen werden.

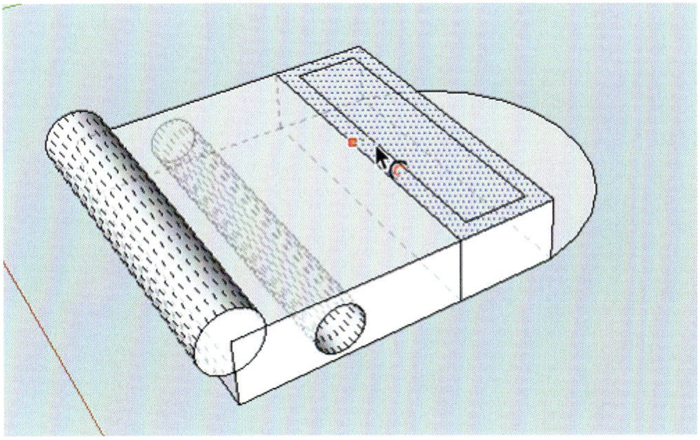

Messwerkzeuge und Führungslinien

Mit den beiden Funktionen *Maßband* und *Winkelmesser* können Sie nicht nur Messungen vornehmen, sondern auch Hilfs- bzw. Führungslinien erstellen. Führungslinien sind ein sehr wertvolles Hilfsmittel zur exakten Positionierung von Elementen. Sie werden als gepunktete Linien dargestellt und ziehen den Mauszeiger quasi magnetisch an. SketchUp signalisiert das Berühren einer dieser Führungslinien durch den Hinweis *Auf Linie* neben dem Mauszeiger.

Hinweis: Alle vorhandenen Funktionslinien können jederzeit über das Menü *Ansicht/Führungen* ein- und ausgeblendet werden. Zudem kann jede Führungslinie im Nachhinein bewegt werden. Wählen Sie sie dazu mit dem Auswahlwerkzeug ([Leertaste]) an und wählen Sie anschließend die Verschieben-Werkzeug ([M]). Mit der Maus kann dann die Führungslinie verschoben werden. Zum Löschen einer Führungslinie selektieren Sie sie mit dem Auswahlwerkzeug ([Leertaste]) und wählen nach Klick mit der rechten Maustaste *Löschen*.

Maßbandfunktion ([T])

Mit der Maßbandfunktion messen Sie Abstände zwischen zwei Punkten. Zudem können damit neue Führungslinien erstellt werden. Standardeinstellung des Werkzeugs ist, dass am Endpunkt einer Messung automatisch eine neue Führungslinie angelegt wird. Dies ist am Pluszeichen beim Cursor-Messsymbol zu erkennen. Das Erstellen von Führungslinien kann durch Drücken von [Strg] aus- und später wieder eingeschaltet werden. Sind Führungslinien ausgeschaltet, verschwindet das Pluszeichen.

Im Beispiel unten haben wir den Radius des Halbkreises gemessen und gleichzeitig eine Führungslinie am Scheitelpunkt des Kreises in Distanz von 437 mm angelegt.

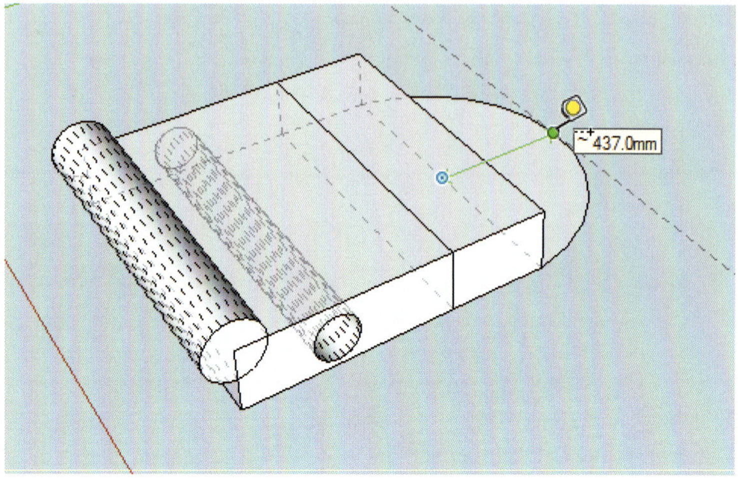

Funktionsweise Maßband:

- Nach Auswahl des Maßbandwerkzeugs legen Sie mit dem ersten Mausklick den Startpunkt der Messung fest.
- Bewegen Sie dann den Mauszeiger an den gewünschten Endpunkt. SketchUp zeigt beim Bewegen die Distanz und Hilfspunkte an, was die Positionierung erheblich vereinfacht.
- Eine neue Führungslinie wird angelegt, sobald Sie erneut am gewünschten Endpunkt klicken. Alternativ können Sie einen Wert (z. B. für die Positionierung einer Führungslinie) per Tastatur eingeben und mit [Enter] bestätigen. Wollen Sie keine Führungslinie erstellen, drücken Sie [Strg] zum Ausschalten.

Die Messfunktion kann jederzeit durch Drücken von [Esc] ausgeschaltet werden.

Winkelmesser

Mit dem Winkelmesser können Sie einerseits Winkel messen und andererseits winklige Konstruktionselemente erstellen.

Funktionsweise:

- Nach Auswahl des Winkelmesserwerkzeugs bewegen Sie den Mittelpunkt des Winkelmessers an den Scheitelpunkt eines Winkels, an dem zwei Linien aufeinandertreffen.
- Klicken Sie einmal, um den Scheitelpunkt festzulegen.

Bewegen Sie dann den Mauszeiger innerhalb des angezeigten Winkelmessers an die Stelle, die der Anfang der Messung eines Winkels sein soll (eine der sich berührenden Linien). Klicken Sie, um die Messung zu starten.

Bewegen Sie den Mauszeiger im Winkelmesser, bis er das gewünschte Ende der Winkelmessung erreicht (z. B. die andere Linie berührt). Sie können den Endpunkt bzw. Winkel auch über die Tastatur in Grad eingeben. Dazu tippen Sie einfach den Wert ein und drücken [Enter]. Oder Sie klicken erneut, um das Ende des Winkels festzulegen. Ist die Erstellung von Führungslinien aktiviert (Ein-/Ausschalten durch Drücken von [Strg], wie beim Maßbandwerkzeug), wird dann zudem eine neue Führungslinie erstellt.

Die Winkelmesserfunktion kann jederzeit durch Drücken von [Esc] abgebrochen werden.

Im folgenden Beispiel haben wir den Winkel des zweiten Quaders gemessen (offensichtlich 90°) und gleichzeitig eine Führungslinie erstellt.

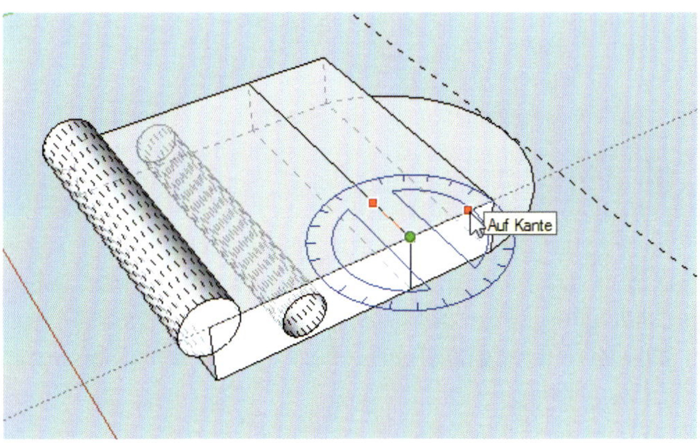

6.3.5 Gruppierungen und Komponenten

Für das Design von 3D-Modellen empfehlen wir, so häufig wie möglich zusammenhängende Elemente als Gruppierung oder Komponente zusammenzufügen. Besonders Komponenten sind immens hilfreich und können den Zeitaufwand enorm reduzieren. Eine Gruppierung ist eine für sich eigenständige Einheit von mehreren Elementen. Jede Gruppierung kann einzeln verändert werden. Komponenten sind wie Gruppierungen, jedoch mit dem Unterschied, dass jede Kopie einer Komponente gleichzeitig automatisch geändert wird, wenn eine der Komponenten geändert wird. Wichtig für den späteren 3D-Druck ist, dass jede Gruppierung oder Komponente in sich eine geschlossene Oberfläche bildet (siehe Abschnitt »Wasserdichtigkeit« im Kapitel »Tipps zum Konstruieren für den 3D-Druck«).

Gruppierungen

Die Gruppierung mehrerer Elemente ist dann sinnvoll, wenn diese Gruppe einmalig im Design vorkommt und individuell veränderbar sein soll. Gruppieren Sie zusammengehörende Elemente, um sie vor versehentlicher Änderung eines einzelnen Elements zu schützen.

Anwendungsbeispiel: Sie zeichnen ein Haus. Im Haus kommen verschiedene Konstruktionselemente immer wieder vor, z. B. Fenster in unterschiedlichen Größen. Hier ist es hilfreich, alle Elemente eines Fensters zu gruppieren. Wird ein Fenster mit anderen Dimensionen benötigt, erstellt man eine Kopie einer Fenstergruppierung und kann diese dann individuell anpassen.

Vorgehensweise zum Gruppieren:

- Selektieren Sie mit der Auswahlfunktion diejenigen Elemente, die zu einer Gruppe zusammengefügt werden sollen.
- Zum Gruppieren klicken Sie mit der rechten Maustaste und wählen *Gruppieren*.

Zum Auflösen einer Gruppe selektieren Sie diese mit der Auswahlfunktion, klicken wieder mit der rechten Maustaste und wählen *In Einzelteile auflösen*.

Gruppen können gesperrt werden, um sie vor versehentlichen Änderungen und Verschieben zu schützen. Drücken Sie dazu die rechte Maustaste und wählen Sie *Sperren*. Die Linien des gesperrten Objekts werden rot dargestellt. Das Entsperren funktioniert erneut über die rechte Maustaste und *Entsperren*.

Komponenten

Erstellen Sie Komponenten von mehreren zusammengehörenden Elementen, die sich im Design wiederholen, also unverändert mehrmals vorkommen. Ändert sich etwas an einer Komponente, wird die Änderung automatisch für alle Kopien der Komponente übernommen.

Anwendungsbeispiel: Wir bleiben beim Zeichnen eines Hauses. Manche Konstruktionselemente kommen öfter vor, bleiben aber immer gleich, wie z. B. Türen. Hier ist die Definition als Komponente sinnvoll. Ändert sich das Design der Tür, ändern sich automatisch alle im Haus verwendeten Kopien der Türenkomponente.

Erstellen von Komponenten:

1 Selektieren Sie mit der Auswahlfunktion diejenigen Elemente, die zu einer Komponente zusammengefügt werden sollen.

2 Klicken Sie mit der rechten Maustaste und wählen Sie *Komponente erstellen*.

3 Im nächsten Dialog vergeben Sie einen Namen und eine Beschreibung für diese Komponente.

Zum Auflösen einer Komponente selektieren Sie sie mit der Auswahlfunktion, klicken mit der rechten Maustaste und wählen *In Einzelteile auflösen*.

Komponenten können wie Gruppierungen über die Sperrfunktion (rechte Maustaste und *Sperren*) vor Änderungen geschützt werden.

Verwendung/Veränderung von Komponenten:
Zum Verändern einer Komponente doppelklicken Sie darauf, oder Sie klicken mit der rechten Maustaste darauf und wählen *Komponente bearbeiten*. Es erscheint ein grau gepunkteter rechter Rahmen um die Komponente. Jede Änderung wird nun sofort auf alle Kopien der Komponente übertragen. Sie können übrigens jede Kopie einer Komponente ändern, nicht nur die erste Komponente.

Möchten Sie eine Kopie einer Komponente (*A*) individuell gestalten, also ändern, ohne dass sich alle anderen Kopien mit ändern? Klicken Sie dazu mit der rechten Maustaste auf die Komponente (*A*) und wählen Sie *Eindeutig machen*. Es entsteht die eigenständige Komponente (*A#1*). SketchUp vergibt als Namen den Namen der ursprünglichen Komponente plus *#n*. Diese wird nun nicht mehr automatisch verändert, wenn die anderen Kopien der Komponente (*A*) verändert werden. Erstellen Sie von der neuen Komponente (*A#1*) wieder Kopien, verändern sich dann diese Kopien erneut automatisch mit Änderung der Komponente (*A#1*).

6.3.6 Verwaltung von Elementen

Gliederung – Übersicht Gruppierungen und Komponenten:
Über das Menü *Fenster/Gliederung* erhalten Sie eine Übersicht aller im aktuellen Design verwendeten Gruppierungen und Komponenten. Gruppierungen werden als schwarzes Rechteck dargestellt (im Beispiel unten *Gruppe*), Komponenten als vier kleine schwarze Rechtecke mit dem Namen

in spitzen Klammern rechts daneben (im Bild unten links z. B. *<box1>*. Im Beispiel unten erkennt man individualisierte Komponenten am Namenszusatz *#n*, z. B. *<box1#1>*.

Eine interessante Möglichkeit in der Gliederungsansicht ist, einzelne Komponenten oder Gruppierungen miteinander zu verknüpfen, wodurch eine Komponente mit Unterkomponenten entsteht. Dazu verschiebt man bei gedrückter linker Maustaste die gewünschte Gruppe oder Komponente in der Gliederungsansicht unter diejenige Komponente, der sie hinzugefügt werden soll. Im Beispiel im Bild unten rechts haben wir die Gruppe *Gruppe* der Komponente *<box1>* hinzugefügt. Automatisch wird die Gruppe in beide Kopien der Komponente übernommen und bildet fortan einen integrierten Bestandteil der Komponente *box1*.

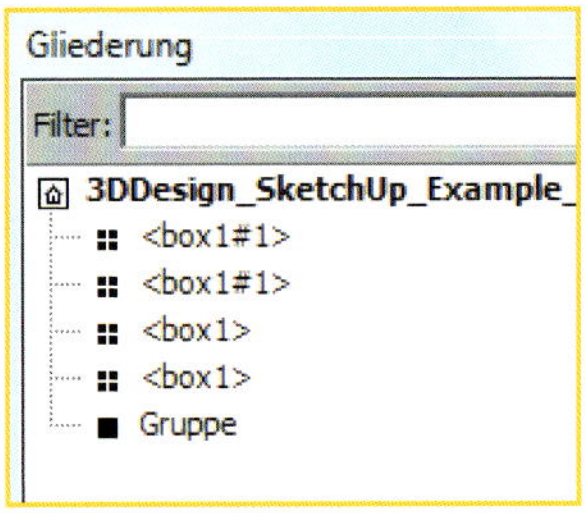

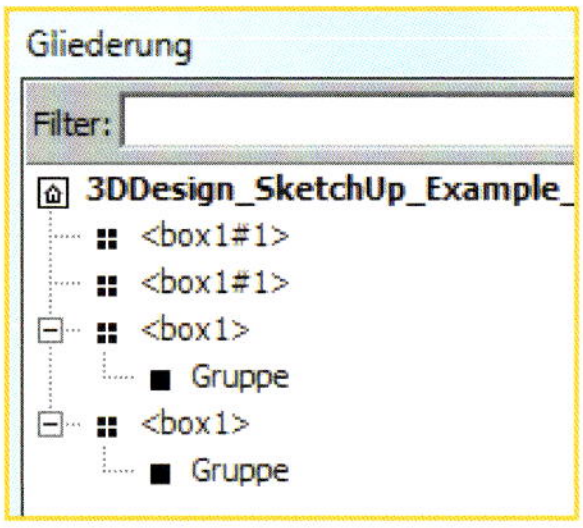

Ebenen (Layers)

Zur Organisation einzelner Elemente, Gruppen oder Komponenten empfehlen wir, regen Gebrauch von der Ebenenfunktion zu machen. Dies erleichtert die Handhabung enorm, um z. B. einzelne Elemente leicht ein- und auszublenden, einzeln zu verschieben oder später separat zu exportieren.

Vorgehensweise:

- Sofern nicht das Ebenen-Zusatzfenster angezeigt wird, wählen Sie dieses aus: Menü Fenster/Layer.
- Für eine neue Ebene klicken Sie im *Layer*-Fenster links oben auf das Pluszeichen. Es erscheint nun eine neue Ebene, die zur besseren Identifizierung gleich umbenannt werden kann. Im Beispiel unten sehen Sie die neue Ebene *Layer1*.
- Zum Platzieren eines Elements auf einer Ebene wählen Sie diese durch Klick auf das Kreissymbol links vom Namen an und zeichnen nun hier die gewünschten Objekte oder platzieren ganze Gruppen von Elementen auf dieser Ebene. Die gewählte Ebene wird durch den Punkt im Kreis angezeigt. Im obigen Beispiel haben wir zuerst die Ebene *Layer1* selektiert und dann den Quader dort erstellt.

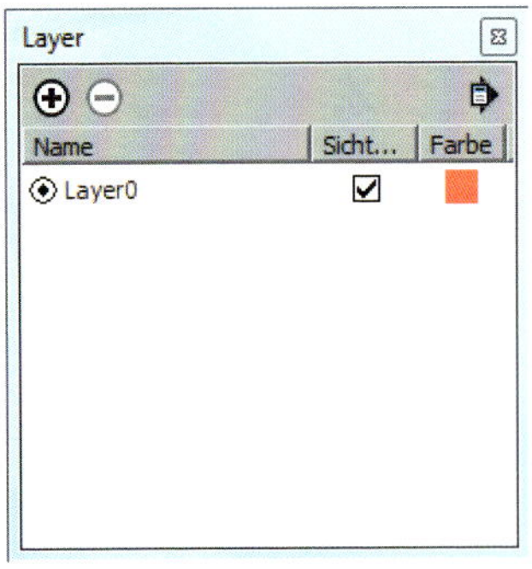

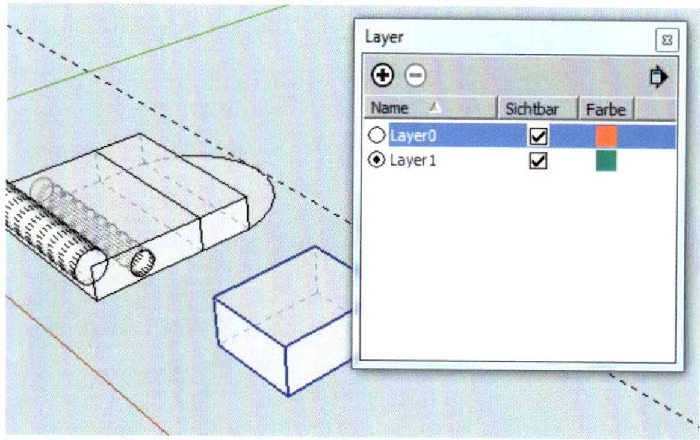

Tipp: Zum Verschieben einzelner Elemente oder Gruppen auf eine andere Ebene können Sie diese per Copy-and-paste auf die gewünschte Ebene platzieren. Noch einfacher geht es nach Auswählen des zu verschiebenden Elements mittels Klick der rechten Maustaste und Wählen von *Elementinformationen* (Fenster dauerhaft einblenden über das Menü *Fenster/Elementinformationen*). Dort wird auch die Ebene unter *Layer*: angezeigt, die über das Drop-down-Menü ausgewählt werden kann.

Durch Entfernen oder Setzen des Häkchens in der mittleren Spalte *Sichtbar* können einzelne Ebenen mitsamt allen dort platzierten Objekten aus- und wieder eingeblendet werden.

Elemente aus-/einblenden

Über das Kontextmenü (Klick mit der rechten Maustaste auf ein Element) und Wählen von *Ausblenden* können einzelne Elemente unsichtbar gemacht werden. Damit Sie diese später wiederfinden, wählen Sie im Menü *Ansicht/Ausgeblendete Geometrie*. Ausgeblendete Elemente werden mit einer gepunkteten Linie dargestellt. Zum Einblenden klicken Sie auf das Objekt und wählen dann im Kontextmenü (rechte Maustaste) *Einblenden*.

6.3.7 Tipps zum Konstruieren für den 3D-Druck in SketchUp

Mindestwandstärken

Im Kapitel »Änderungswerkzeuge« haben wir bereits das Versatz-Werkzeug ([F]) vorgestellt, womit sehr einfach Wände von Flächen festgelegt werden können. Für das Gelingen von 3D-Druck dürfen Elemente nicht dünner sein, als sie mit dem 3D-Drucker produziert werden können (siehe Kapitel 5.2.3 »Mindestwandstärken«). Da SketchUp zunächst nur mit Flächen und Kanten arbeitet und nicht von Anfang an mit Volumenmodellen, muss jede Wand ausreichend dick gezeichnet werden.

Wasserdichtigkeit

In SketchUp kann man über die Elementinformationen eines Objekts, z. B. einer Gruppe, feststellen, ob es eine geschlossene Oberfläche besitzt. Klicken Sie dazu mit der rechten Maustaste auf ein Objekt und dann auf *Elementinformationen*. Wird *Vol.-Körpergruppe* angezeigt, besitzt das Objekt geschlossene Oberflächen, ist also geeignet für den 3D-Druck. Wir empfehlen Ihnen, jedes 3D-Objekt zu gruppieren, um festzustellen, ob es geschlossene Oberflächen aufweist.

Im folgenden Beispiel haben wir zwei Quader mittels der Rechteckfunktion und Extrudieren erstellt. Der linke Quader wurde noch nicht, der rechte zu einem Objekt gruppiert (rechte Maustaste und *Gruppieren*). Der linke Quader zeigt in den *Elementinformationen* 18 Elemente an, der rechte dagegen *Vol.-Körpergruppe*. Obwohl beide gleich konstruiert wurden, wird nur die Gruppe als geschlossene, »wasserdichte« Einheit verstanden.

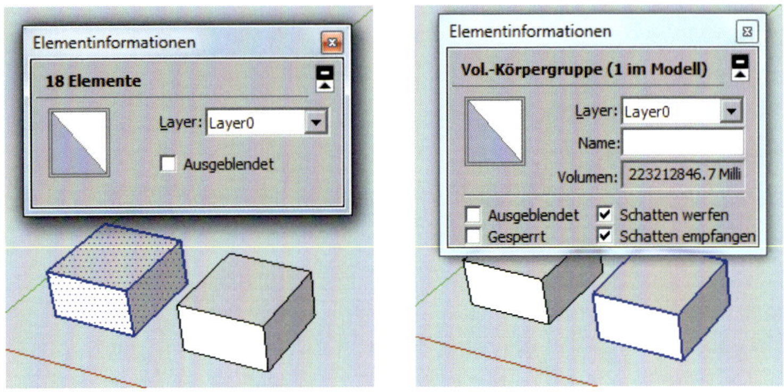

Löschen überflüssiger Kanten

Um ausschließlich wasserdichte Objekte bzw. Modelle zu erhalten, löschen Sie alle Linien/Kanten oder Flächen, die keine solide Oberfläche bilden. Sie können diese überflüssigen Elemente unter anderem durch Prüfen der Wasserdichtigkeit von Gruppierungen/Objekten (wie weiter oben beschrieben) identifizieren. Existieren solche, kann das Aufbereiten des 3D-Modells für den 3D-Druck zu Fehlern führen oder dieses sogar gänzlich verhindern. Löschen Sie alle überflüssigen Elemente einfach durch Anwählen und Drücken von `Entf` oder mit einem rechten Mausklick und *Löschen*.

Schließen offener Flächen

Achten Sie darauf, alle nicht geschlossenen Flächen (Löcher) zu löschen (sofern nicht benötigt) oder zu einer Fläche zu verbinden. Ansonsten kann auch das zu Problemen beim späteren Vorbereiten für den 3D-Druck führen. Zum Schließen offener Flächen wählen Sie das Linienwerkzeug (`L`) und verbinden die Eckpunkte miteinander.

Löschen innen liegender Flächen

Flächen, die innerhalb eines geschlossenen Objekts liegen, bilden ebenfalls eine häufige Fehlerquelle beim 3D-Druck. Innen liegende Flächen werden zudem für den 3D-Druck nicht benötigt, da hierbei nur außen liegende, geschlossene Flächen verwendet werden. Löschen Sie die innen liegenden

Flächen einfach durch Anwählen und Drücken von [Entf] oder mit einem rechten Mausklick und *Löschen*.

Vermeiden »falsch« orientierter Flächen

Eine weitere Fehlerquelle für den 3D-Druck sind falsch orientierte Flächen im 3D-Design. Flächen haben immer eine Außen- und eine Innenseite. Wie eingangs beschrieben, stellt SketchUp Flächen auf der Außenseite hellgrau und auf der Innenseite blau dar. 3D-Designs für den 3D-Druck dürfen auf der Außenseite nur Flächen aufweisen, die auch nach außen orientiert sind. In SketchUp kann es leicht passieren, dass eine Innenfläche plötzlich außen liegt. Achten Sie also darauf, dass keine blaue Fläche nach außen schaut. Im folgenden Beispiel haben wir zwei Würfel direkt nebeneinander platziert (siehe Bild unten links). Anschließend haben wir den rechten Würfel durch Aufziehen eines Rahmens und Drücken auf [Entf] gelöscht. Interessanterweise bleibt aber nun die linke Wand des gelöschten Würfels stehen und bildet die Außenseite des linken Würfels, allerdings nun mit der falschen Orientierung. Die Innenseite zeigt nach außen (die blaue Fläche im Bild unten rechts).

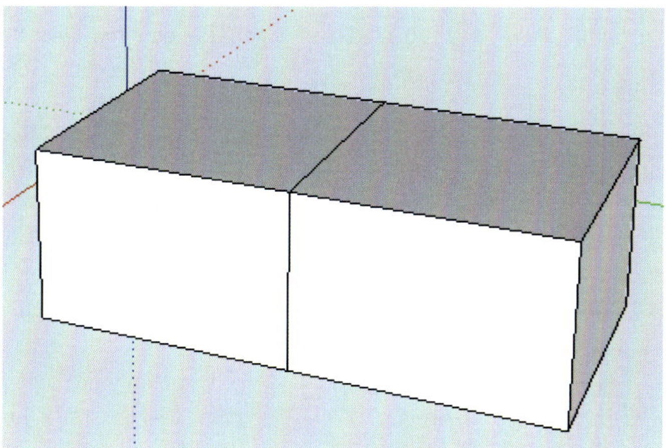

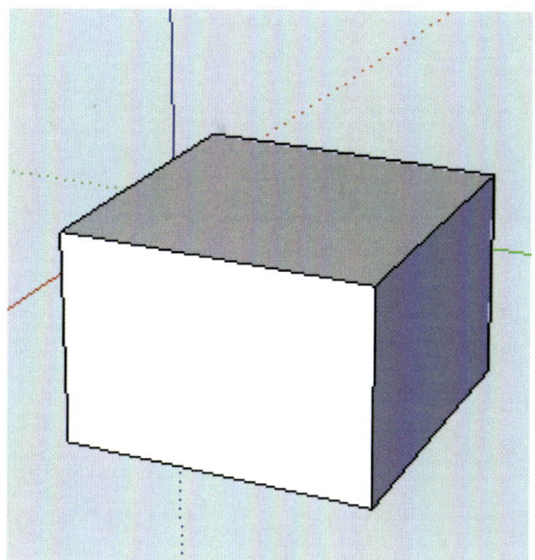

Praxistipp: Orientierung von Flächen wechseln

Um das eben geschilderte Problem zu lösen, selektieren Sie einfach die falsche blaue Fläche, klicken mit der rechten Maustaste und wählen *Flächen umkehren*. Nun ist die richtige Seite wieder außen.

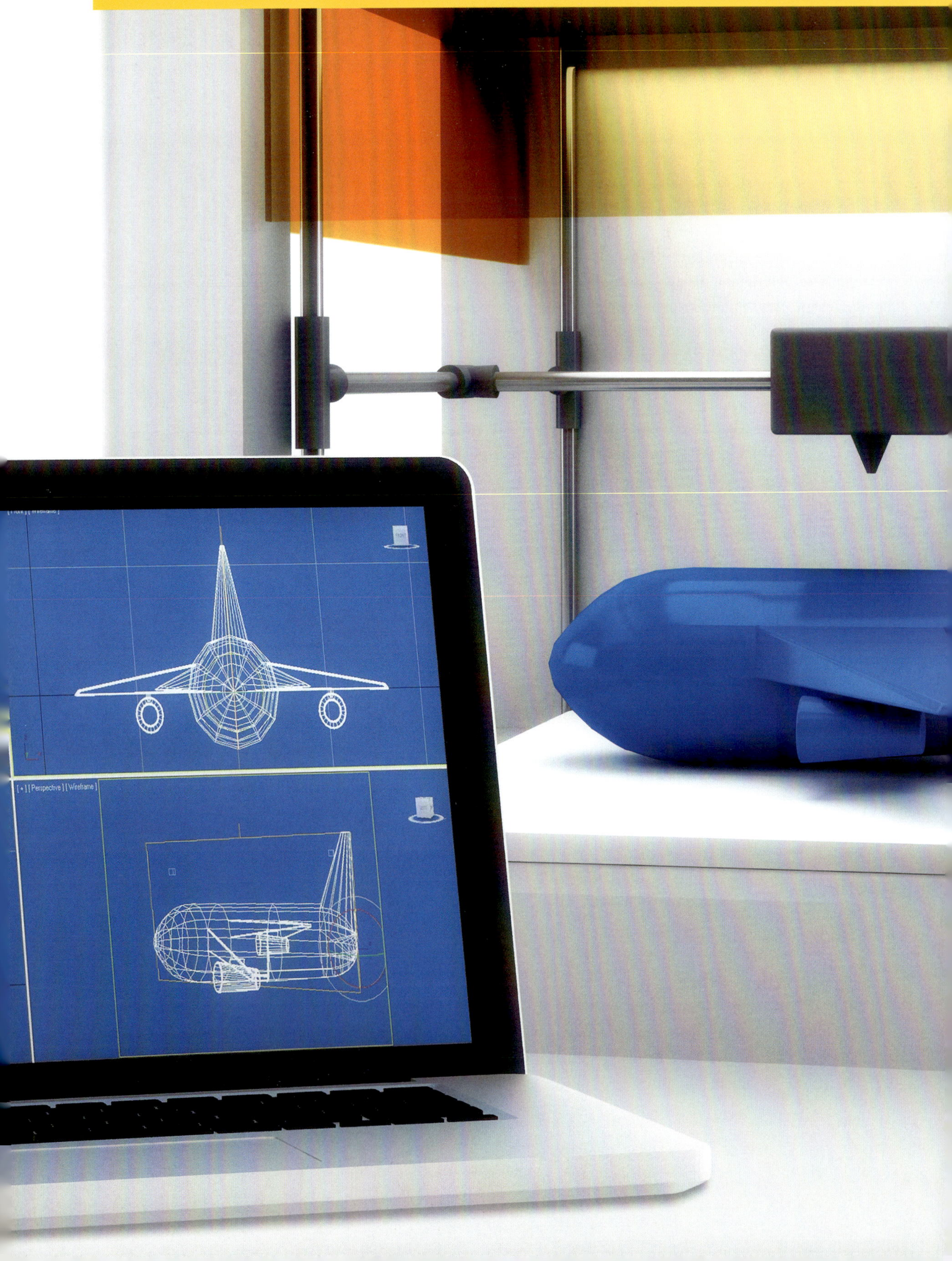
[+] [Perspective] [Wireframe]

KAPITEL 7

MASCHINEN LOS

3D-Modell-Beispiele Schritt für Schritt

3D-Modell-Beispiele Schritt für Schritt

7.1 Grundlagen für alle Modelle

Dieses Kapitel widmet sich der praktischen Erstellung eines 3D-Modells. Hierbei kommt das kostenlose Einsteigerprogramm Tinkercad für die Gestaltung von dreidimensionalen Objekten Einsatz. Verschiedene praktische Beispiele und Schritt-für-Schritt-Anleitungen zeigen Ihnen die Umsetzung von der Idee zum 3D-Modell. Am Ende des Kapitels finden Sie zudem noch ein Praxisprojekt mit SketchUp Make.

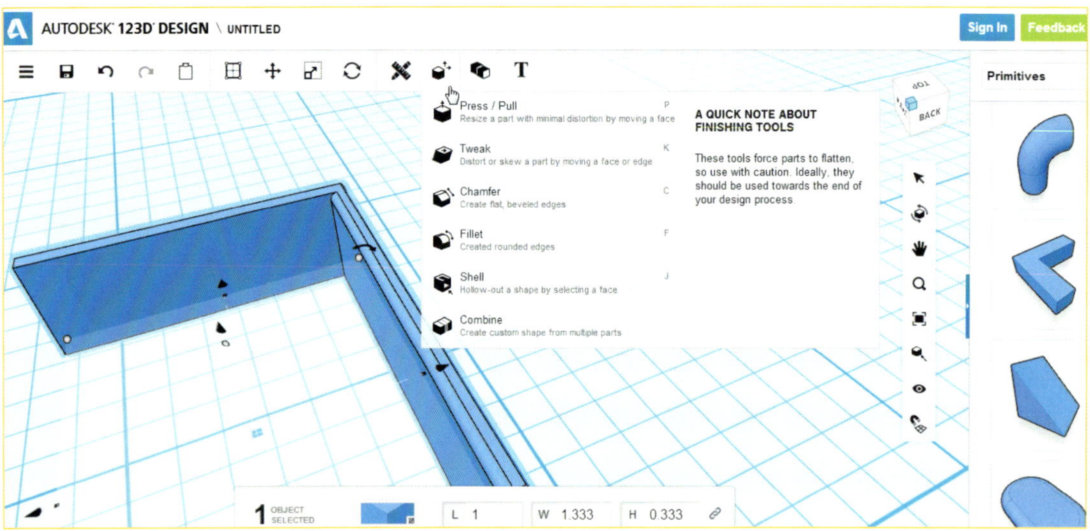

Auch für andere Programme gültig

Grundsätzliche Überlegungen, Vorgehensweisen und Tipps können Sie auch auf andere 3D-Designprogramme übertragen. Autodesk 123 D ist sehr ähnlich wie Tinkercad. Die gezeigten Beispiele können nach einer kurzen Einarbeitungszeit auch mit diesem Programm nachgestellt werden.

Die Projekte haben wir so gewählt, dass sie für Einsteiger verständlich, hilfreich und auf jedem Standard-3D-Drucker nach dem FDM/FFF-Verfahren druckbar sind. Um den Einstieg zu erleichtern, beginnen wir mit einfachen Designs, die selbst für einen Nichtdesigner leicht nachvollziehbar sind, und steigern den Anspruch von Projekt zu Projekt. Zu Beginn erläutern wir jeden Schritt detailliert, anschließend bauen wir darauf auf. In jedem Projekt geben wir zudem spezifische Tipps und zeigen Ideen zum 3D-Design auf. Und am Ende jedes Beispiels finden Sie die Einstellungen für FDM/FFF-3D-Drucker, mit denen wir gute Ergebnisse erzielt haben, sowie benötigte Zeit, Materialmenge und Materialkosten für den 3D-Druck (zugrunde liegender Preis pro Kilogramm: 40 Euro).

Vorbereitung 3D-Design

In Kapitel 5 haben wir das grundsätzliche Vorgehen zum Erstellen eines 3D-Modells bereits erläutert. Zusammenfassend nochmals die wichtigsten

Schritte aus Kapitel 6 für das Design mit einem Konstruktionsprogramm wie Tinkercad, das wir hier verwenden:

1. Erstellen der Skizze des 3D-Objekts.
2. Abmessen und Notieren aller Dimensionen auf der Skizze.
3. Überlegen, aus welchen geometrischen Grundformen (Quader, Zylinder, Kugel, Keil etc.) das Objekt bestehen könnte.
4. Das Programm starten und damit beginnen, das 3D-Objekt durch die Kombination der Grundformen zu erstellen. Gleich die richtigen Maße eingeben.
5. Aussparungen, Löcher und Schriften erst zum Schluss hinzufügen.
6. Prüfen aller Maße des Objekts im Programm und von allen Seiten.
7. Exportieren oder Downloaden des Objekts in einem der gängigen 3D-Druckformate (STL als Standard).

Es geht auch ohne eigenen Drucker

Selbstverständlich können Sie jedes Design auch über einen 3D-Druck-Dienstleister drucken lassen. In Kapitel 9 zeigen wir Ihnen die erforderlichen Schritte für den Druck auf einem Einsteiger-3D-Drucker oder über einen 3D-Druck-Dienstleister.

Service: 3D-Modelle zum Download

Die aufgeführten Beispiele finden Sie alle online bei Tinkercad.com, wenn Sie nach »3DPPraxis« suchen. Alle 3D-Designs haben wir unter der Creative-Commons-Lizenz *Attribution-Non Commercial – Share Alike 3.0* freigegeben, d. h., sie sind unter dem Hinweis auf uns als Autoren für private Zwecke frei kopier- und veränderbar.

7.2 Personalisierter Kleiderhaken

In diesem Projekt gestalten wir einen einfachen Kleiderhaken, der an den oberen Rand einer Tür gehängt werden kann. Das Ziel ist, einen Haken zu erstellen, der exakt auf unsere Tür passt. Die Haken, die wir gekauft hatten, waren für unsere Türen schlichtweg zu groß. Zusätzlich wollen wir den Haken beschriften.

Schwierigkeitsgrad:	Einfach
Benötigte Zeit:	ca. 30 Minuten
Tinkercad-Design:	3DPPraxis Kleiderhaken
URL	*http://bit.ly/1mi2QLl*

1. Skizze erstellen

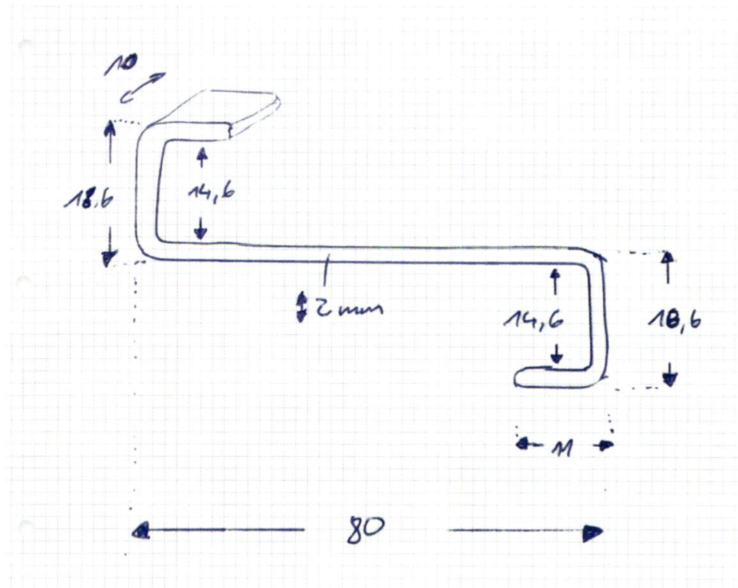

Wir orientieren uns beim Design an dem gekauften Haken (1) und erstellen als Erstes eine einfache Skizze, auf der wir auch die Abmessungen notieren (2). Wir messen alles mit der digitalen Schiebelehre. Da die Geometrie sehr einfach ist und es nicht auf Zehntelmillimeter ankommt, würde für die Messung auch ein Lineal genügen. Die obere und die untere Seite des Hakens sind exakt gleich. Bei unserer Tür haben wir den Abstand zum Einhaken am oberen Rand mit 14,5 mm gemessen. Wir wählen den inneren Abstand beim Haken etwas größer mit 14,6 mm. Die Dicke belassen wir wie beim Originalhaken zunächst bei 2 mm. In der Praxis kann es sein, dass die 2 mm das Gewicht der späteren Last nicht tragen werden. Probieren Sie es einfach aus. Zur Erhöhung der Stabilität vergrößern Sie die Dicke z. B. auf 2,5 oder 3 mm.

2. Tinkercad für neues Design konfigurieren

Wie in Kapitel 6.1 beschrieben, loggen Sie sich in Tinkercad ein und erstellen ein neues Design über den Button *Create new Design*. Nun muss das Design konfiguriert werden:

1 Über das Menü *Design/Properties* ändern Sie den von Tinkercad automatisch vergebenen Namen. In unserem Projekt ist der Name *3DPPraxis Kleiderhaken*.

2 Zudem möchten wir, dass die Figur für jedermann sichtbar ist und auch geteilt werden kann. Dazu selektieren wir im selben Menüfenster *Visibility Public* und *License Attribution-Non Commercial – Share Alike 3.0*. Zum Speichern der Änderungen klicken Sie dann noch auf *Save changes*.

3 Als Nächstes stellen wir das hellblau dargestellte Gitternetz auf 1.0 mm. Diesen Wert wählen Sie über das Auswahlmenü *Snap grid* rechts unten auf der Zeichenfläche.

4 Dann platzieren wir das Lineal (*Ruler*) aus der rechten Navigationsleiste per Drag-and-drop in der linken vorderen Hälfte der Zeichenfläche. Am Nullpunkt des Lineals werden wir jetzt den Kleiderhaken entwerfen.

3. Haken aus Grundformen aufbauen

Der Einfachheit halber gehen wir davon aus, dass der Kleiderhaken rechtwinklige Ecken hat. So könnte er aus mehreren miteinander im 90°-Winkel verbundenen dünnen Quadern bestehen.

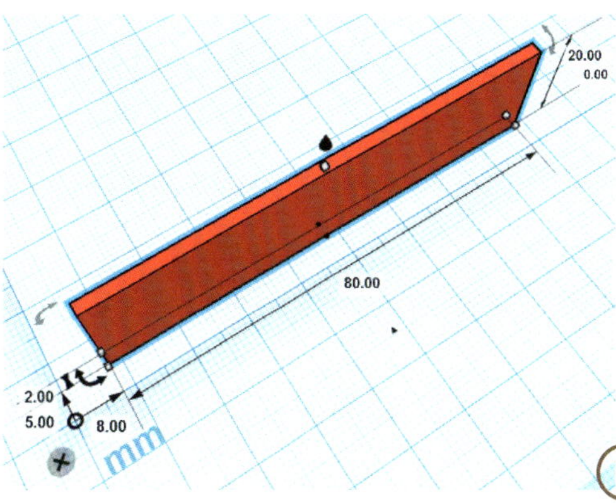

(1)

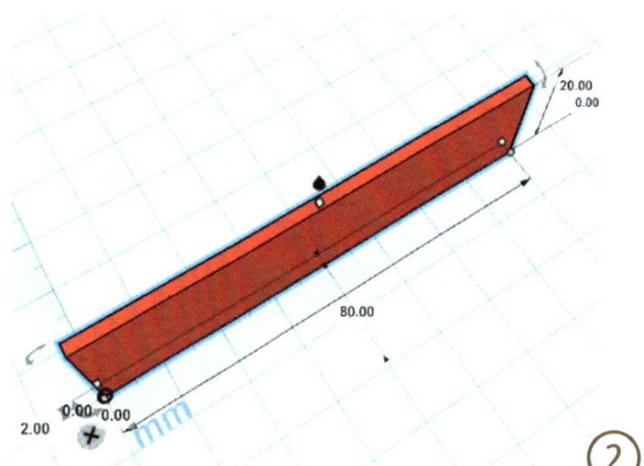

(2)

1 Per Drag-and-drop ziehen wir zuerst aus der rechten Navigationsleiste eine *Box* mit den geometrischen Grundformen *Geometric* auf die Zeichenfläche. Nun wird diese Grundform für den 80 mm langen Haken konfiguriert:

- Selektieren Sie die Box, tippen Sie 80.0 in den angezeigten Abstandswert zwischen linker und rechter Seite ein und bestätigen Sie mit `Enter`.
- Um die Dicke des Elementes auf die gewünschten 2 mm festzulegen, klicken Sie auf den angezeigten Wert des Abstands zwischen vorderer und hinterer Seite und geben 2.0 ein.
- Die Höhe ändern Sie auf 1 cm, indem Sie den Wert auf 10.0 (mm) stellen.

Tipp: 90°-Drehung in Tinkercad

Für eine Drehung um exakt 90° halten Sie [Shift] beim Bewegen der Maus gedrückt. Damit erfolgt die Drehung in 45°-Schritten.

2 Das eben erstellte Element richten Sie nun am Nullpunkt des Lineals aus. Im abgebildeten Beispiel (1) ist es noch 5 mm auf der x-Achse und 8 mm auf der y-Achse vom Nullpunkt entfernt: Die Abstandswerte ändern Sie über die Tastatur auf 0.0 (2).

3 Um die beiden rechtwinkligen Enden des Kleiderhakens zu gestalten und zu positionieren, erstellen wir zunächst ein Duplikat des eben erstellten langen Teils mit Menü *Edit/Duplicate* (oder mit [Strg]+[D]). Das Duplikat erscheint an derselben Stelle wie das Original. Dieses Element soll genau 90° zum langen Element ausgerichtet sein. Um es zu drehen, klicken wir mit der Maus auf den gebogenen Doppelpfeil (3), der bei Auswahl des Elements erscheint, und bewegen dann die Maus nach rechts.

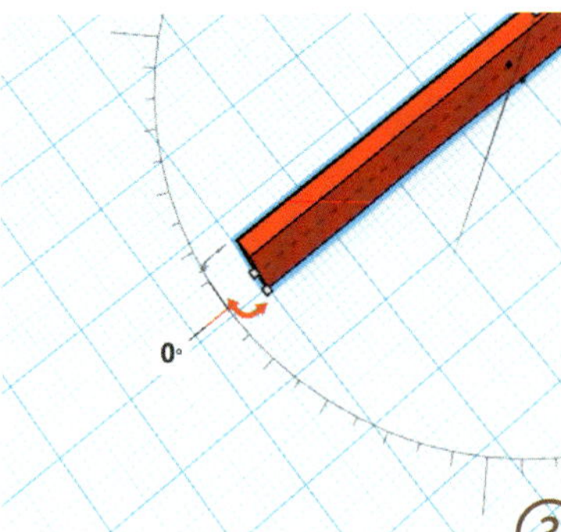

(3)

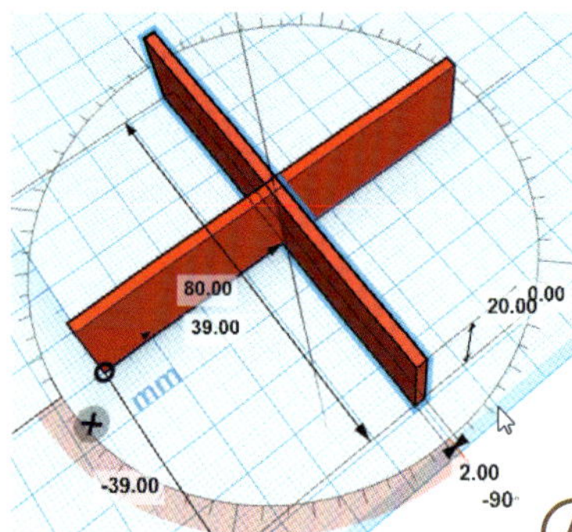

(4)

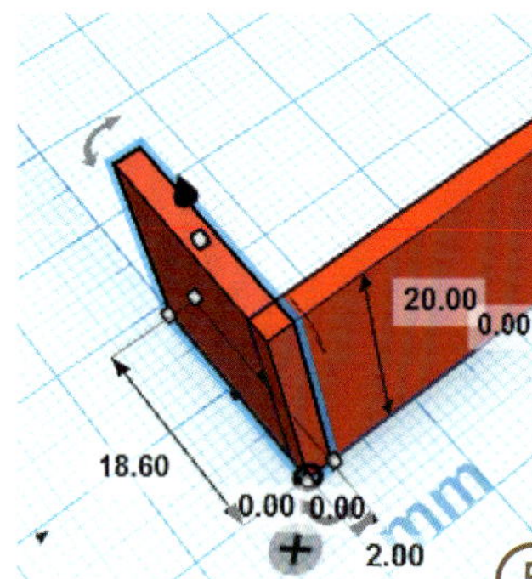

(5)

4 Nun positionieren Sie das zuletzt erstellte Element an das vordere Ende des ersten Elements. Am einfachsten geht das über das Setzen der angezeigten Abstandswerte in x- und y-Richtung zum Nullpunkt über die Tastatur auf 0. Da wir das erste Element auch am Nullpunkt positioniert haben, sind nun beide Elemente an ihren Enden exakt aneinander positioniert (4).

5 Über die Tastatur ändern Sie die angezeigte Länge des eben positionierten Elements von 80 mm auf die gewünschten 18,6 mm (5).

6 Für den zweiten Teil des Hakens erstellen wir vom 18.6 mm langen Element wieder ein Duplikat und drehen es um 45°. Über die Tastatur ändern wir die Länge auf die gewünschten 11 mm (6).

7 Anschließend setzen wir den Abstand des Elements auf der x-Achse zum Nullpunkt via Tastatureingabe auf 0.0. Die vordere Kante des Elements darf wegen seiner Dicke von 2 mm nur 16,6 mm vom Nullpunkt entfernt liegen. Das bedeutet, dass die hintere Seite dieses Elements 18,6 mm vom Nullpunkt entfernt ist und damit gleich wie das 18,6 mm lange Element. Über die Tastatur ändern wir also den Wert auf 16.6. Somit haben wir das eine Ende unseres Kleiderhakens bereits fertig (7).

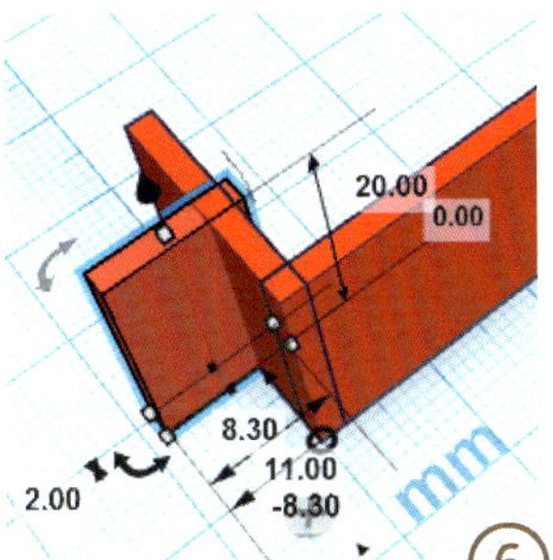

(6)

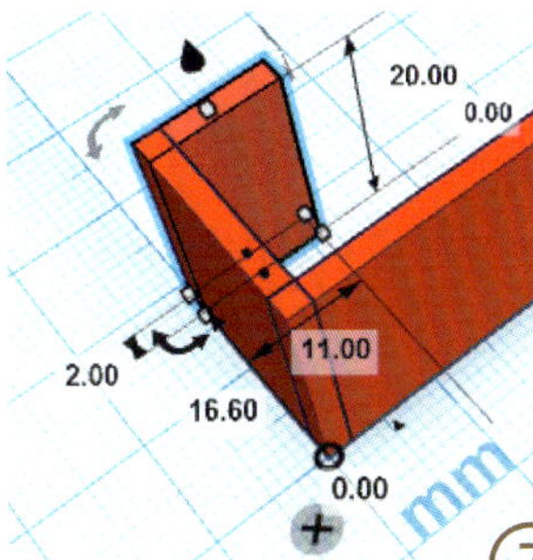

(7)

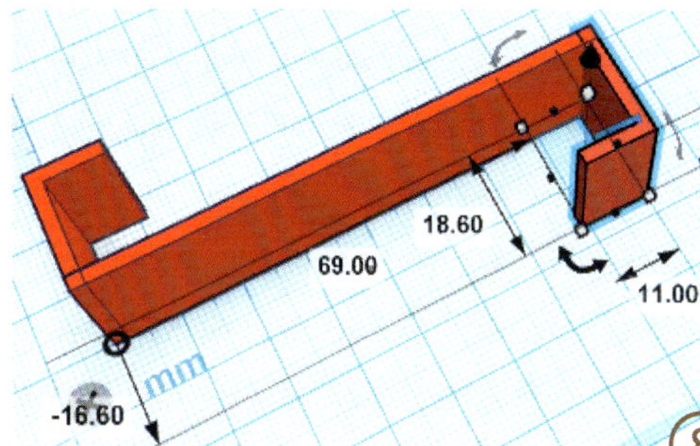

(8)

8 Da das andere Ende unseres Kleiderhakens genau die gleichen Abmessungen hat, reicht es aus, wenn wir eine Kopie der beiden zuletzt erstellten Elemente erstellen, drehen und auf der gegenüberliegenden Seite positionieren. Dazu wählen wir zuerst die beiden kurzen Elemente aus und gruppieren sie über den Menüpunkt *Gruppieren* oder via Tastenkombination Strg+G. Die Gruppierung hilft, zusammengehörende Elemente als Einheit zu betrachten, d. h., es ist sichergestellt, dass nicht nur eines der beiden Elemente verändert wird. Dieses gruppierte Element ist nun 11 mm breit und 18,6 mm lang. Von diesem gruppierten Element erstellen wir via Strg+D ein Duplikat, das den zweiten Haken ergeben soll. Mit der Maus oder durch Drücken der Pfeiltasten platzieren wir das kopierte Element in der Nähe des anderen Endes vom 80 mm langen Element. Bevor wir es dort ausrichten, drehen wir es um 180°. Zum Ausrichten dieses zweiten Hakens am 80 mm langen Element hilft uns in diesem Beispiel erneut am besten die Eingabe der Abstandswerte vom Nullpunkt (und hier gleichzeitig der linken vorderen Ecke des langen Elements). Später lernen Sie andere Techniken zur Positionierung kennen, z. B. mithilfe einer zweiten Ebene. Der zweite Haken ist ja ein gruppiertes Element mit 11 mm Breite und 18,6 mm Länge. Damit es exakt an der rechten äußeren Seite des 80 mm langen Elements anliegt, muss es also 69 mm vom Nullpunkt entfernt sein (80 mm minus 11 mm). Wir geben den Wert über die Tastatur ein. Den Abstand nach unten vom 80 mm langen Element geben wir über die Tastatur mit –16,60 mm (minus!) an. Da im Beispiel der Nullpunkt an der vorderen Kante des 80 mm langen und 2 mm dicken Ele-

Tipp: Ausrichtung prüfen

Prüfen Sie zwischendurch und zum Schluss immer, ob alle Elemente korrekt aneinander und auf den Kanten ausgerichtet sind. Wir drehen dazu das Design in alle Richtungen (durch Bewegen der Maus horizontal und vertikal bei gedrückter rechter Maustaste) und zoomen auf diejenigen Stellen, an denen einzelne Elemente aneinandergefügt sind.

Achtung: Speichern sicherstellen

Um sicherzustellen, dass alle letzten Änderungen gespeichert sind, beenden wir unser 3D-Design in Tinkercad noch abschließend über das Menü *Design/Close*. Warten Sie unbedingt, bis das Design gespeichert bzw. Sie zurück im Dashboard sind, bevor Sie irgendeine andere Aktion unternehmen. Gelegentlich kann das Speichern eines Designs in Tinkercad mehrere Sekunden bis Minuten benötigen.

ments anliegt, kommt der zweite Haken somit genau an die gewünschte Position mit 18.6 Länge (8). Ist alles in Ordnung, empfehlen wir, in einem letzten Schritt das 3D-Modell noch zu gruppieren. Dazu selektieren Sie alle Elemente entweder über das Tastaturkürzel Strg+A, oder Sie ziehen bei gedrückter linker Maustaste einen Rahmen um alle Elemente und gruppieren diese dann mit Strg+G.

4. 3D-Druck des Kleiderhakens

Für den Ausdruck auf dem 3D-Drucker laden wir das fertige Design als STL-Datei auf unseren lokalen Computer: Klicken Sie dafür im Tinkercad-Dashboard auf das eben erstellte Modell und anschließend auf den Button *Download for 3D Printing*. Haben Sie das 3D-Design noch geöffnet, d. h., befinden Sie sich noch im Editor, gehen Sie ins Menü *Design* und wählen *Download for 3D Printing*. Wählen Sie *STL* als Dateiformat aus. Anschließend startet automatisch der Download des eben erstellten 3D-Modells unseres Kleiderhakens auf Ihren Computer (normalerweise in den Ordner *Download*). Der Dateiname entspricht dem in Tinkercad vergebenen Namen plus der Dateiformatendung *.stl*. Für den Druck öffnen Sie das STL-File in dem Druckvorbereitungsprogramm Ihrer Wahl (z. B. Cura, Slic3r, MakerWare etc.), stellen die Parameter ein und starten den Druck.

Einstellungen in Cura (für RepRap und Ultimaker)	
Schichthöhe (Layer height)	0,2 mm
Wandstärke (Shell thickness)	0,8 mm
Unterste/oberste Schichtdicke (Bottom/Top thickness)	0,6 mm
Füllungsgrad (Fill Density):	100%
Geschwindigkeit:	40 mm/s
Retraction	ausgeschaltet

Benötigte Druckzeit: ca. 25 min
Filament: PLA, 3 mm
PLA-Menge: 0,88 Meter, 7 g
Materialkosten: ca. 0,30 Euro

5. Kleiderhaken aufpeppen: Einfügen von runden Ecken

Schwierigkeitsgrad:	Einfach
Benötigte Zeit:	ca. 30 Minuten
Tinkercad-Design:	3DPPraxis Kleiderhaken gerundet
URL	*http://bit.ly/Rt1KCn*

Manche Programme haben eine eingebaute Funktion zum Abrunden von Kanten und Ecken. Da in Tinkercad so eine Funktion nicht existiert, werden wir uns mit einem einfachen geometrischen Umweg behelfen. Eine runde Ecke besteht geometrisch aus einem Viertelkreis, an dem zwei Linien tangential anliegen. Dies funktioniert für eine geschlossene Fläche mit einer runden Ecke (1) oder für zwei Rechtecke, die eine runde Ecke erhalten sollen (2) – so planen wir es in unserem Beispiel. Wie Sie in (2) sehen, ragen die beiden Rechtecke von oben und links nur bis zur Hälfte des Kreises. Zusammen mit dem Viertelkreis ergibt sich eine saubere runde Ecke außen.

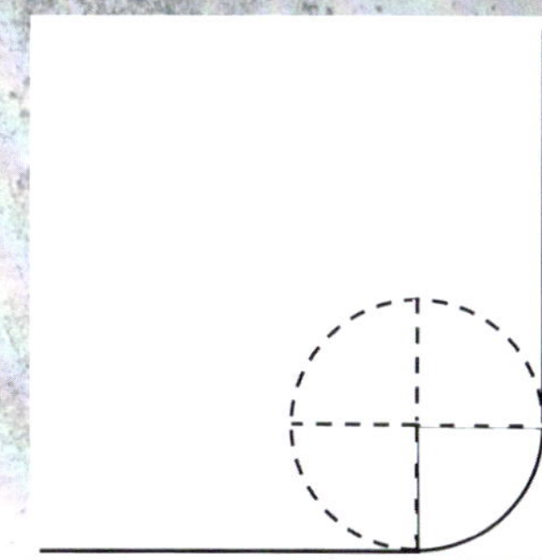

Stellen wir uns vor, wir würden so einen zweidimensionalen Kreis in die Höhe ziehen, dann würde das einen dreidimensionalen Zylinder ergeben. Genau so einen Zylinder werden wir nun zur Erstellung der abgerundeten Ecke für unseren Kleiderhaken verwenden:

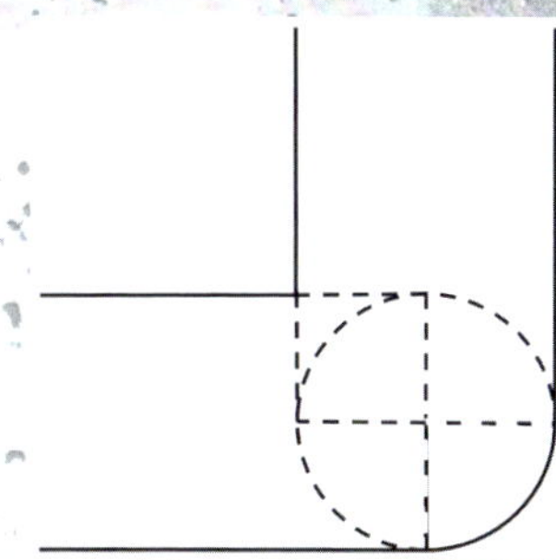

1 Zum Einbau der runden Ecken erstellen wir zunächst eine Kopie des vorher erstellten Kleiderhakens. Gehen Sie ins Dashboard von Tinkercad, der Übersicht all Ihrer 3D-Designs, und klicken Sie auf das Zahnradsymbol rechts vom Button *Tinker this* (3) im Design des vorher erstellten Kleiderhakens mit dem Namen »3DPPraxis Kleiderhaken« und wählen *Duplicate*. Das Duplikat des Designs finden Sie im Dashboard als *Copy of...* Wir klicken auf *Tinker this*, um es nun zu verändern.

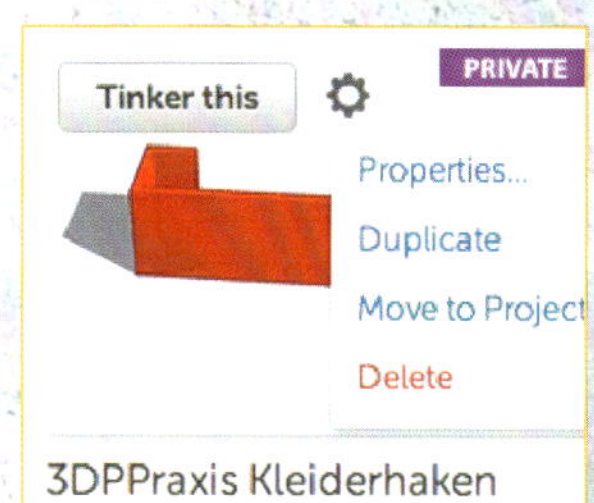

2 Als Erstes benennen wir es übers Menü *Design/Properties* in »3DPPraxis Kleiderhaken gerundet«.

3 Um die runde Ecke zu erstellen, benutzen wir einen Zylinder. Dazu ziehen wir per Drag-and-drop einen Zylinder aus der rechten Navigationsleiste mit den geometrischen Grundformen auf die Zeichenfläche und geben als Breite und Länge jeweils 2.0 mm und für die Höhe 20.0 mm ein. Zur besseren farblichen Unterscheidung haben wir ihn im Beispiel über das Inspector-Fenster blau gefärbt.

4 Jetzt müssen wir den Zylinder noch an den Ecken positionieren. (Sollte das 3D-Modell des Kleiderhakens noch gruppiert sein, heben wir zuerst die Gruppierung auf, damit wir die fünf einzelnen Elemente wieder ändern können.) Zur einfacheren Positionierung stellen wir zuerst das *Snap grid* auf 1.0 mm. Dann bewegen wir den Zylinder mit den Pfeiltasten an die erste linke Ecke. Zunächst überschneiden sich nun die zwei Seitenelemente und der Zylinder (4). Wie in unserer Skizze oben festgestellt, müssen die Seitenelemente nur bis zur Hälfte des Zylinders ragen. Da dieser 2 mm Durchmesser hat, verschieben wir mit den Pfeiltasten das linke und das rechte Element um 1 mm nach oben bzw. rechts. Wenn das *Snap grid* auf 1 mm gestellt ist, reicht also ein Klick auf die Pfeiltaste. Dann sieht die Ecke aus wie in (5).

5 Durch das Verschieben der Seitenelemente um 1 mm an jeder Ecke müssen wir nun jede Seite um 2 mm kürzen (am besten über die Eingabe der Werte per Tastatur), um auf die gewünschten Maße unseres Designs zu kommen. Für jede weitere Ecke müssen wir nur noch den Zylinder duplizieren und an die entsprechende Ecke verschieben. Achten Sie darauf, jedes Seitenelement einzeln so zu verschieben, dass es bei jedem (Eck-)Zylinder exakt 1 mm hineinragt. Zum Schluss sieht das für jedes Ende unseres Kleiderhakens wie in (6) aus.

6 Wir wiederholen die Schritte für jede Ecke und erhalten zum Schluss einen schön gerundeten Kleiderhaken.

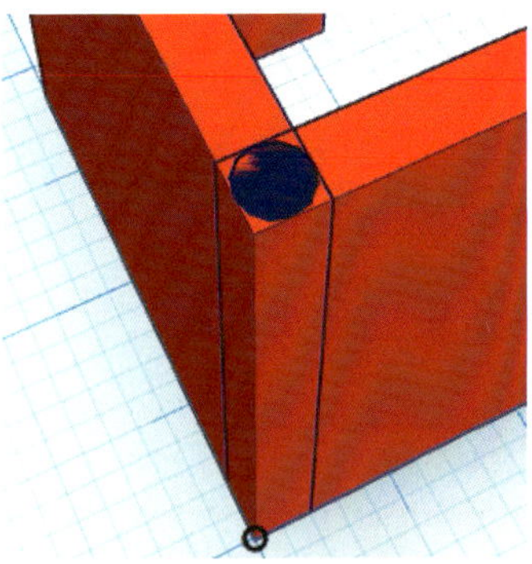

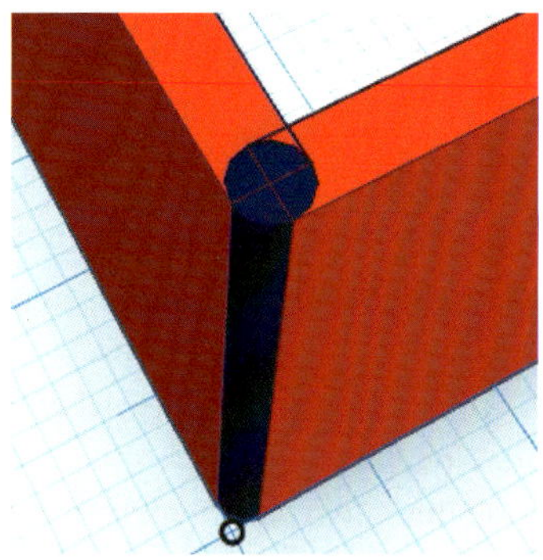

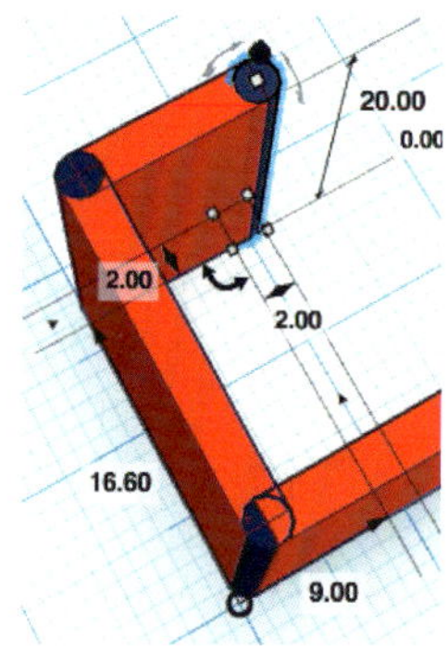

Oben der Kleiderhaken mit den gerundeten Ecken, unten mit den 90°-Ecken.

Ergebnis drucken

Wir drucken das Modell mit den gleichen Einstellungen wie die erste Version. Beim Ausdruck eines Objekts in dieser Größe sind die runden Ecken kaum zu sehen. Bei größeren Designs sind die gerundeten Ecken eher fühlbar und tragen zu einer besseren Stabilität im Praxiseinsatz bei.

6. Optionaler Schritt: Personalisieren des Kleiderhakens

Schwierigkeitsgrad:	Mittel
Benötigte Zeit:	ca. 30 Minuten
Tinkercad-Design:	3DPPraxis Kleiderhaken personalisiert, gerundet
URL	*http://bit.ly/1gHyPQt*

In diesem Schritt zeigen wir Ihnen, wie Sie in kürzester Zeit ein Objekt personalisieren können. Dazu wollen wir einfach einen Buchstaben aus unserem Kleiderhaken ausschneiden.

1 Zuerst erstellen wir wieder ein Duplikat des bestehenden 3D-Modells. In der Übersicht Ihrer Designs, im Dashboard, duplizieren wir den zuletzt erstellten Kleiderhaken mit den abgerundeten Ecken und ändern dann den Namen auf »3DPPraxis Kleiderhaken personalisiert, gerundet«.

2 Wir möchten den Buchstaben »D« in der Mitte des langen Elements platzieren. In Tinkercad sind bereits fertige Buchstabenformen (*Shapes*) vorgegeben, die wir hier verwenden wollen. Eine Einschränkung von Tinkercad ist, dass es keine Auswahl an verschiedenen Schriften gibt und diese auch nicht geändert werden können. Sie finden die Buchstaben in der rechten Navigationsleiste. Scrollen Sie dort einfach nach unten oder klicken Sie auf das Buchstabensymbol *A* in der rechten oberen Navigationsleiste:. Nun ziehen Sie den Buchstaben »D« per Drag-and-drop auf die Zeichenfläche. Anschließend drehen Sie ihn zuerst horizontal um 90° und neigen ihn dann noch einmal um 90°, damit er parallel zur langen Seite unseres Hakens liegt:

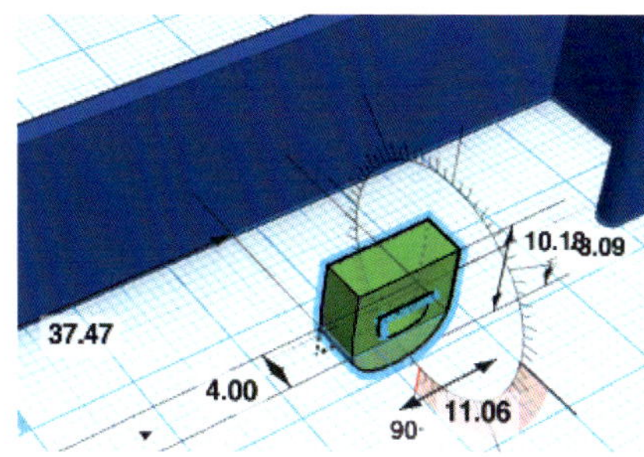

3 Die Höhe des Buchstabens ändern wir auf 10.18 mm, sodass später links und rechts des Buchstabens noch 5 mm Material im 20 mm breiten Hacken gedruckt wird. Dies sollte für ausreichend Stabilität sorgen. Ziehen Sie dazu an einem der weißen Eckpunkte des Buchstabens mit der Maus bei gleichzeitig gedrückter `Shift`-Taste. So verändert sich die Größe des Buchstabens proportional. Die Tiefe des Buchstabens ändern wir auf mehr als 2 mm. Im Beispiel haben wir ihn 12 mm tief gewählt, sodass er dicker als der Haken mit seinen 2 mm ist, denn wir wollen den Buchstaben ja später aus diesem ausschneiden. Jetzt bewegen wir den Buchstaben mit der Maus oder den Pfeiltasten in Richtung der langen Seite, bis er vorne und hinten aus dem Haken herausragt.

4 Um den Buchstaben mittig auf dem 20 mm breiten Haken zu platzieren, selektieren Sie zunächst den Haken und den Buchstaben und zentrieren beide vertikal über das Menü *Adjust/Align*. Wählen Sie dann den in der Mitte erscheinenden grauen Punkt. **Achtung:** Bei dieser Aktion wird zwar der Buchstabe mit dem Haken vertikal zentriert, gleichzeitig verschiebt sich aber der Haken vertikal nach unten (bei uns um ca. 1,54 mm) und ragt nun etwas unter die Zeichenfläche. Ändern Sie nach dem Zentrieren den Abstand der beiden selektierten Elemente zur Zeichenfläche über die Tastatur wieder auf null (beim vertikalen Abstandspfeil). Zum Ausschneiden des Buchsta-

Praxistipp

Wählen Sie stets die Größe der auszuschneidenden Elemente so, dass sie über den Rand hinausragen, wo etwas ausgeschnitten werden soll. Somit ist sichergestellt, dass alle Bereiche ausgeschnitten werden, die nicht benötigt werden. Der sozusagen »überschüssige« Teil des ausschneidenden Elements hat keine negativen Auswirkungen auf das restliche Design.

bens wählen wir im Inspector-Fenster das Loch (*Hole*) und gruppieren anschließend beide Elemente (Strg+G) miteinander.

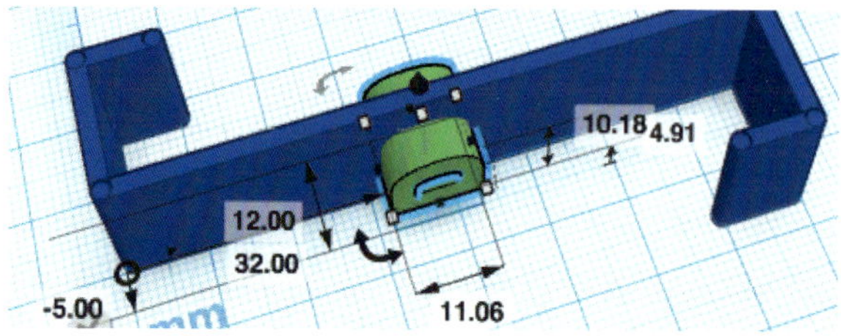

Frei schwebende Teile vermeiden

Betrachten wir, was nach dem Ausschneiden passiert ist. Der Buchstabe wurde zwar ausgeschnitten, nun haben wir aber das Problem, dass der innere Teil vom »D« quasi in der Luft schwebt (siehe Bild unten). Dieser schwebende Teil kann später nicht gedruckt werden. Wir müssen ihn nun wieder mit dem restlichen Teil des Hakens verbinden.

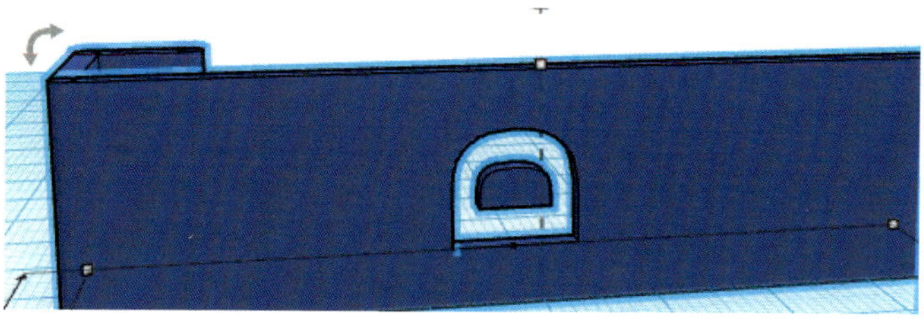

Lösung: Zur Verbindung des schwebenden Teils mit dem restlichen Kleiderhaken wollen wir direkt darunter ein Dreieckelement platzieren.

Zuerst legen wir eine Hilfsebene (*Workplane*) aus der rechten Navigationsleiste direkt an die untere Seite des schwebenden Elements des Buchstabens »D«. Wir bewegen diese Hilfsebene von der Navigationsleiste rechts mit der Maus bei gedrückter linker Maustaste, bis das transparente symbolische Rechteck der Hilfsebene (wie im Bild unten) an der Unterseite des schwebenden Elements ist, und lassen dann die Maustaste los.

Es erscheint das orangefarbene Gitternetz der Hilfsebene. Nun ziehen wir von den geometrischen Formen ein Dachelement (*Roof*) auf diese Hilfsebene und geben die oben genannten Abmessungen ein. Zum Schluss gruppieren wir noch alle Elemente (zuerst [Strg]+[A], um alle auszuwählen, und dann [Strg]+[G] fürs Gruppieren). Fertig ist unser personalisierter Kleiderhaken.

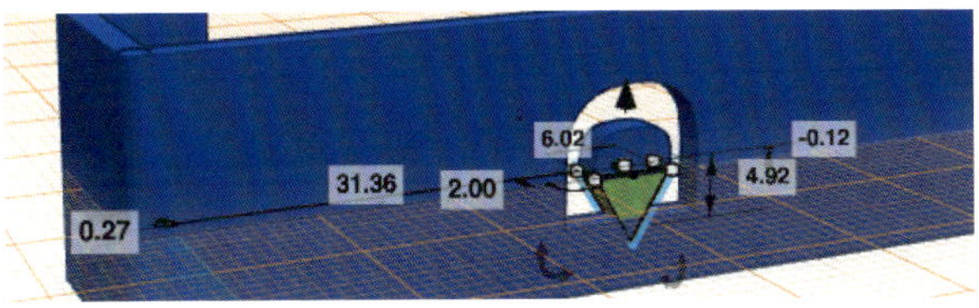

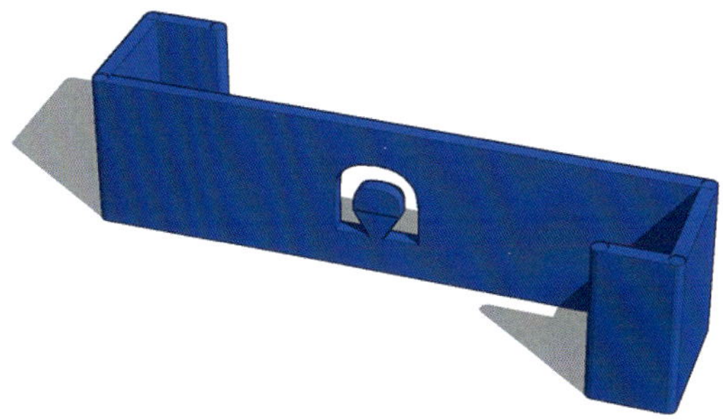

Für das Drucken dieses personalisierten Kleiderhakens verwenden wir dieselben Einstellungen wie für den einfachen Kleiderhaken. Beim Buchstaben »D« könnte aber der Bereich oberhalb zu Problemen beim Druck führen, da er trotz seiner gebogenen Form vermutlich zum Absinken des Materials führen wird. Daher aktivieren wir im Druckvorbereitungsprogramm zusätzlich die Funktion zur Erzeugung von Supportstrukturen. Damit wird beim Druck zwischen dem inneren Teil des »D« und dem darüberliegenden Bereich eine dünne Schicht zusätzlichen Materials aufgetragen, die nach dem Druck einfach von Hand weggebrochen werden kann; der personalisierte und fertig gedruckte Kleiderhaken.

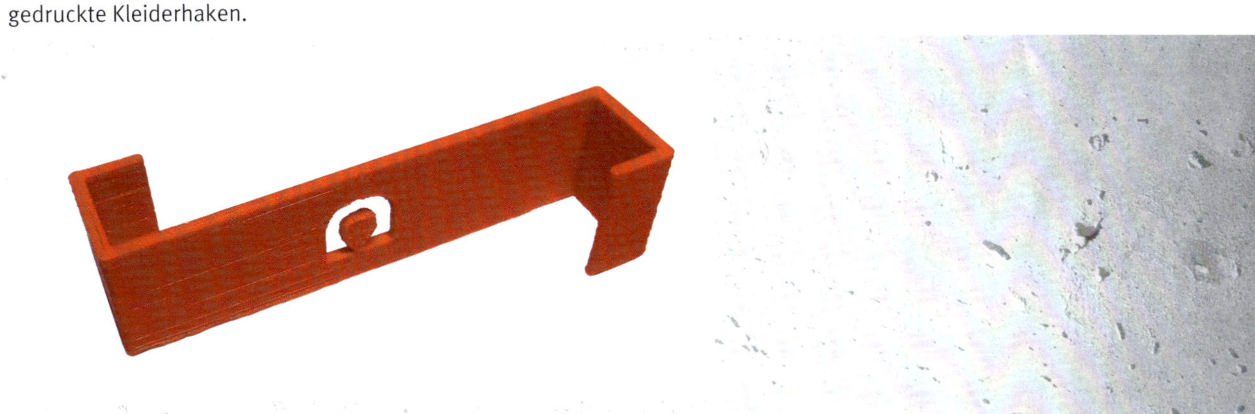

Praxistipp für Buchstaben mit frei schwebenden Teilen:

Anstelle der eben erläuterten arbeitsintensiven Schritte können Sie auch das neue Shape *Text* und die Stempelschrift *Majorsnafu* verwenden (siehe Beschreibung in Kapitel 6, »Shape Text – Stempelschrift zum Ausschneiden«).

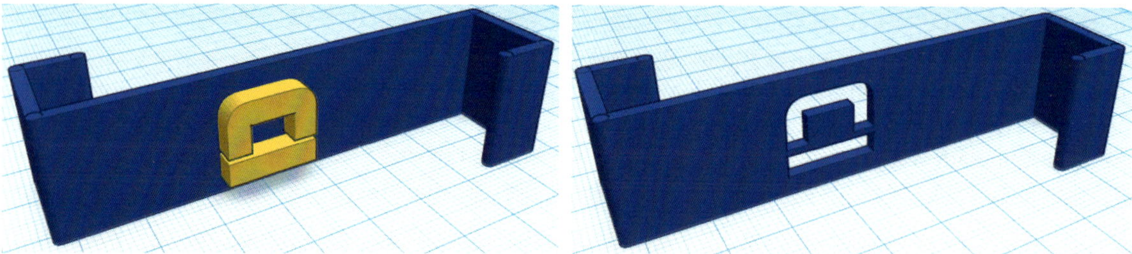

Der Buchstabe »D« mit der Stempelschrift würde dann so aussehen (links vor, rechts nach dem Ausschneiden), http://*bit.ly/1kJTSqf*

7.3 Schachfigur

Wem ist es nicht schon einmal passiert, dass bei einem Brettspiel eine Spielfigur verloren gegangen oder kaputt ist? Manche Spiele sind dann nicht mehr spielbar, und eine Ersatzfigur ist entweder nicht oder nur aufwendig wiederzubeschaffen.

Schwierigkeitsgrad:	Mittel
Benötigte Zeit:	ca. 60 Minuten
Tinkercad-Design:	3DPPraxis Schachfigur
URL	*http://bit.ly/1k6ckIF*

1. Skizze erstellen

Zuerst erstellen wir eine Skizze der Schachfigur und notieren die verschiedenen Dimensionen. Zum Abmessen haben wir eine digitale Schiebelehre verwendet.

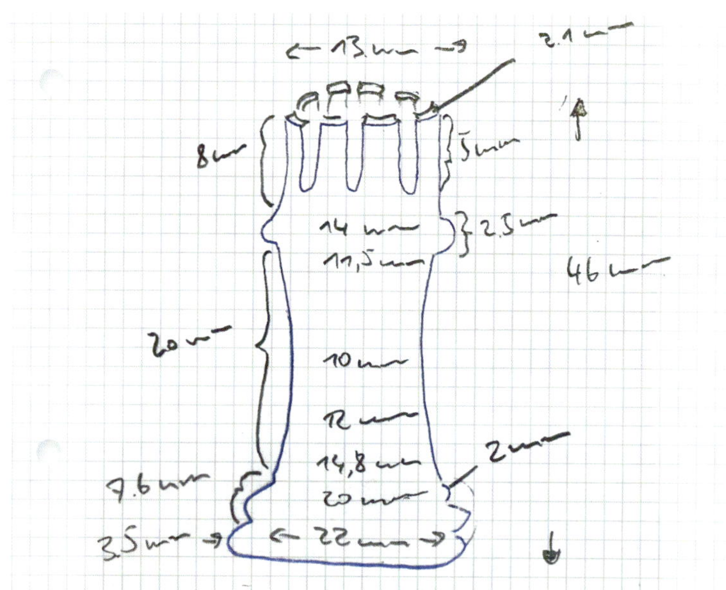

2. Neues Design in Tinkercad

Wir erstellen in Tinkercad wieder ein neues Design und vergeben via Menü *Design/Properties* den Namen: *3DPPraxis Schachfigur*. Stellen Sie im gleichen Menü auch erneut ein, ob Ihr 3D-Design für andere sichtbar bzw. verwendbar sein darf. Wie bei jedem Design platzieren wir gleich zu Beginn das Lineal (*Ruler*) aus der rechten Navigationsleiste per Drag-and-drop in der linken unteren Ecke der Zeichenfläche.

3. Figur aus Grundformen aufbauen

Schauen wir uns nun die Schachfigur genauer an und überlegen, aus welchen geometrischen Grundformen sie zusammengesetzt sein könnte. Beim Durchsehen der vorhandenen Grundformen kann man sich vorstellen, dass die Schachfigur aus unterschiedlichen Ringen (engl. *Torus*), einem Paraboloid in der Mitte und einem Zylinder (für die Zinnen) oben bestehen könnte. Wir platzieren zunächst die drei Grundformen *Torus*, *Cylinder* und *Paraboloid* per Drag-and-drop aus der rechten Navigationsleiste auf die Zeichenfläche.

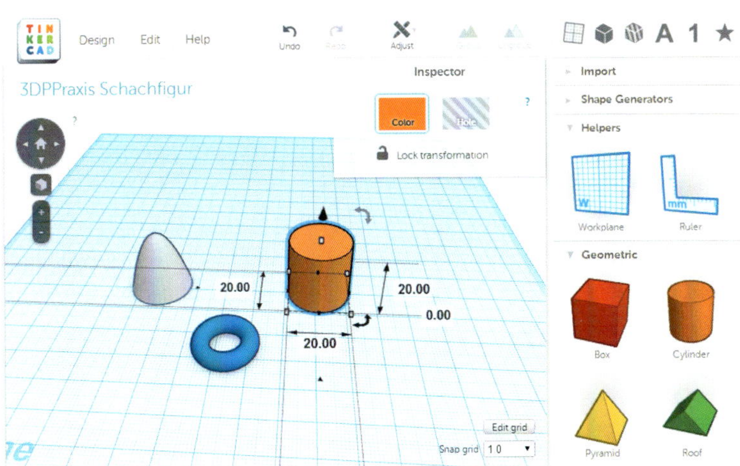

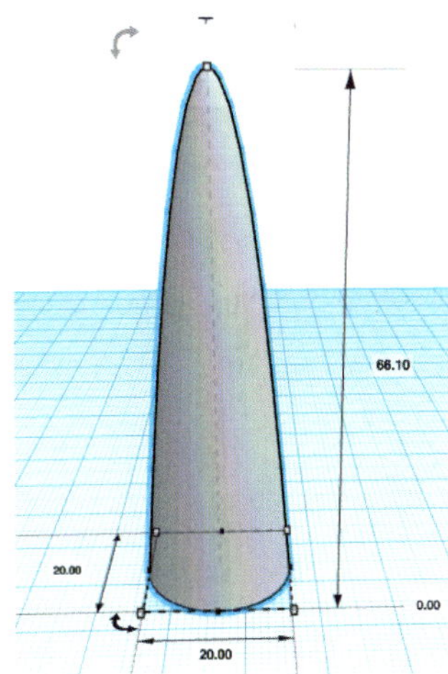

Wir bauen die Figur von innen nach außen auf. Da die Schachfigur innen nicht hohl sein soll, platzieren wir die Ringe später rund um das Paraboloid, mit dem wir starten: Selektieren Sie das Paraboloid. Die Standardgrundfläche von 20×20 mm passt genau. Die Höhe ändern wir auf 68.1 mm, damit die Figur oben nicht zu dünn wird.

Als Nächstes platzieren wir verschiedene Ringe rund um das Paraboloid. Sofern nicht bereits geschehen, ziehen Sie die Grundform *Torus* aus der rechten Navigationsleiste auf die Zeichenfläche. Geben Sie dann die im ersten Schritt gemessenen Werte ein. Der Durchmesser beträgt 22 mm, d. h., Sie müssen den Wert bei den Maßangaben in x- und y-Richtung verändern, die neben dem Ring angezeigt werden (wenn er selektiert ist). Die

Höhe ändern wir auf 3.5 mm. Wir wollen nun den Ring mit dem Paraboloid zentrieren. Wählen Sie dazu beide Elemente mit der Maus (mittels Aufziehen eines Rahmens mit der linken Maustaste oder durch Halten der [Shift]-Taste und Klick auf beide Elemente) und zentrieren Sie diese horizontal. Ziehen Sie dazu mit gedrückter linker Maustaste einen Rahmen um die beiden Formen und gehen Sie anschließend ins Menü *Adjust/Align*. Wählen Sie dann die erscheinenden grauen mittigen Punkte in x- und y-Richtung. Nun sind das Paraboloid und der Ring miteinander in der Horizontalen zentriert. Ihre Figur sollte jetzt so aussehen wie im Bild links.

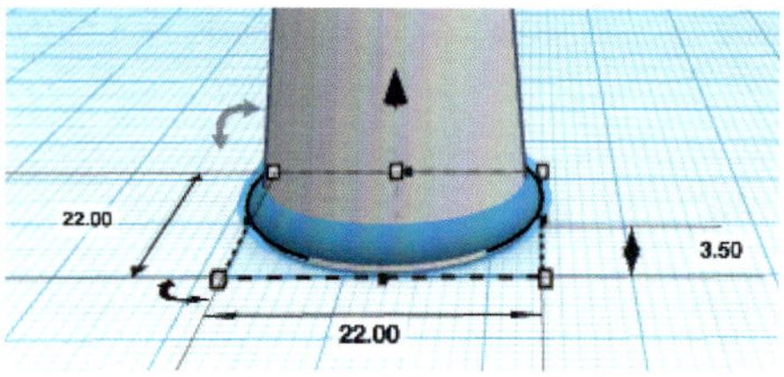

Um die nächsten Ringe zu erstellen, duplizieren wir den ersten Ring (Menü *Edit/Duplicate* oder Tastenkombination [Strg]+[D]). Der duplizierte Ring erscheint exakt an derselben Stelle wie der erste Ring, d. h., er ist zunächst nicht sichtbar, aber nach Duplizieren bereits selektiert. Die Größe in x- und y-Richtung verändern wir auf 20 mm. Wir wollen den neuen Ring etwas nach oben versetzen. Dazu klicken Sie mit der Maus auf den schwarzen, dicken, nach oben zeigenden Pfeil und ziehen daran nach oben. Um den Ring genau zu positionieren, geben Sie mit der Tastatur in das Feld, das die Distanz zur Zeichenfläche anzeigt, den Wert 1.7 ein. Damit sich die Ringe berühren, muss der Wert hier kleiner sein als die Höhe des ersten Rings. Wenn Sie heranzoomen, erkennen Sie, dass sich die beiden Ringe berühren (siehe Bild unten links). Erneut zentrieren wir alle Elemente. (Hinweis: Natürlich können Sie auch erst alle einzelnen Elemente erstellen und sie danach zusammen zentrieren.) Die Figur sollte nun so aussehen wie im unteren linken Bild. Wir platzieren dann auf dem eben beschriebenen Weg weitere Ringe auf den Paraboloiden, aber mit anderen Abmessungen. Duplizieren Sie dazu jeweils beispielsweise den untersten Ring (Bild unten rechts):

- 3. Ring: 18 mm (x/y), 2 mm Höhe, 8,4 mm Abstand zur Zeichenfläche
- 4. Ring: 14 mm (x/y), 2,5 mm Höhe, 25 mm Abstand zur Zeichenfläche

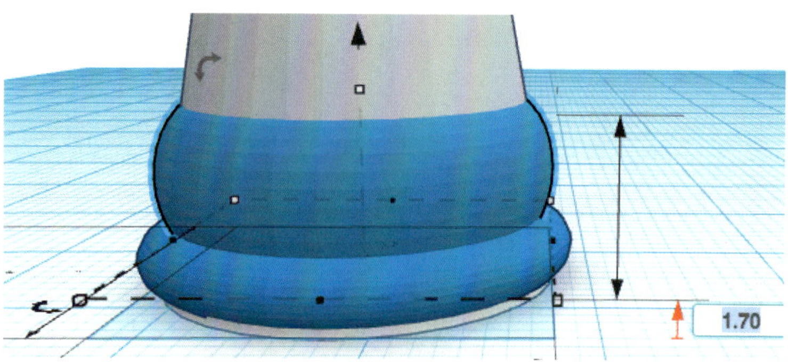

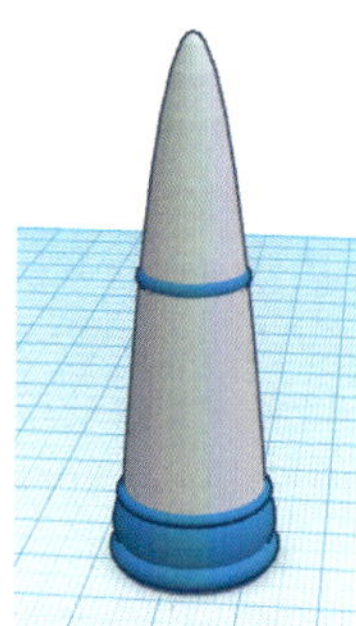

Nun fehlt noch der obere Teil des Turms. Dazu nehmen wir den im ersten Schritt auf die Zeichenfläche platzierten Zylinder und verändern dessen Größe auf 13 mm (x/y) und 8 mm Höhe. Wir wollen ihn in 38 mm Höhe auf den Turm setzen, geben dazu den Wert 38 für die angezeigte Distanz ein und bestätigen mit [Enter]. Erneut zentrieren wir alle Elemente. Der obere Teil der Figur sieht nun aus wie in der Abbildung. Die gewählte Höhe des Paraboloids passt exakt mit dem unteren Rand des eben platzierten Zylinders zusammen. Nun wollen wir die Spitze »abschneiden«, unsere Schachfigur soll ja nur 46 mm hoch sein.

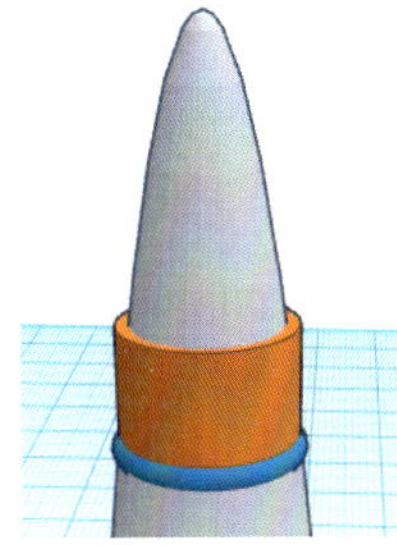

4. Herausschneiden überflüssiger Elemente

Wie wir in der Tinkercad-Einführung in Kapitel 6 gelernt haben, können wir Elemente durch Subtrahieren auseinander ausschneiden. Dazu setzen wir eine Grundform oben auf die Turmspitze, die den überschüssigen Teil des Paraboloids bis zum oberen Rand des orangefarbenen Zylinders umschließt. Wenn wir den Zylinder anwählen, sehen wir in den Maßangaben, dass er 38 mm von der Zeichenfläche entfernt und 8 mm hoch ist, d. h., das »Löschelement« muss auf 46 mm Höhe platziert werden. Das Paraboloid ist 66,1 mm hoch, also muss das Löschelement mindestens 20,1 mm hoch sein. Wir empfehlen, dieses immer größer als die herauszuschneidende Fläche zu wählen, um sicherzustellen, dass jedes zu löschende Element vollständig umschlossen ist. Zum Löschen ziehen wir ein Rechteck (*Box*) aus der Menüleiste rechts auf die Zeichenfläche. Positionieren Sie sie auf 46 mm Höhe und zentrieren diese mit allen anderen Elementen der Schachfigur. Damit diese Box den überschüssigen Teil des Paraboloids herausschneidet, muss die Box zuerst als Loch definiert werden. Selektieren Sie sie im Inspector-Fenster und klicken Sie dann auf *Hole* (siehe Bild unten links).

Zum endgültigen Herausschneiden müssen das Löschelement und das Objekt, aus dem es herausgeschnitten werden soll, nur noch gruppiert werden. Selektieren Sie beide Elemente und wählen Sie dann aus dem oberen Menü die Funktion *Gruppieren* (oder Tastenkombination [Strg]+[G]). Nun ist die obere Spitze wie gewünscht abgeschnitten (siehe Bild rechts).

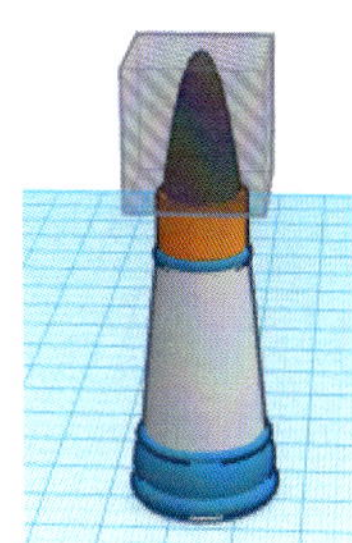

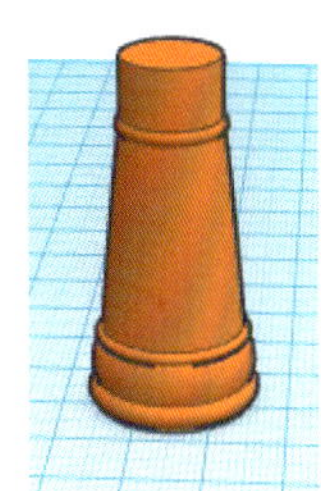

Wand erstellen

Um den oberen Teil auszuhöhlen und eine Wandstärke von 3 mm zu erhalten, müssen wir einen kleineren Zylinder herausfräsen. Wir wählen die Wandstärke für die Zinnen um 1 mm dicker als in der Originalfigur, damit diese später stabil genug sind. Ziehen Sie dazu wiederum einen Zylinder rechts aus der Menüleiste auf die Zeichenfläche. Da wir diesen Zylinder später herausfräsen wollen, definieren wir ihn gleich im Inspector-Fenster als Loch (auf *Hole* klicken). Für die 3 mm dicke Wand muss der auszufrä-

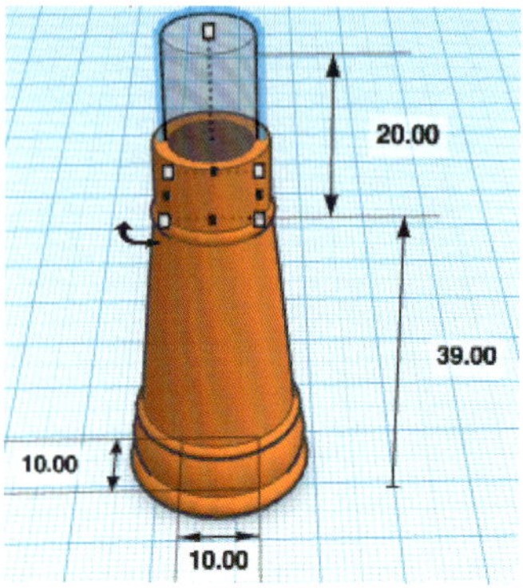

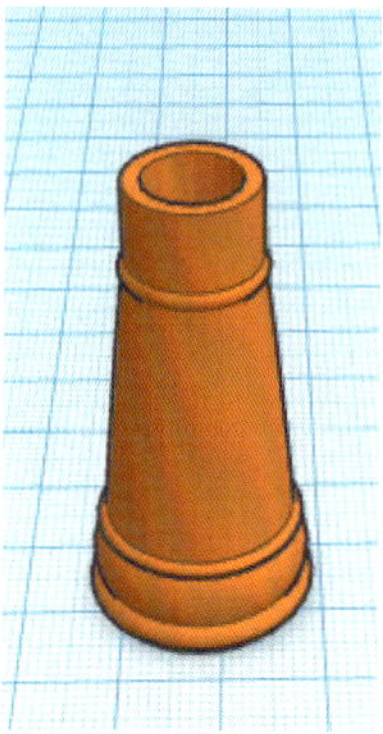

sende Zylinder 3 mm dünner sein als der obere Teil, den wir weiter oben mit 13 mm Durchmesser angelegt hatten. Daher ändern wir den Durchmesser des auszufräsenden Zylinders auf 10 mm. Anschließend platzieren wir ihn auf einer Höhe von 39 mm.

Richten Sie nun den Turm und den auszufräsenden Zylinder wieder zentriert untereinander aus und gruppieren Sie anschließend die beiden Elemente. Nun ist der Zylinder herausgefräst.

Zinnen erstellen – die Funktion Smart Duplicate

Nun fehlen noch die Zinnen des Turms. Die Scharten zwischen den Zinnen sind ca. 1 mm breit und müssen aus dem oberen Teil herausgeschnitten werden. Damit sie wie bei der Schachfigur unten etwas abgerundet sind, wählen wir einen Zylinder, drehen ihn über die Drehfunktion um 90° auf die Seite und drücken ihn platt. Dadurch erhalten wir später eine Rundung der Zinnenscharte wie in der Figur, die wir nachbauen möchten.

Wir ändern die Breite (nicht den Durchmesser) des Zylinders auf 1 mm und die Länge auf 20 mm (siehe Bild unten). Dann setzen wir ihn auf 40 mm Höhe auf den oberen Teil des Turms an irgendeine Stelle. Da wir mit diesem Zylinder die Zinnenscharten herausschneiden wollen, haben wir ihn über das Inspector-Fenster gleich als Loch (*Hole*) definiert. Wir zentrieren den auszuschneidenden Zylinder noch mit der bestehenden Schachfigur, damit die Zinnenscharten auf jeder Seite gleichmäßig breit werden. Nun ragt dieser Zylinder auf zwei Seiten der Figur etwas über den Rand hinaus.

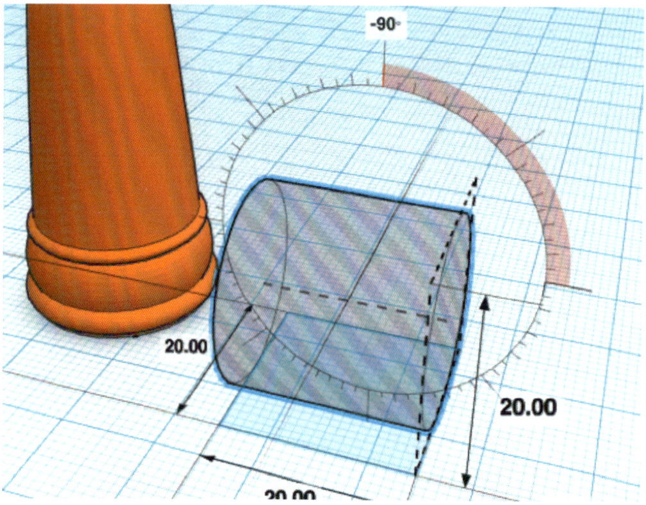

Um weitere Zinnenscharten in gleichem Abstand auszuschneiden, müssen wir die Kopien des auszuschneidenden Zylinders etwas drehen und gleichmäßig am oberen Rand verteilen. Hier hilft die sogenannte *Smart Duplicate*-Funktion. Sofern nicht mehr angewählt, selektieren Sie den auszuschneidenden Zylinder. Dann klicken Sie auf Strg+D (oder wählen das Menü *Edit/Duplicate*). Nun drehen Sie das bereits selektierte Duplikat um 45°, wie im Bild unten links angezeigt. Wenn Sie nun erneut *Duplizieren* wählen (Strg+D), erscheint die nächste Kopie des Elements erneut um 45° gedreht. Wir wiederholen dann das Duplizieren noch zweimal. Jetzt erscheinen insgesamt vier plattgedrückte auszuschneidende Zylinder oben auf dem Turmrand, wie im Bild unten rechts zu sehen.

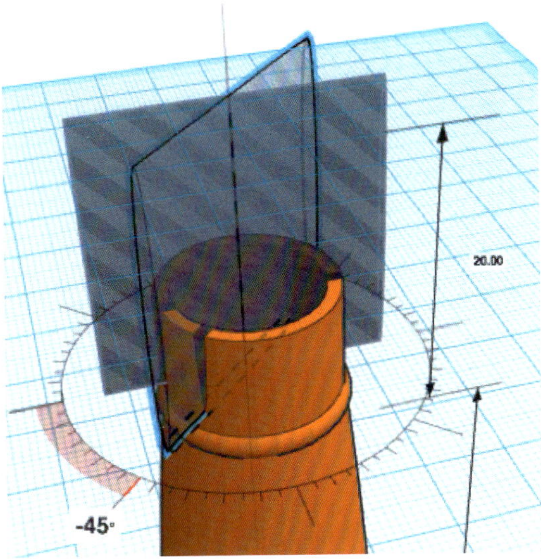

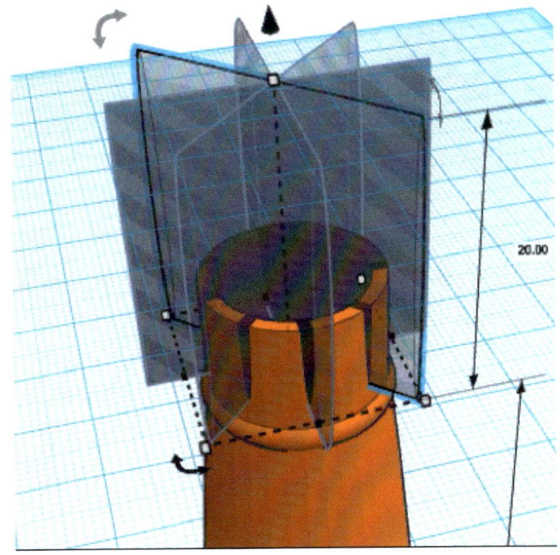

Zum Ausschneiden dieser vier Elemente aus dem Turm selektieren wir sie nun zusammen mit dem Turm und gruppieren die Elemente miteinander. Danach sind die Zinnenscharten ausgeschnitten und wir mit dem Design unserer Schachfigur fertig. Zum Abschluss und um sicherzustellen, dass alle letzten Änderungen gespeichert sind, schließen wir unser 3D-Design in Tinkercad über das Menü *Design/Close*.

5. 3D-Druck der Schachfigur

Zum Drucken auf dem eigenen 3D-Drucker laden Sie das fertige Design als STL-Datei auf Ihren lokalen Computer. Anschließend öffnen Sie die STL-Datei in Ihrem Druckvorbereitungsprogramm (z. B. Cura, Slic3r, MakerWare etc.), stellen die Parameter ein und starten den Druck.

Einstellungen in Cura (für RepRap und Ultimaker)	
Schichthöhe (Layer height)	0,2 mm
Wandstärke (Shell thickness)	0,8 mm
Unterste/oberste Schichtdicke (Bottom/Top thickness)	1 mm
Füllungsgrad (Fill Density):	10%
Geschwindigkeit:	30 mm/s (gering gewählt, damit das Material bei den kurzen Druckwegen genügend abkühlen kann)
Retraction	40 mm/s (Distance 4,5 mm)
Temperatur für PLA (von Colorfabb)	210–215 °C

Benötigte Druckzeit: 24 Minuten

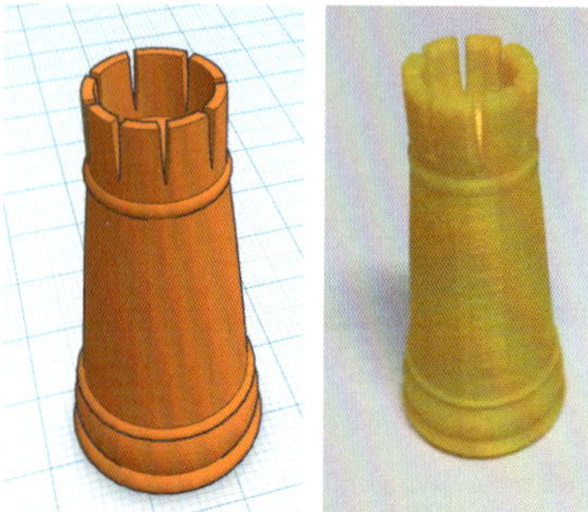

Materialmenge:	0,5 Meter (3-mm-PLA-Filament), 4 Gramm
Materialkosten:	ca. 0,15 Euro

Das fertige Design und die gedruckte Schachfigur.

7.4 Gehäuse für den Raspberry Pi

Im Hobbybereich bietet sich der 3D-Druck ideal an, um Gehäuse für Platinen selbst zu produzieren. Der Raspberry Pi ist ein weit verbreiteter und günstiger Einplatinencomputer von der Raspberry Pi Foundation, der sich leicht programmieren lässt. Die Platine wird meist ohne Gehäuse verkauft.

Schwierigkeitsgrad	schwierg
Benötige Zeit	ca. 120 Minuten
Tinkercad-Designs	3DPPraxis Raspberry Pi Case Bottom
	3DPPraxis Raspberry Pi Case Top
URLs	*http://bit.ly/1nGkMz6*
	http://bit.ly/1jMa8EF

Die Größe der Raspberry-Pi-Platine kann leicht variieren. Bei unseren Recherchen haben wir unterschiedliche Angaben erhalten.

Einige Maßangaben finden sich in diesem PDF: *http://www.raspberrypi-spy.co.uk/wp-content/uploads/2012/11/Raspberry-Pi-Mounting-Hole-Template.pdf*. Demnach ist die Platine 85 × 56 mm groß.

Wikipedia gibt etwas andere Dimensionen an: 85.60 × 53.98 mm (*http://en.wikipedia.org/wiki/Raspberry_Pi*). Die maximale Höhe der Platine beträgt 21.2 mm. (*http://www.raspberrypi.org/phpBB3/viewtopic.php?f=40&t=6934*)

Weitere Tipps für Gehäusekonstruktion

Tipps zum Erstellen eines Gehäuses finden sich auf der Website von Raspberry Pi: *www.raspberrypi.org*. Im Forum dort gibt es das Thema »Making my own case – 3D printing« mit vielen Tipps zum Design eines Gehäuses für den 3D-Drucker.

Bei Tinkercad selbst gibt es einige privat frei nutzbare Designs. Suchen Sie einfach nach dem Begriff »Raspberry Pi«. Ebenso finden sich bei Thingiverse etliche frei verfügbare Designs für den 3D-Druck. Mich haben die folgenden Gehäusedesigns für das nachfolgende selbst gestaltete Gehäuse inspiriert:

- Copy of Raspberry Pi Case v.0.2 von Pekka *http://bit.ly/QxESRg*
- Raspberry Pi Case 2 von Redpeppr *http://bit.ly/nGjiVH*

Vor dem Ausdruck sollten Sie sicherheitshalber Ihre Raspberry-Pi-Platine mithilfe einer digitalen Schiebelehre ausmessen und ggf. die Größe entsprechend leicht anpassen.

1. Dimensionen des Gehäuses festlegen – Vorabüberlegungen
Zugrunde liegende Maße der Raspberry-Pi-Platine für das nachfolgende Gehäuse in unserem Beispiel:

- Raspberry-Pi-Länge: 85 mm
- Raspberry-Pi-Breite: 56 mm
- Raspberry-Pi-Höhe: 21 mm

Für unser Design des Gehäuses wählen wir folgende Größen:

- Höhe außen: 27 mm
- Breite außen: 63 mm
- Länge außen: 92 mm
- Höhe innen: 23 mm
- Breite innen: 57 mm
- Länge innen: 86 mm
- Wandstärke: 3 mm (Weniger dicke Wände würden auch ausreichen, probieren Sie z. B. mal 2 oder nur 1,6 mm aus.)
- Boden-/Deckenstärke: 2 mm

Wir gestalten das Gehäuse ohne separate Standfüße, um es für den 3D-Druck auf einem Desktop-FDM/FFF-Drucker auch ohne Stützmaterial leicht produzieren zu können. Natürlich können Sie solche Füße mit ins Design einplanen oder später z. B. in Form von kleinen Filzgleitern hinzufügen. Bevor wir mit dem Design des Gehäuses beginnen, stellen wir folgende Überlegungen für das Vorgehen in Tinkercad an:

1 Die Innenmaße des Gehäuses müssen bestimmt werden, damit die Platine gut hineinpasst. Den Hohlraum fixieren wir.

2 Das Gehäuse soll aus einem oberen und einem unteren Teil zusammengesetzt sein, die etwa gleichgroß sind.

3 Die Seitenwände der Box sollen eine Wandstärke von 3 mm haben, damit diese stabil genug ist. Gehäuseboden und -decke sollen 2 mm dick sein.

4 Die Aussparungen für die verschiedenen Anschlüsse schneiden wir aus Boden und Deckel zusammen aus.

5 Als Verbindung zwischen den beiden Gehäusehälften probieren wir einen einfachen Verschluss, der allein durch eine exakte Passform die Gehäusehälften zusammenhält.

6 Die obere Gehäusehälfte erhält ein paar Schlitze zur Kühlung/Luftzirkulation.

2. Design aus geometrischen Grundformen aufbauen

Gehäuseinnenteil

Die Innenmaße unseres Gehäuses sollen 86,0 x 57,0 x 23,0 mm betragen. So sollte die Platine auf jeden Fall hineinpassen. Wir wählen aus den Grundformen in der rechten Navigationsleiste eine Box aus und ziehen sie auf die Zeichenfläche. Für das Eingeben von Maßen über die Tastatur denken Sie unbedingt daran, das Lineal (*Ruler*) aus der rechten Navigationsleiste per Drag-and-drop auf der Zeichenfläche zu platzieren, z. B. in der linken unteren Ecke. Anschließend geben wir die vorab definierten Maße ein. Da wir den Gehäuseboden 2 mm dick definiert haben, heben wir den Quader 2 mm an. Somit »schwebt« das Element nun in 2 mm Höhe. Da dieser Quader später den Platz für die Platine darstellt, wählen wir ihn gleich als Loch und sperren ihn für versehentliche Änderungen (*Hole* und *Lock Transformation* – beides über das Inspector-Fenster).

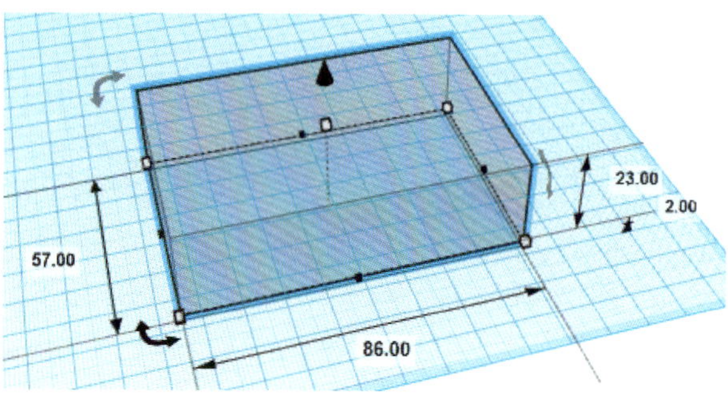

Gehäuseaußenseite

Die Gehäuseaußenseite soll aus zwei gleich großen Teilen bestehen, einem Boden und einem Deckel. Dazu erstellen wir zuerst eine Kopie des Quaders des Gehäuseinnenteils mittels Duplizieren (Strg+D). Da die Außenseite massiv sein soll, wählen wir über das Inspector-Fenster eine Farbe (kein Loch). Dann machen wir dieses Rechteck 6 mm länger und breiter (wegen der Wandstärke von 3 mm). Als Höhe wählen wir die Mitte des Gehäuses mit 13,5 mm (2 mm Bodenstärke). Wir haben also die Maße: 92 × 63 × 27 mm (Länge, Breite, Tiefe).

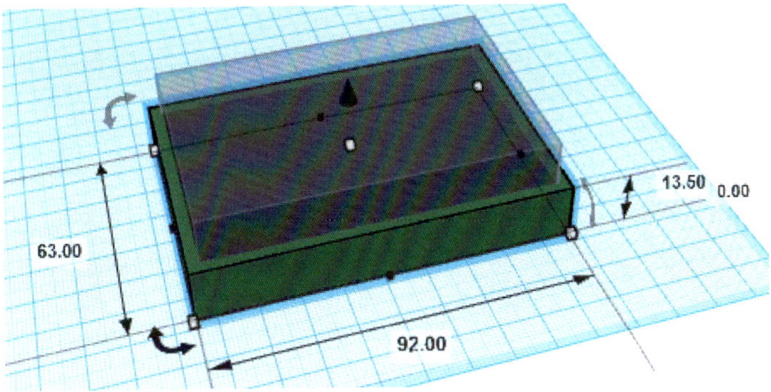

Achtung

Vergessen Sie nicht, den Abstand zur Zeichenfläche dieses Rechtecks auf null zu setzen. Der Innenteil war ja auf 2 mm Distanz.

Nun müssen wir die beiden Rechtecke noch aneinander angleichen, d. h. quer und längs zentrieren (Menü *Adjust/Align*). Wählen Sie dann die schwarzen Punkte in der Mitte von Länge und Breite. Achtung, nicht in der Höhe angleichen. Um nun den Innenteil aus dem Boden auszufräsen, müssen wir beide Teile miteinander gruppieren (`Strg`+`G`). Achten Sie vorher darauf, dass die Sperre des Innenteils wieder aufgehoben ist (im Inspector-Fenster *Unlock Transformation*), ansonsten funktioniert das Ausfräsen nicht. Damit haben wir den Boden unseres Gehäuses bereits erstellt. Wir haben die Abmessungen des Bodens so bemessen, dass die Platine unter leichtem Druck exakt hineinpasst. Wenn Ihr 3D-Drucker gut kalibriert ist, sollte keine separate Verankerung erforderlich sein.

Für den Deckel duplizieren wir einfach den Boden. Zur besseren Unterscheidung haben wir im Inspector-Fenster eine andere Farbe gewählt. Nun drehen wir diese Kopie um 180° auf den Kopf. Zum Schluss müssen wir diesen Deckel nur noch auf exakt die Hälfte der Höhe von der Zeichenfläche anheben. Ändern Sie dazu den Distanzwert des Deckels von der Zeichenfläche auf 13,5 mm. Da Duplikate immer an derselben Stelle wie die Originale liegen, ist der Deckel bereits exakt auf den Boden ausgerichtet. Kein weiterer Schritt ist erforderlich.

2. Aussparungen für Anschlüsse ausschneiden

Als Nächstes schneiden wir die Aussparungen für alle Anschlüsse aus der Platine heraus. Mit der digitalen Schiebelehre messen wir zunächst die Dimensionen der Anschlüsse und addieren jeweils 1 bis 2 mm rundherum dazu, um sicherzugehen, dass die Anschlüsse später passen. Wir empfehlen, diese Aussparungen zunächst größer zu gestalten und sie erst in einer Folgeversion des Gehäuses zu verkleinern bzw. zu optimieren. Das erste gedruckte Gehäuse erlaubt uns, genau abzumessen, wo zu viel oder zu wenig »Luft« im Design vorhanden ist.

Wir erstellen zunächst eine Skizze und messen die Positionen aller Anschlüsse ab. Bei den Maßangaben berücksichtigen wir für unser Gehäuse eine Wandstärke von 3 mm. Falls Sie Ihr Gehäuse später mit dünneren Wänden designen möchten, müssen Sie die Angaben entsprechend anpassen. Die Positionen haben wir gemäß der oberen Abbildung angegeben. Zur Orientierung bezeichnen wir die Ecke mit dem Stromanschluss (Power) als vorne links (VL). In der ersten Skizze unten befinden sich also der Stromanschluss und der SD-Kartenschacht auf der linken Seite, der HDMI-Anschluss auf der vorderen Seite etc. In der zweiten Skizze haben wir das Gehäuse um 180° nach rechts gedreht. Nun ist die hintere rechte Ecke (HR) vorne im Bild. Bei den genauen Maßangaben unten verwenden wir die Bezeichnungen VL, VR, HL und HR für die Ecken. Wie erwähnt, berücksichtigen wir den Abstand von der Platine innen zum äußeren Gehäuserand mit 3 mm.

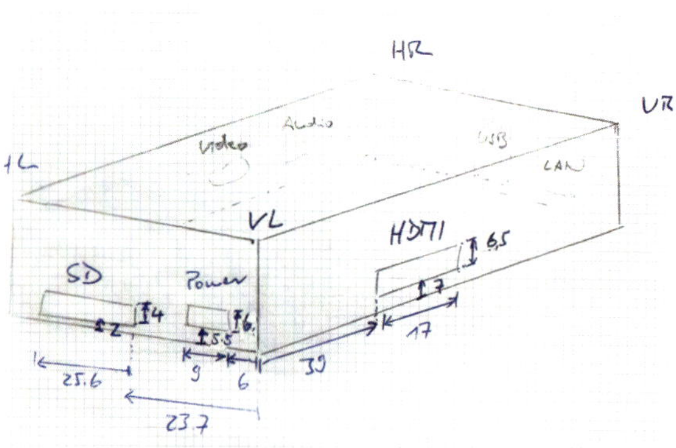

Sicht von der vorderen linken Ecke (VL)

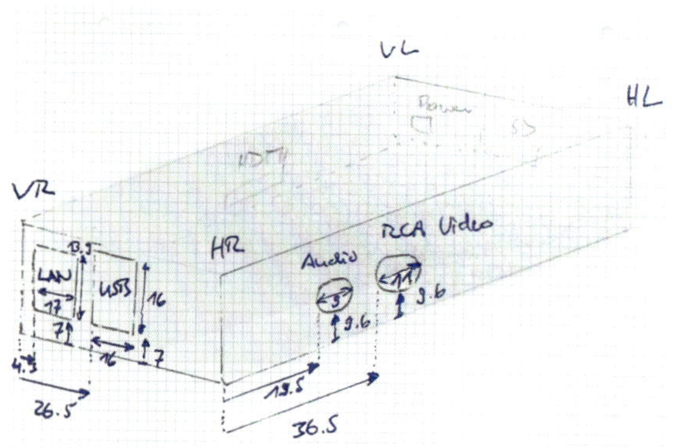

Nach Drehung um 180°: Sicht von der hinteren rechten Ecke (HR)

- Stromanschluss: 9 mm (B), 6 mm (H),
Position: linke Breitseite auf Höhe 5,5 mm und Abstand 6 mm von der vorderen linken Ecke (VL)
- SD-Karten-Slot: 25,6 mm (B), 4 mm (H),
Position: linke Breitseite auf Höhe 2 mm und Abstand 23,7 mm von der vorderen linken Ecke (VL)
- HDMI: 17 mm (B), 6,5 mm (H),
Position: vordere Längsseite auf Höhe 7 mm und Abstand 39 mm von der vorderen linken Ecke (VL)

- LAN: 17 mm (B), 13,9 mm (H),
Position: rechte Breitseite auf Höhe 7 mm und Abstand 4,3 mm von der vorderen rechten Ecke (VR)
- USB: 16 mm (B), 16 mm (H),
Position: rechte Breitseite auf Höhe 7 mm und Abstand 26,5 mm von der vorderen rechten Ecke (VR)
- Audio: runder Anschluss, 9 mm Durchmesser,
Position: hintere Längsseite auf Höhe 9,6 mm und im Abstand von 19,5 mm von der hinteren rechten Ecke (HR)
- RCA-Video: runder Anschluss, 11 mm Durchmesser,
Position: hintere Längsseite auf Höhe 9,6 mm und im Abstand von 36,5 mm von der hinteren rechten Ecke (HR)

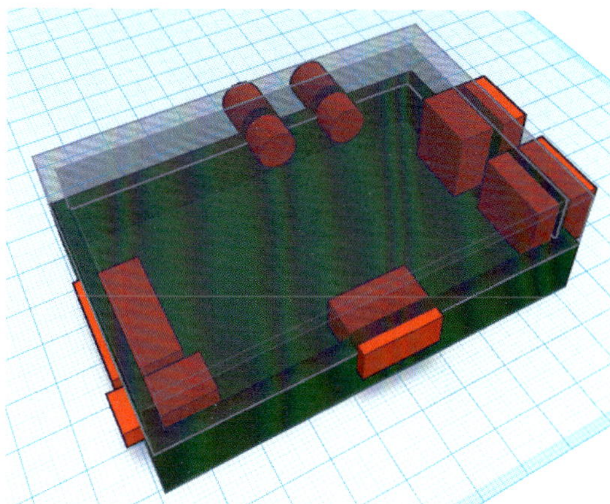

Nun müssen wir in Tinkercad die Aussparungen positionieren. Dazu wählen wir aus den Grundformen die *Box* und einen um 90° gedrehten Zylinder. Diese definieren wir im Inspector-Fenster als Loch (*Hole*) und geben als Länge jeweils 20 mm ein. Die Länge stellt nur sicher, dass die Aussparung später durch die Gehäusewand geht. Nun positionieren wir alle Aussparungen für die Anschlüsse gemäß unseren Messungen und so, dass jeweils 5 bis 10 mm aus dem Gehäuse herausragen. Im Bild unten haben wir alle Aussparungen zur Veranschaulichung rot gefärbt und den Deckel vorübergehend transparent gemacht (im Inspector-Fenster *Hole*). Dies müssen Sie natürlich nicht machen, allerdings ist es hilfreich, um zu verifizieren, dass die Aussparungen richtig positioniert sind.

Zum Ausschneiden machen wir zuerst wieder den Deckel solide (also kein Loch), d. h., wir wählen eine Farbe, z. B. Hellgrün. Zudem stellen wir sicher, dass alle geplanten Aussparungen im Inspector-Fenster als Loch definiert sind (also nicht mehr rot sind wie im Bild oben).

Wichtig: Damit wir später einen Deckel und einen Boden haben, müssen wir die Aussparungen jeweils aus diesen beiden Gehäusehälften separat ausschneiden. Würdem wir einfach alle Elemente gruppieren, hätten wir zwar die Aussparungen, aber Boden und Deckel wären zu einer geschlossenen Box verbunden.

Wählen Sie zunächst alle Elemente aus (z. B. mit [Strg]+[A] oder Rahmen um alle Elemente auf der Zeichenfläche aufziehen) und erstellen Sie dann ein Duplikat. Bewegen Sie nun dieses Duplikat auf der Zeichenfläche, z. B.

nach hinten, so weit weg, dass es das Original nicht mehr berührt. Löschen Sie dann vom Duplikat den Boden. Es bleibt der Deckel übrig, der nun etwas »in der Luft schwebt«. Und vom Original löschen Sie den Deckel (linkes Bild). Selektieren Sie nun zuerst den (hier dunkelgrünen) Boden mit allen Aussparungen und gruppieren Sie diese Elemente dann. Damit werden nun alle Aussparungen vom Boden ausgeschnitten. Wiederholen Sie diesen Schritt für den Deckel. Selektieren Sie ihn und alle Aussparungen, die ihn berühren. Nach der Gruppierung sind die Anschlüsse aus dem Deckel gefräst. Unser Gehäuse ist fast fertig. Es fehlen noch die Verbinderelemente und die Lüftungsschlitze.

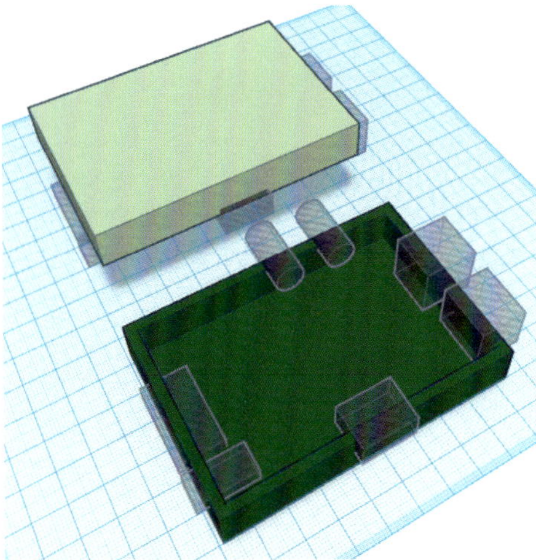

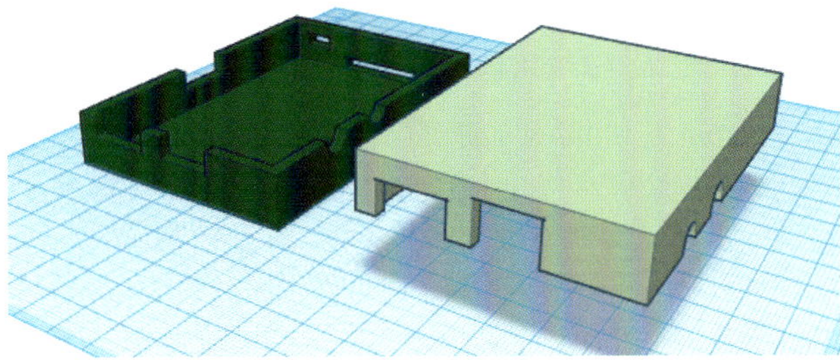

3. Verbinder zwischen Deckel und Boden

Als Verbindung zwischen den beiden Gehäusehälften wollen wir auf der Innenseite des Deckels zusätzlich 2 mm dünne Wände einbauen, die später direkt in die Wand des unteren Gehäuseteils greifen. Dadurch erreichen wir, dass die beiden Gehäusehälften zusammenhalten. Als Erstes drehen wir den Deckel um 180°, sodass der Hohlraum von oben einsehbar wird. Die Verbindungselemente erstellen wir aus einem Quader mit 2 × 2 × 20 mm Größe (aus dem Grundelement *Box*). Oben darauf setzen wir einen Keil (aus dem Grundelement *Wedge*) mit denselben Maßen. Wir wählen den Keil, da dieser einen Winkel von 45° aufweist, was für den Druck mit einem FDM/FFF-3D-Drucker auch ohne Stützstruktur produzierbar ist.

Gleichen Sie beide Elemente aneinander über in x-/y-Richtung aus. Dann gruppieren Sie beide Elemente. Das Verbindungselement sollte nun so aussehen wie im Bild 1 auf der nächsten Seite. Dieses 4 mm hohe Verbindungselement platzieren wir jetzt an mehreren Stellen am inneren Rand des Deckels. Dabei soll der spitze Winkel 2,2 mm in das Gehäuse ragen, d. h. der quadratische Teil schaut dann noch 1,8 mm über den Rand hinaus. Wir müssen also zuerst das Element um 180° drehen. Für die Positionierung auf der richtigen Höhe addieren Sie einfach 1,8 mm zur Höhe des Deckels. (Im Beispiel ist der Deckel 13,5 mm hoch und schwebt momentan in 13,5 mm Höhe, d. h. dessen oberer Rand ist in 27 mm Höhe. Wir wählen daher 25,2 mm Abstand des Verbinders von der Zeichenfläche. So ragt er 1,8 mm höher.) Im Bild 2 haben wir zwei dieser Verbinder (rot dargestellt) in einer Ecke platziert.

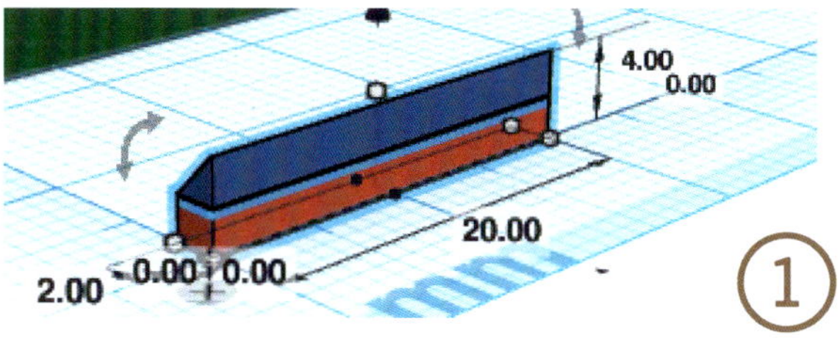

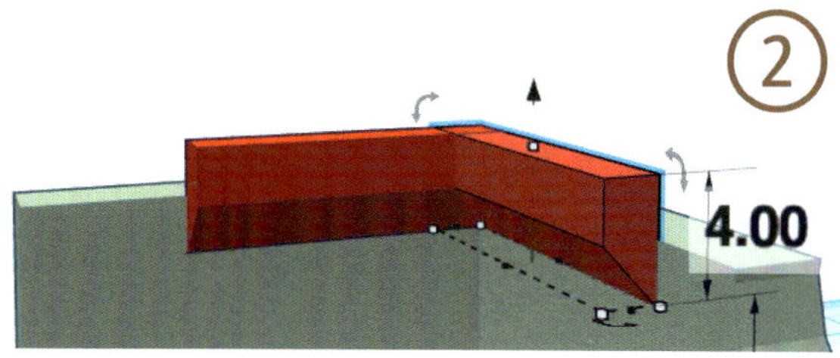

Die Herausforderung hierbei ist, die Verbinder an der Innenwand zu positionieren. Damit die Verbinder stabil genug mit dem Gehäuse verbunden sind und für das Zusammenfügen mit dem Boden später genug Reibung erhalten, setzen wir sie leicht versetzt um 0,2 mm nach außen. Zur Positionierung selektieren wir zuerst einen Verbinder und den Gehäusedeckel. Dann gleichen wir beide am äußeren Rand aus (siehe Bild 3). Anschließend ändern wir bei der Einstellung des Gitternetzes den Wert von *Snap grid* auf 1,0 mm. Dies bewirkt, dass ein selektiertes Objekt mit jedem Druck auf eine Pfeiltaste auf der Tastatur um exakt 1 mm verschoben wird. Da wir die Wandstärke des Gehäusedeckels mit 3 mm gewählt haben, müssen wir jetzt noch den Verbinder selektieren und dreimal die Pfeiltaste (im Beispiel nach links) drücken. Jetzt liegt der Verbinder exakt an der Innenwand des Deckels an (siehe Bild 4).

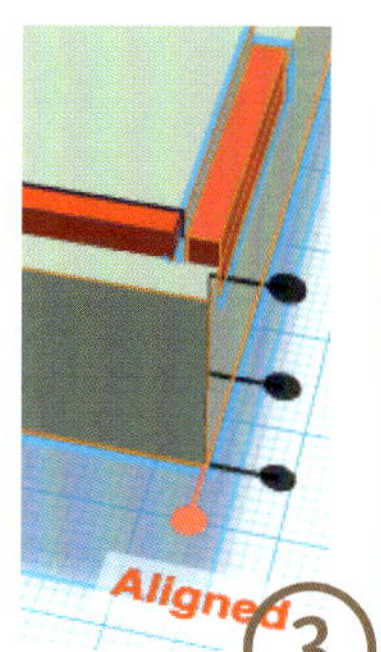

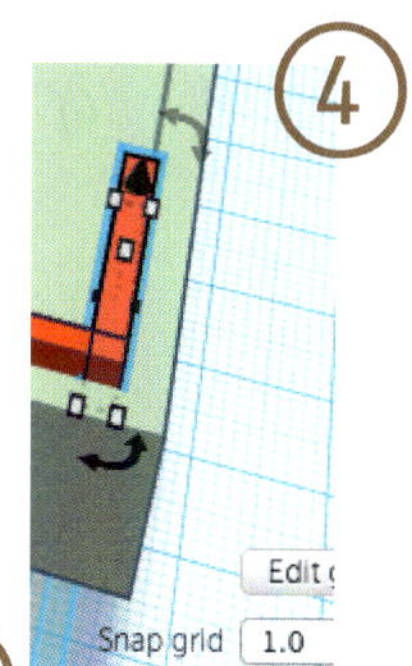

Um die Positionierung für alle weiteren Verbinder zu erleichtern, haben wir zwei der Verbinder in einer Ecke gruppiert, dann dupliziert, anschließend über die Funktion *Adjust/Mirror* vertikal gespiegelt und sie schließlich in der gegenüberliegenden Ecke positioniert. An zwei Stellen haben wir die Verbinderelemente etwas gekürzt, damit sie in etwa 3 bis 4 mm Abstand zu den Aussparungen für die Anschlüsse liegen.

Wichtig: Wie erwähnt, wollen wir Verbinder und Gehäuse stabil miteinander verbinden, um später einen gut haftenden Verschluss mit dem Boden zu garantieren. Dazu versetzen wir die Verbinder jeweils um 0,2 mm nach außen Richtung Gehäuserand. Am einfachsten erreichen wir das wiederum über die Pfeiltasten. Allerdings setzen wir dazu vorher das *Snap grid* auf 0.1. Nun müssen Sie nur noch jeden Verbinder anwählen und zweimal mit der Pfeiltaste so drücken, dass es sich in Richtung Gehäuseaußenrand bewegt. Stellen Sie sicher, dass Sie alle Verbinder in dieser Form versetzen. In unseren Probedrucken hat dieser Versatz um 0,2 mm am besten funktioniert. (Nach mehrmaligem Gebrauch, also Öffnen/Schließen des Gehäuses, kann es zur Abnutzung der Verbinderelemente kommen. Bei

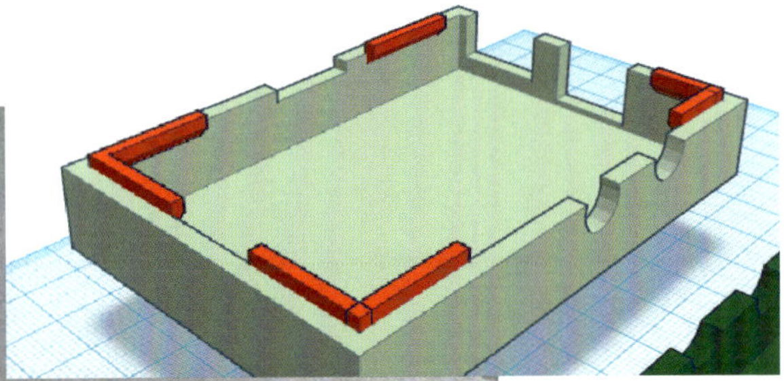

Gehäusen, die oft geöffnet und geschlossen werden, sind deshalb andere Verbinderdesigns besser geeignet.)

Zum Schluss sollte der Deckel wie unten abgebildet aussehen. Um versehentliche Änderungen zu vermeiden, selektieren wir alle Verbindungselemente sowie den Deckel und gruppieren sie.

4. Boden und Deckel als eigenes Design

Bevor wir mit den Lüftungsschlitzen beginnen, empfehlen wir Ihnen, spätestens jetzt Gehäuseboden und Gehäusedeckel als eigenes Design in Tinkercad anzulegen. Dies ist für den späteren Druck sinnvoll, da damit Boden und Gehäuse leichter separat im 3D-Drucker platziert und unabhängig voneinander gedruckt werden können. Am einfachsten duplizieren Sie das gesamte Design (Menü *Design/Duplicate*). Stellen Sie sicher, dass ein Kopie erstellt wurde. Diese wird automatisch von Tinkercad »Copy of...[Name des Designs]« genannt. Löschen Sie aus diesem duplizierten Design nun die gesamte Bodengruppe des Raspberry-Pi-Gehäuses. Anschließend ändern Sie den Namen des Designs über das Menü *Design/Properties* z. B. in »Deckel Raspberry Pi«. Für die folgenden Schritte und den späteren Druck platzieren wir den Deckel auf die Zeichenfläche. Wählen Sie nun den Deckel und stellen Sie den Abstandswert zur Zeichenfläche auf null.

Tipp

Verschieben Sie das Lineal in die linke untere Ecke des Deckels, um die Abstände einfach über die Tastatur eingeben zu können.

Lüftungsschlitze erstellen

Im letzten Schritt wollen wir noch sieben gleichmäßig verteilte, 5 mm breite Lüftungsschlitze in den Deckel schneiden. Sie können stattdessen natürlich auch runde Löcher oder ein Logo zur Belüftung in den Deckel schneiden. Wichtig ist nur, dass der Deckel insgesamt stabil bleibt und später auch mit dem 3D-Drucker produzierbar ist (Stichwort Mindestwandstärken).

Für die Lüftungsschlitze wählen wir aus den geometrischen Grundformen den Quader (*Box*). Wir geben ihm die Maße 45 × 5 × 6 mm (LBH). Zudem definieren wir dieses Element als Loch. Anschließend positionieren wir das Element mittig zum Gehäuse und im Abstand von 14 mm vom linken äußeren Rand des Deckels (siehe Bild unten links).

Duplizieren Sie nun dieses Element und ziehen Sie es mit der Maus (wichtig: nicht über die Pfeiltasten der Tastatur) rechts neben das erste Element, mit 5 mm Abstand. Auf der Anzeige sollte es dann 24 mm von der linken unteren Ecke des Deckels entfernt sein. Achten Sie beim Verschieben mit der Maus darauf, den Abstand vom vorderen und hinteren Gehäuserand nicht zu verändern. Der zweite Lüftungsschlitz ist nun platziert (siehe Bild unten Mitte). Um weitere Lüftungsschlitze im gleichen Abstand hinzuzufügen, kommt jetzt die *Smart Duplicate*-Funktion zum Einsatz. Drücken Sie zum Duplizieren erneut Strg+D. Das dritte Element wird nun im exakt gleichen Abstand wie das zweite Element erstellt. Für die restlichen Lüftungsschlitze drücken Sie noch viermal Strg+D. Jetzt haben wir alle sieben Lüftungsschlitze erstellt (siehe Bild unten rechts).

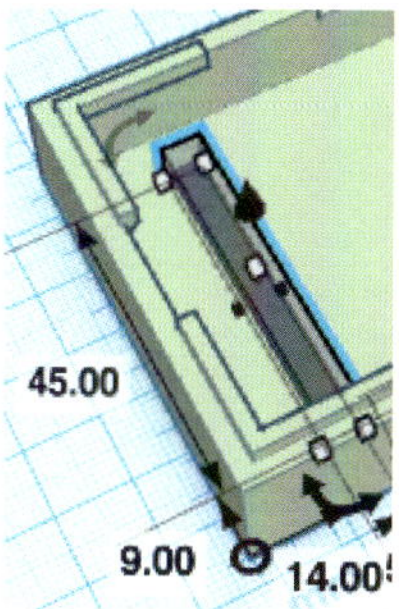

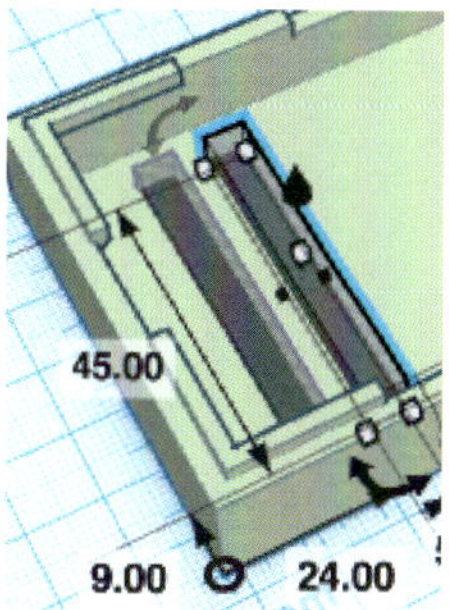

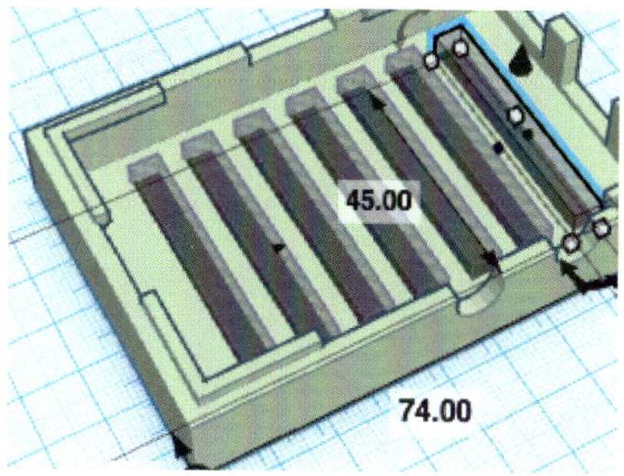

Zum Ausschneiden der Lüftungsschlitze müssen wir jetzt nur noch alle Elemente miteinander gruppieren.

5. 3D-Druck des Raspberry Pi-Gehäuses

Wir haben beide Gehäuseteile zusammen und mit folgenden Parametern (in Cura für RepRap und Ultimaker) gedruckt:

- Schichthöhe (Layer height): 0,2 mm
- Wandstärke (Shell thickness): 0,8 mm
- Unterste/oberste Schichtdicke (Bottom/Top thickness): 0,4 mm
- Füllungsgrad (Fill Density): 20 %
- Geschwindigkeit: 45 mm/s
- Retraction: 40 mm/s (Distance 4,5 mm)

Temperatur: Wir haben mit PLA/PHA (von Colorfabb) bei 215° gedruckt und sehr gute Erfahrungen ohne Lüfter gemacht. Dadurch konnte das Problem des »Warpings« stark reduziert werden. Diese Einstellung ist allerdings sehr vom eingesetzten Material abhängig und von Drucker zu Drucker anders zu wählen.

Benötigte Druckzeit:	2:36 Stunden
Materialmenge:	4,2 Meter (3-mm-PLA/PHA-Filament), 33 Gramm
Materialkosten:	ca. 1,30 Euro

Das Ergebnis

7.5 Fuß für ein Mini-Stativ

Projekthistorie

Das Design für das Mini-Stativ stammt von Olivier Roth (Tinkercad-User: Olivierr), einem ehemaligen Teilnehmer unserer 3D-Druck-Workshops. Olivier hat es extra für dieses Buch erstellt. Vielen Dank! Bei Tinkercad steht es jedem frei zur Verfügung. Olivier verkauft online z. B. Kristalle und Mineralien (*http://www.kristalle.ch*).

Häufig möchte man kleine Objekte fotografieren. Dazu werden vielfach Tischstative eingesetzt. Je nach Aufnahmesituation und Objekt sind diese aber bereits zu hoch. Die Kamera, direkt auf den Tisch gelegt, erlaubt keine Veränderung des Blickwinkels in der Vertikalen, und bei Kameras mit großen Objektiven kann die Berührung mit dem Tisch das Zoomen oder Scharfstellen behindern. Dies war Anlass für die Idee, ein Mini-Stativ selbst zu konstruieren, das aus einem kleinen Kugelkopf und einem minimalen Fuß besteht. Dieser Fuß lässt sich sehr gut mit einem 3D-Drucker herstellen.

Schwierigkeitsgrad	mittel
Benötige Zeit	ca. 60 Minuten
Tinkercad-Design	Stand3
URL	*https://tinkercad.com/things/9Tf5OJMDgKo-stand3*

Vorstudien/Prototypen

Die erste Version sollte möglichst gut transportierbar sein und wurde daher aus zwei zusammensteckbaren Teilen konstruiert. Doch stellte sich heraus, dass diese Version statisch nicht ausreichend und der Hohlraum für die Schraube etwas zu eng bemessen war. Die Änderungen sind in Teil 2 (Foto rechts) von Version 1 (Foto links) eingeflossen.

Fotos: Olivier Roth

Natürlich müssen bei so einem Tischstativ auch Größe, Schwerpunkt und Gewicht der Kamera mit Objektiv berücksichtigt werden. Ein kleiner Sturz könnte die Kamera bereits beschädigen. Daher wurde der Fuß aus einem Stück konstruiert, und so sind die Prototypen 2 und 3 entstanden. Beim Ausprobieren dieser Prototypen mit vier Füßen stellte sich schnell heraus, dass sie zu wackelig sind. Selbst bei einer kleinen Unebenheit des Untergrunds oder einer kleinen Abweichung eines Fußes stehen sie nicht mehr stabil. Wir bemerkten, dass es kein Zufall ist, dass die allermeisten Stative nur drei Beine haben. So entstand schließlich die endgültige Version mit nur drei Füßen.

Grundelemente überlegen

Zum Konstruieren aus Grundformen verwenden wir in der Mitte ein rundes Element und für die Aussparung der später einzusetzenden Senkkopfschraube eine Pyramide und einen Zylinder. Das Element in der Mitte und die drei Füße erstellen wir mit dem Community-Skript »Chamfered & rounded«, das auch von Olivier Roth stammt. Im Unterkapitel »Tinkercad für Fortgeschrittene« in Kapitel 6.2 erklären wir die Anwendung und Funktionsweise ausführlich. Damit erzeugen wir sehr schöne, abgeschrägte Kanten der drei Füße und des Elements in der Mitte.

Konstruktion der drei Füße

Nach Erstellen eines neuen Designs starten wir mit den Füßen. Dazu wählen wir das Community-Skript »Chamfered & rounded« und ziehen es auf die Arbeitsfläche. Im

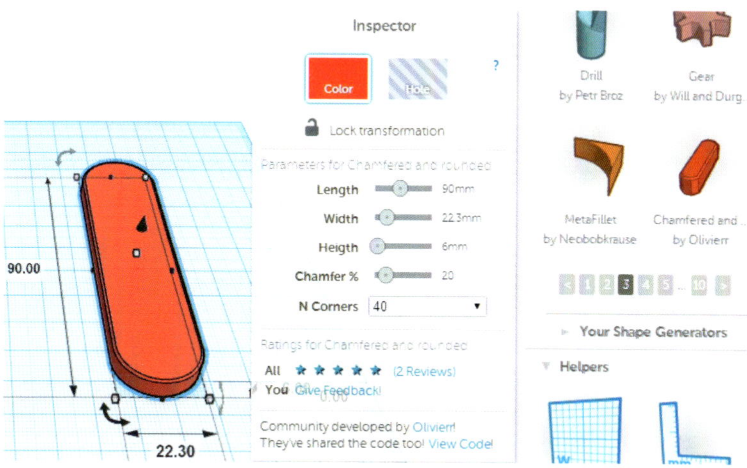

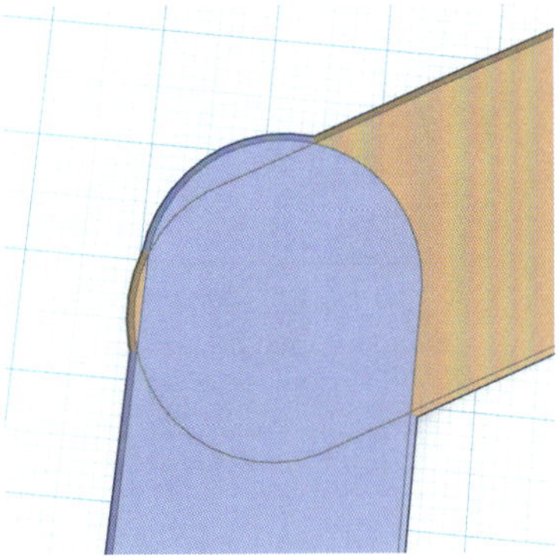

Inspector-Fenster geben wir die folgenden Werte ein: Länge: 90 mm, Breite: 22,3 mm, Höhe: 6 mm, Chamfer: 20 % und Eckpunkte (N Corners): 40.

Anschließend duplizieren ([Strg]+[D]) wir das eben erstellte Element und drehen es um 60°. Die dritte Kopie erzeugen wir einfach nochmals mit der *Duplizieren*-Funktion. Dadurch wird der dritte Fuß um weitere 60° gedreht. Die drei nun zentriert ausgerichteten Elemente verschieben wir so nach außen, dass sie sich dort jeweils leicht überschneiden (siehe Bilder unten). Anschließend gruppieren wir die drei Füße.

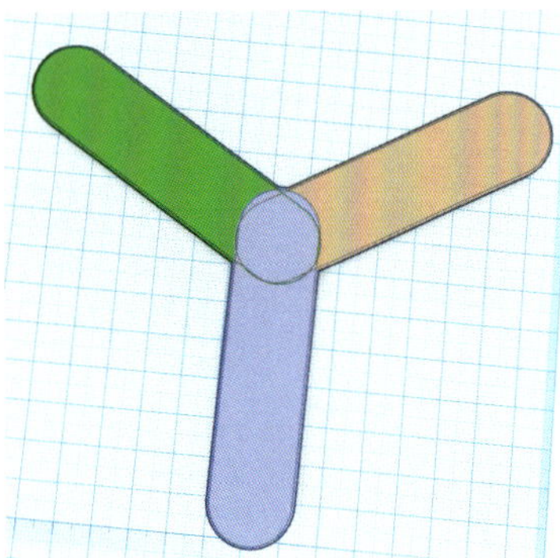

Mittelelement für Senkschraube erstellen

Für das runde mittlere Element, in das die Senkschraube später kommt, verwenden wir wiederum das Community-Skript »Chamfered & rounded«. Wir möchten die gleichen abgerundeten Kanten haben wie bei den drei Füßen. Alternativ hätten wir hier einfach auch einen Zylinder wählen können. Im Inspector-Fenster des »Chamfered & rounded«-Shapes geben wir die Werte ein: Länge und Breite: 30 mm, Höhe: 6 mm, Chamfer: 20 % und Eckpunkte (N Corners): 40. Wir platzieren dieses Element zunächst neben den Füßen. Für den Hohlraum der Senkschraube verwenden wir einen Kegel mit dem Durchmesser 12,5 mm und einer Höhe von 9,5 mm. Diesen drehen wir mit der Spitze nach unten auf den Kopf und positionieren ihn 3.5 mm unterhalb der Arbeitsfläche, damit der obere Rand in 6 mm Höhe ist, wie das vorher erstellte runde Element. Für den Schaft nehmen wir einen Zylinder mit Durchmesser 6,3 mm und Höhe 10 mm. Diesen positionieren wir 4 mm unterhalb der Arbeitsfläche. Anschließend zentrieren wir die beiden Elemente mittig und oben und gruppieren sie dann (siehe Bild links).

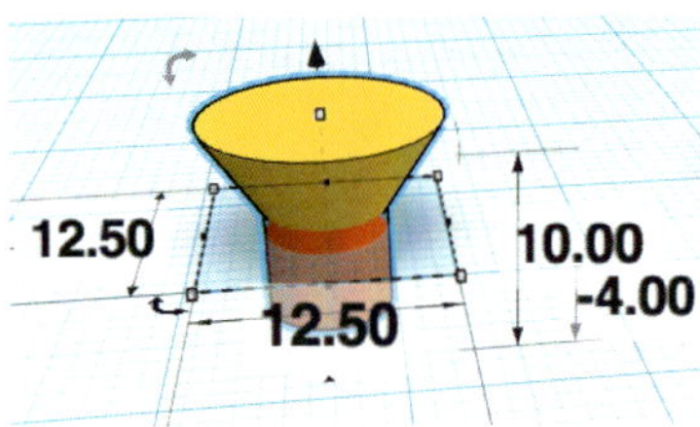

Fertigstellen des Stativdesigns

Nun zentrieren wir die eben erstellte Gruppe noch mit dem Mittelelement. Beide Elemente bewegen wir nun mittig an die Stelle, an der sich die drei Füße überschneiden. Erst jetzt definieren wir die Gruppe Kegel/Zylinder als Loch. Zum Schluss gruppieren wir alle Elemente des Designs miteinander. Jetzt ist auch die Aussparung für die Schraube entstanden. Fertig ist das 3D-Design für unseren Mini-Stativfuß – er kann gedruckt werden.

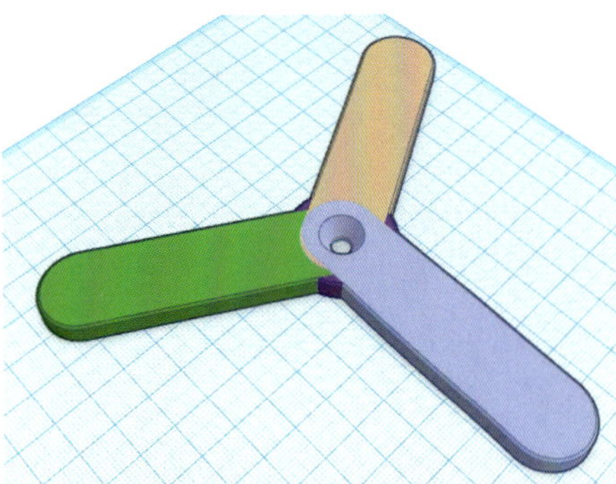

3D-Druck des Stativfußes

Wir haben den Fuß für das Mini-Stativ mit folgenden Parametern (in Cura für RepRap und Ultimaker) gedruckt:

- Schichthöhe (Layer height): 0,2 mm
- Wandstärke (Shell thickness): 0,8 mm

- Unterste/oberste Schichtdicke (Bottom/Top thickness): 0,6 mm
- Füllungsgrad (Fill Density): 25 %
- Geschwindigkeit: 45 mm/s
- Retraction: 40 mm/s (Distance 4,5 mm)

Benötigte Druckzeit:	1:15 Stunden
Materialmenge:	2,2 Meter (3-mm-PLA-Filament), 18 Gramm
Materialkosten:	ca. 0,70 Euro

Montage des gedruckten Fußes mit dem Kugelkopf

Nach dem Druck bleibt nur noch der letzte Schritt, die Montage des Mini-Stativs. Dafür benötigen wir folgende Bestandteile:

- Den eben erstellten und gedruckten Stativfuß.
- 1 Kugelkopf (engl. ball-head). Er kann z. B. über eBay in verschiedenen Größen günstig erstanden oder von einem anderen Stativ abmontiert werden. Die Größe des Kugelkopfs hängt insbesondere vom Gewicht der einzusetzenden Kamera ab. Hier wird ein Maximaldurchmesser von 3 cm angenommen; bei größeren Kugelköpfen sollte der Fuß angepasst werden (siehe unten).
- 1 × ¼“-20 (Standard für Fotostative) Senkkopfschraube von 10 mm Länge (z. B. via eBay).
- Eventuell Filzgleiter oder etwas Moosgummi (erhältlich im Bastelladen) zum Anbringen unter den Füßen. Das erhöht die Standsicherheit.

Fotos: Olivier Roth

Die Montage ist unkompliziert: bei Bedarf Moosgummi zuschneiden, unter die Füße kleben und mit der Schraube den Kugelkopf montieren. Das Ergebnis sehen Sie rechts: oben der gedruckte Fuß und die Montageteile. Unten ein »Selbstbildnis« einer Nikon D90 (mit Tamron-Makroobjektiv 35 mm) in einem Spiegel, montiert auf dem selbst erstellten Mini-Stativ.

Fazit

Das Mini-Tischstativ hat sich in der Praxis für leichtere Fotoapparate bewährt. Selbstverständlich sind Sie als Anwender dafür verantwortlich, dass die Kamera einigermaßen im Lot steht, das muss natürlich auch bei einem gekauften Stativ beachtet werden. Im Übrigen kann der Fuß für beliebige andere Objekte verwendet werden, z. B. für eine kleine Lampe, die Halterung einer Lupe, als Ständer für ein kleines Schild, eine Uhr etc. Wer den Stativfuß verändern will, kann sich eine Kopie anlegen, die Gruppierung aufheben, die einzelnen Teile entsprechend anpassen (am besten im Inspector), richtig anordnen bzw. zentrieren und wieder gruppieren.

Gültig für alle Konstruktionen

Sollen Sie sich an die Konstruktion eines eigenen Elements wagen, ist folgendes zu empfehlen:

- Von bewährten Lösungsansätzen abschauen.
- Bei Eigenkreationen kann man allerfrühestens ab der dritten Version mit einem brauchbaren Resultat rechnen.

7.6 Stativadapter

Jeder halbwegs ambitionierte Fotograf kennt wohl die Situation: Man möchte eine Kamera, einen Blitz oder sonst was auf einem Stativ befestigen, nur hat man gerade keinen passenden Adapter – vom Geld für einen solchen Adapter ganz zu schweigen. Aber zum Glück haben wir ja einen 3D-Drucker.

Schwierigkeitsgrad	Mittel
Benötigte Zeit	ca. 60 Minuten
SketchUp-Make-Design	Stativadapter
URL	*http://www.thingiverse.com/thing:253785*

Projekthistorie

Ramun Berger von der Firma 89grad GmbH und vom FabLab in Bern war einer der ersten, die mich (Jochen) in die Untiefen des 3D-Drucks geführt haben, und half mir beim Zusammenbau meines ersten 3D-Druckers, eines Ultimaker 1, im Rahmen eines Workshops des FabLab Luzern. Freundlicherweise hat er dieses Beispiel eines Kamerastativadapters extra für unser Buch erstellt. Für Sie als Leser wird es interessant sein, wie sich das Vorgehen in SketchUp von dem in Tinkercad unterscheidet.

Vorabüberlegungen

Im konkreten Beispiel ist es das Ziel, eine möglichst »schonende« Stativhalterung für die Kinect zu bauen, ohne das Gerät selbst zu verkleben oder daran etwas anzuschrauben. Für dieses Beispiel verwenden wir das 3D-Design Programm SketchUp Make, das wir in Kapitel 6.3 vorgestellt haben.

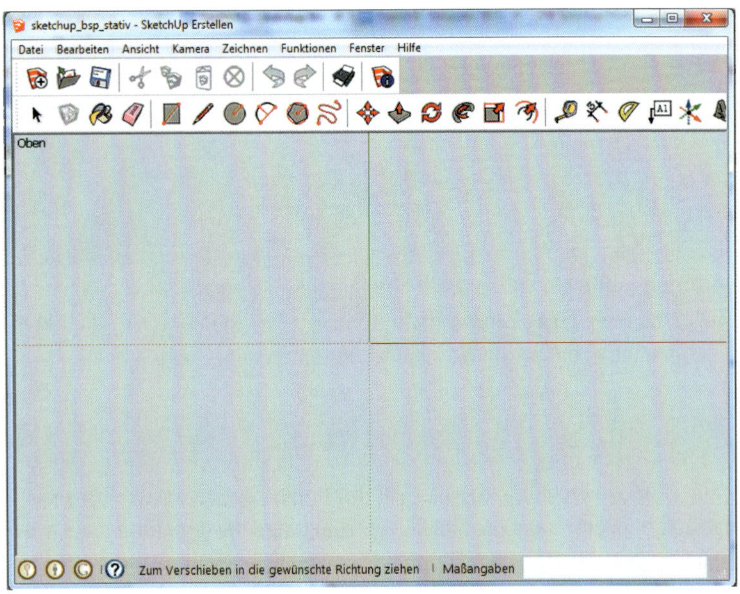

In SketchUp ist die Umsetzung der Idee eigentlich recht einfach, sobald man die Software etwas kennengelernt hat. Wir starten SketchUp und gehen zuerst in den Grundriss (⌘1 in der Mac-Version oder Menü *Kamera/Standardansichten/Oben*). Für unser Vorhaben ist diese Ansicht viel praktischer. Damit lässt sich einfach zeichnen.

Praxistipp

Sollte das gezeichnete Quadrat nicht angezeigt werden, kann das daran liegen, dass die Anzeige in SketchUp zu stark verkleinert ist. In diesem Fall hilft ein Klick auf das Werkzeug *Alles zeigen*. Es vergrößert die Anzeige in SketchUp so weit, dass alle gezeichneten Objekte auf dem Bildschirm angezeigt werden (siehe Screenshot unten).

Grundkörper zeichnen

Zuerst zeichnen wir mit dem Rechteck-Werkzeug ein Quadrat. Dazu klicken wir einmal auf den Ursprung und fahren dann mit der Maus nach oben rechts (in den ersten Quadranten). Vor dem zweiten Mausklick geben wir mit der Tastatur einfach »35mm, 35mm« (ohne Anführungszeichen) ein. Damit haben wir die gewünschten Abmessungen im *Maßangaben*-Feld am unteren rechten Fensterrand erfasst.

Zum Bestätigen der Werte einfach `Enter` drücken – schon haben wir ein kleines Quadrat.

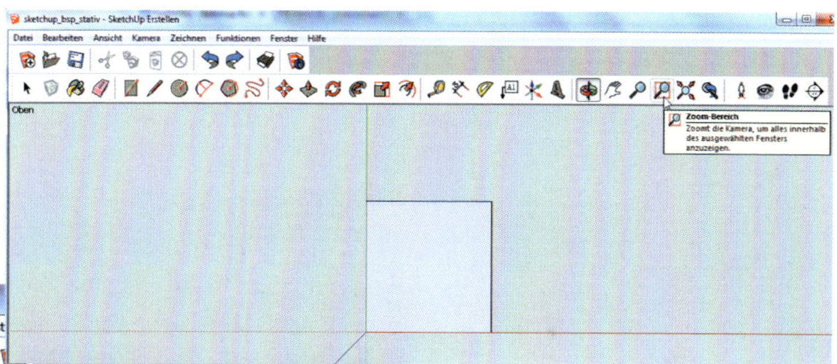

Jetzt wechseln wir in die isometrische Perspektive (⌘7 auf dem Mac oder Menü *Kamera/Standardansicht/Iso*).

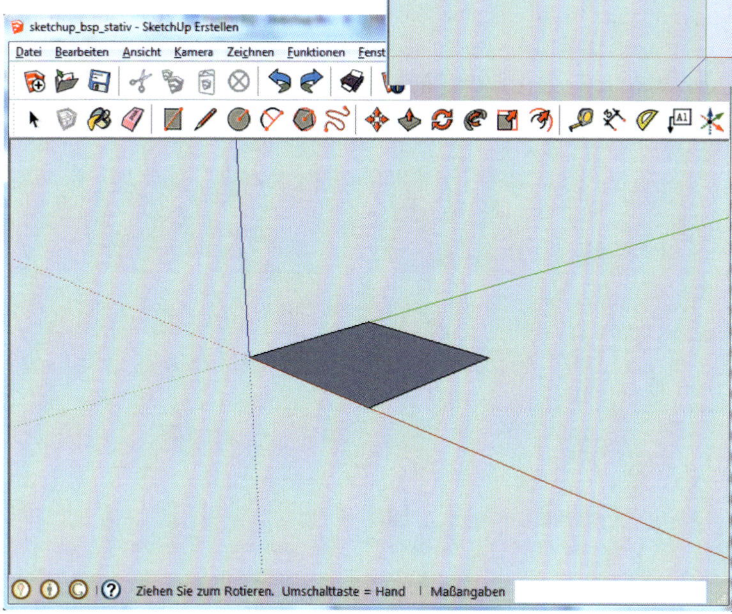

Nun wollen wir aus dem Quadrat einen Volumenkörper machen. Dazu wählen wir das Drücken/Ziehen-Werkzeug und klicken auf das Quadrat. Dann ziehen wir die Maus nach oben (also parallel zur blauen Achse und weg vom

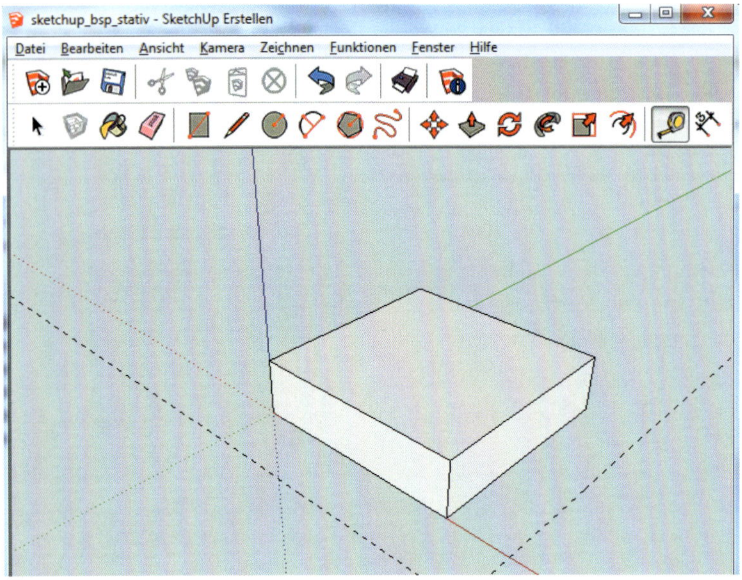

Quadrat) und geben »9mm« über die Tastatur ein (nicht vergessen, mit [Enter] zu bestätigen). Schon haben wir unseren Grundkörper.

Als Nächstes wollen wir den Quader von unten etwas nach innen »drücken«. Zuerst muss die Ansicht so gedreht werden, dass wir die Unterseite des Quaders sehen. Dazu wählen wir die Rotierfunktion (Taste [O]), halten die Maustaste auf der Zeichenfläche gedrückt und bewegen die Maus nach oben. Jetzt wählen wir das Versatz-Werkzeug (Taste [F]), klicken die Unterseite des Körpers an und fahren mit der Maus etwas in Richtung Mitte der Unterseite, geben von Hand »2mm« ein und bestätigen mit [Enter]. Und schon haben wir einen symmetrischen Abstand von 2 mm von der Außenwand erzeugt.

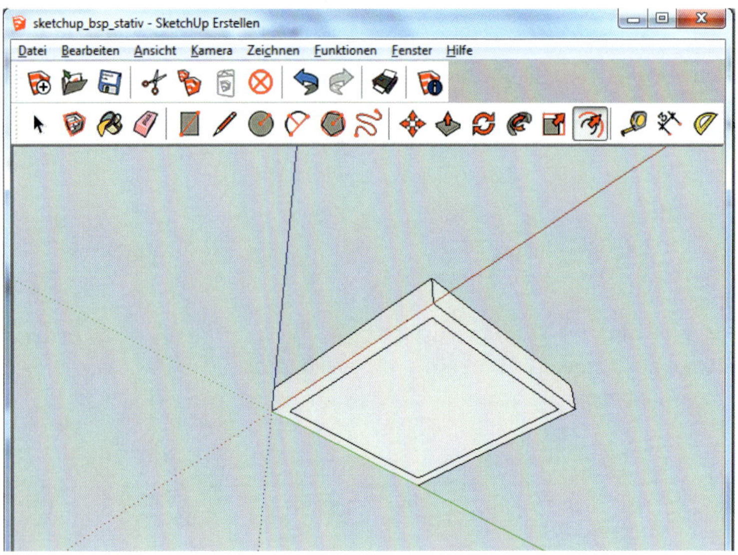

Zum Eindrücken wählen wir wieder das Drücken/Ziehen-Werkzeug (Taste [P]) und gehen mit der Maus auf die Innenseite. (Achten Sie darauf, dass Sie die richtige Fläche bewegen. Die selektierte Fläche erscheint blau gepunktet.) Wir bewegen die Maus etwas nach oben (also in den Körper hinein) und tippen von Hand »6mm« ein.

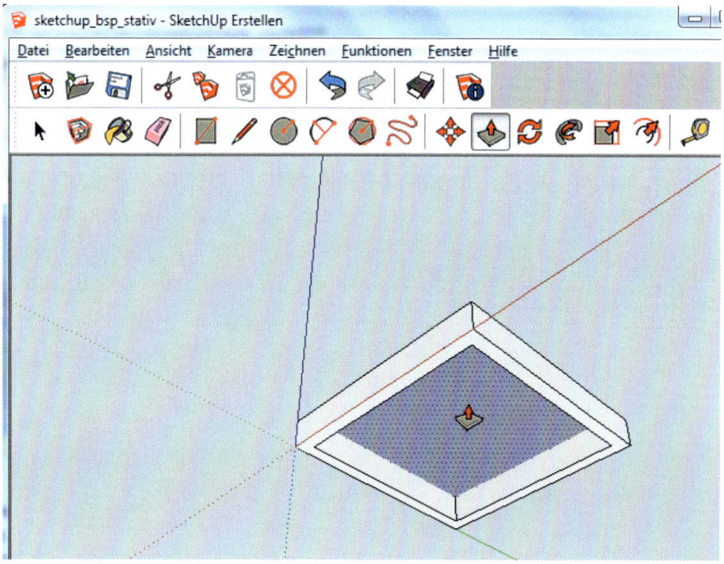

Damit haben wir die Unterseite nun um 6 mm eingedrückt und eine Art Schale erstellt, die auf dem Kopf steht. Über die Rotierfunktion ([O]) betrachten wir diese Schale von der Oberseite.

Als Nächstes möchten wir Hilfslinien im Abstand von 1 cm um den Körper herum erzeugen. Wir erstellen sie mit der Maßbandfunktion ([T]). Wir klicken auf die untere Linie der rechten Außenseite des Körpers, bewegen die Maus etwas nach außen, weg vom Körper, geben »10mm« ein und bestätigen mit [Enter]. Das Gleiche machen wir für die vordere Außenseite. Damit erhalten wir nun Hilfslinien im Abstand von 1 cm um die Grundfläche des Körpers herum.

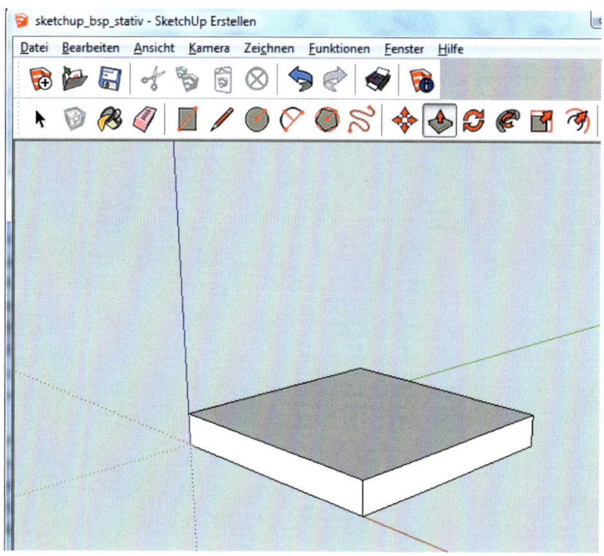

Jetzt wechseln wir die Ansicht wieder auf die Unterseite des Körpers (mit [O]). Wir wählen mit dem Auswahl-Werkzeug ([Leertaste]) den äußeren Rand an und nehmen dann das Skalieren-Werkzeug ([S]). Auf der Grundfläche wird nun ein gelber Rand mit acht grünen Anfassergriffen angezeigt.

Und jetzt kommt der magische (oder zumindest nette!) Trick: Wir ziehen die obere rechte Ecke des Körpers auf den Schnittpunkt der beiden Hilfslinien – und halten dabei die [Strg]-Taste gedrückt. Damit skaliert der Körper nicht nur in die Richtung, in die wir ziehen, sondern in einer Art Punktsymmetrie zum Mittelpunkt der Geometrie. Oder anders gesagt: Alle Ecken bewegen sich genauso wie die, an der wir ziehen.

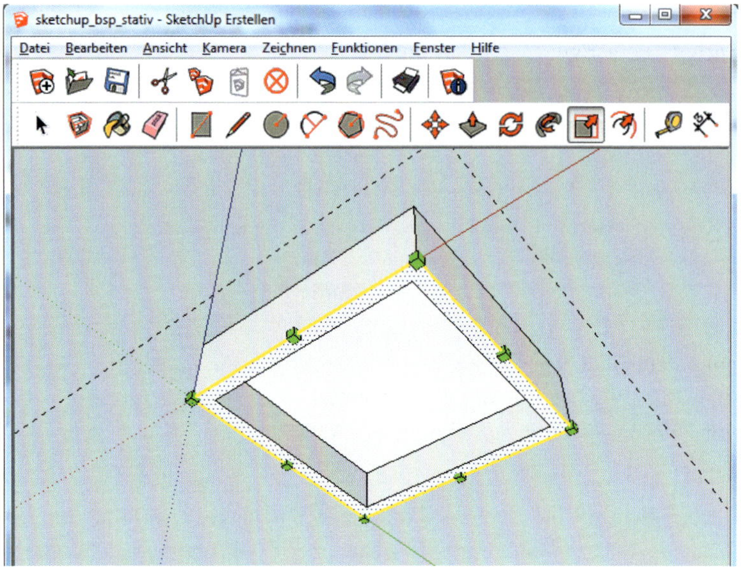

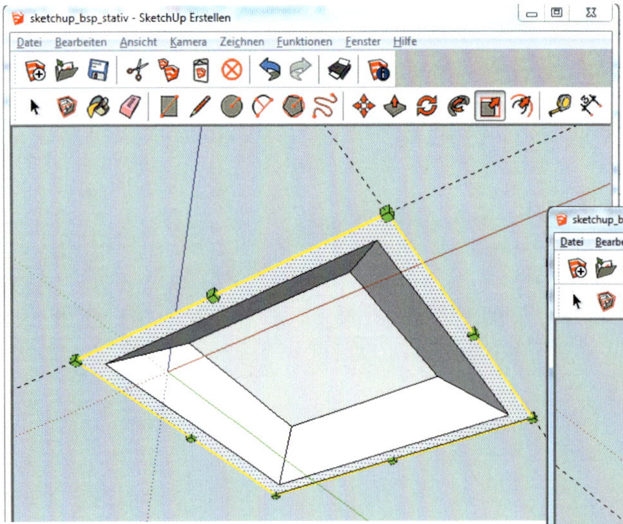

Jetzt schauen wir ganz stolz unseren Stativadapter von allen Seiten an. Natürlich mit dem Rotationswerkzeug (O).

Sieht doch schon ganz nett aus!

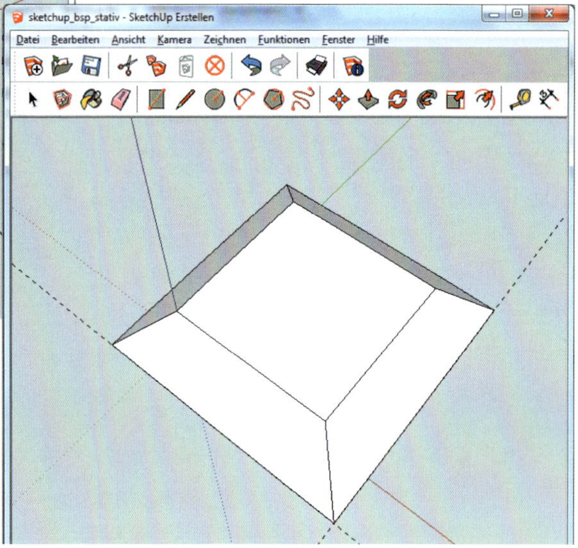

Aber wir wollen ja nicht nur einen Stativadapter haben und ihn ins Stativ einspannen, sondern wir möchten etwas daran befestigen. Dazu wollen wir ein Loch in die Mitte bohren, um eine Schraube durchstecken zu können.

Loch für Befestigungsschraube erstellen

Doch wie finden wir den Mittelpunkt? Man könnte jetzt messen und rechnen. Aber SketchUp hilft uns da gleich selbst. Wir wählen wieder mit [T] das Maßband-Werkzeug, klicken auf die vordere obere Kante (möglichst rechts von der Mitte) und fahren entlang der rechten Oberkante nach oben (oder hinten, je nach Perspektive), bis plötzlich der Cursor – der ein kleines, rotes Quadrat war – zu einem hellblauen Kreis wird. Dieser zeigt die Mitte der Kante an (siehe Bild unten). Nach erneutem Klick wird dann eine neue Hilfslinie exakt in der Mitte der oberen rechten Kante parallel zur roten Achse erzeugt.

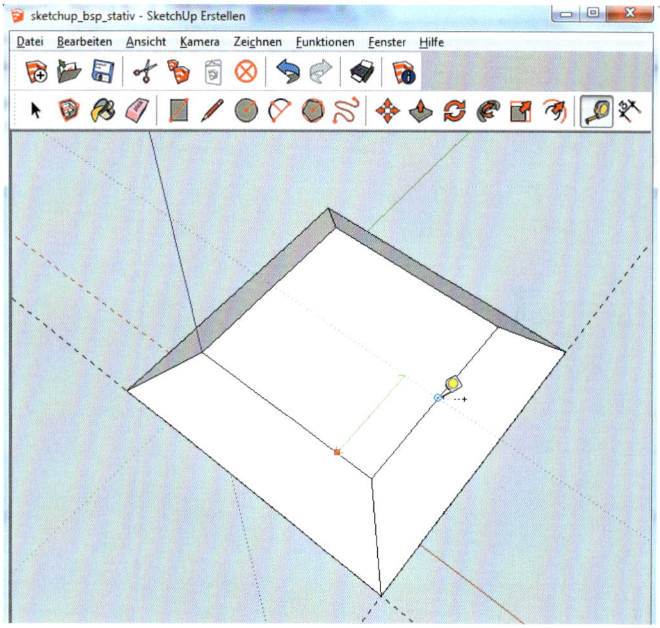

Den Vorgang wiederholen wir von der rechten Seite aus, um die zweite Hilfslinie in der Mitte der unteren Oberkante parallel zur grünen Achse zu erzeugen. Nun haben wir zwei Hilfslinien, die sich auf der Körpermitte kreuzen.

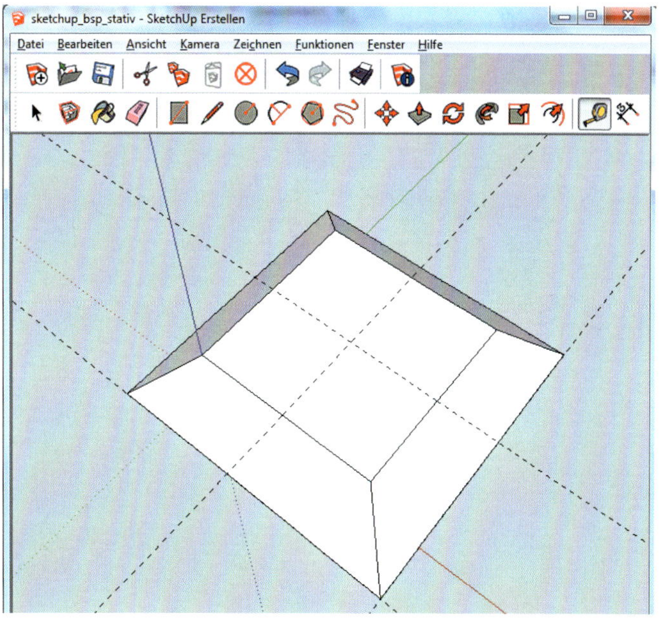

Als Nächstes wollen wir ein Loch für die später einzusetzende Schraube »bohren«. Dazu wählen wir als Erstes das Kreis-Werkzeug, klicken auf den Schnittpunkt der Hilfslinien, bewegen die Maus etwas vom Schnittpunkt weg und geben über die Tastatur den Radius unserer M4-Schraube ein: »2 mm«

Zum »Bohren« des Lochs verwenden wir nun wieder das Drücken/Ziehen-Werkzeug und drücken den eben erzeugten kleinen Kreis nach unten. Über die Tastatur geben wir »3mm« ein, was ausreicht, da die Oberseite auch nur noch 3 mm dick ist. Schon haben wir ein schönes Loch.

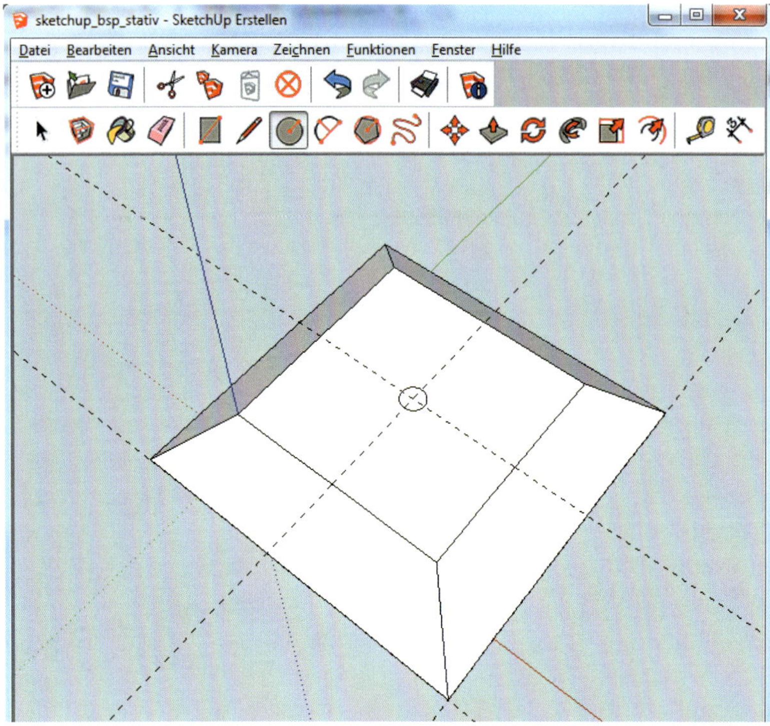
sketchup_bsp_stativ - SketchUp Erstellen
Datei Bearbeiten Ansicht Kamera Zeichnen Funktionen Fenster Hilfe

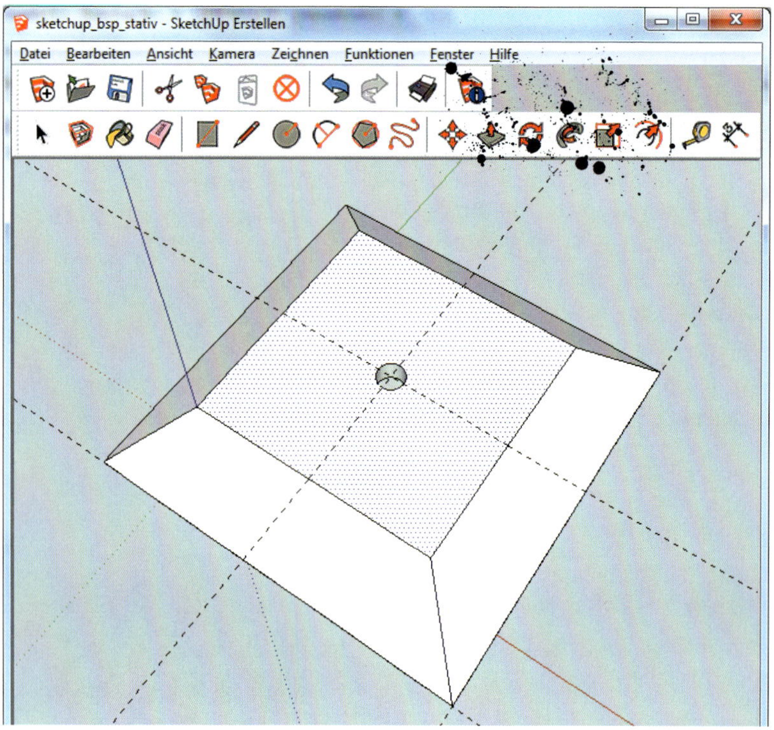
sketchup_bsp_stativ - SketchUp Erstellen
Datei Bearbeiten Ansicht Kamera Zeichnen Funktionen Fenster Hilfe

Zeichnung für 3D-Druck vorbereiten/Export als STL-Datei

Was jetzt noch fehlt, damit wir den Adapter drucken können, ist der Export in eine STL-Datei. Dafür benötigt man ein Plug-in, das sich heute einfach installieren lässt. Das Plug-in und die Anleitung dazu findet man hier: *http://extensions.sketchup.com/en/content/sketchup-stl*. Wir haben das Plug-in und die Installation im Unterkapitel »Installieren des STL-Export Plug-ins« in Kapitel 6.3 bereits beschrieben.

Wer noch eine ältere Version von SketchUp installiert hat, wird z. B. hier fündig: *http://www.guitar-list.com/download-software/convert-sketchup-skp-files-dxf-or-stl*.

Der Export ist dann relativ einfach: Man muss nur schauen, dass alles markiert ist, was man exportieren will. Am einfachsten geht das, indem man mit dem Auswählen-Werkzeug (`Leertaste`) neben das Objekt klickt – dann ist nämlich nichts ausgewählt.

Für den Export wählen wir das Menü *Datei/Exportiere STL...* Im nächsten Dialogfenster geben wir als Exporteinheit *mm* und als Dateiformat *Binärdatei* unter *Dateiformat* ein. Dann müssen Sie das Modell nur noch speichern. Fertig ist die STL-Datei für den 3D-Druck.

7.6.1 3D-Druck und Montage des Stativadapters

Den Stativadapter haben wir mit folgenden Parametern (in Cura für RepRap und Ultimaker) gedruckt. Wir empfehlen, das Modell »auf dem Kopf« zu drucken, also mit der Oberseite auf der Druckplatte (wie auf dem Bild unten). Dann lässt es sich am einfachsten mit kaum Überhang drucken und benötigt keine Supportstruktur:

- Schichthöhe (Layer height): 0,1 mm
- Wandstärke (Shell thickness): 1,2 mm
- Unterste/oberste Schichtdicke (Bottom/Top thickness): 0,6 mm
- Füllungsgrad (Fill Density): 40 %
- Geschwindigkeit: 50 mm/s
- Retraction: 40 mm/s (Distance 4,5 mm)

Benötigte Druckzeit:	1:09 Stunden
Materialmenge:	1,03 Meter (3-mm-PLA-Filament), 8 Gramm
Materialkosten:	ca. 0,40 Euro

Den gedruckten Adapter haben wir für eine Kinect-Halterung auf einem Stativ verwendet. Neben dem Stativadapter selbst haben wir für die Hal-

Der gedruckte Stativadapter. (Foto: Ramun Berger)

terung der Kinect noch das 3D-Modell des zweiteiligen »Tripod Adapter for Kinect« des Thingiverse-Users *allartburns* (*http://www.thingiverse.com/thing:6930*) von Thingiverse heruntergeladen und gedruckt. Anschließend haben wir eine passende Schraube und eine Mutter gesucht (bei uns passte eine M4-Schraube/-Mutter gut). Falls das Loch im gedruckten Stativadapter etwas zu eng ist, kann man es mit einer Bohrmaschine leicht vergrößern. Zur Montage wird zuerst das Objekt (in diesem Fall der »Tripod Adapter for Kinect«) zusammengebaut, dann die Mutter eingesetzt und zum Schluss der Stativadapter dagegengeschraubt. Unterlagscheibe nicht vergessen! Fertig ist unsere Halterung für die Kinect.

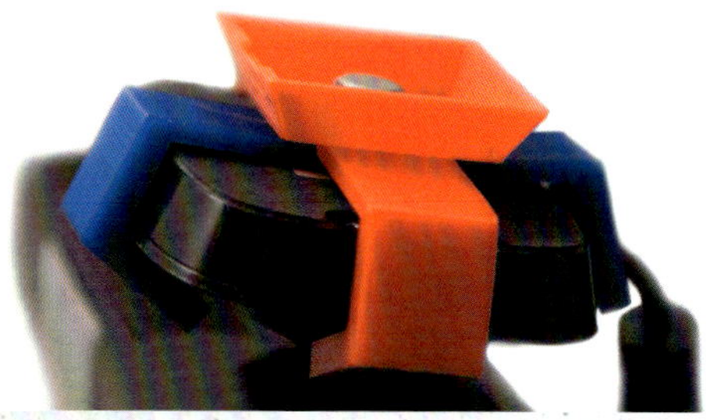

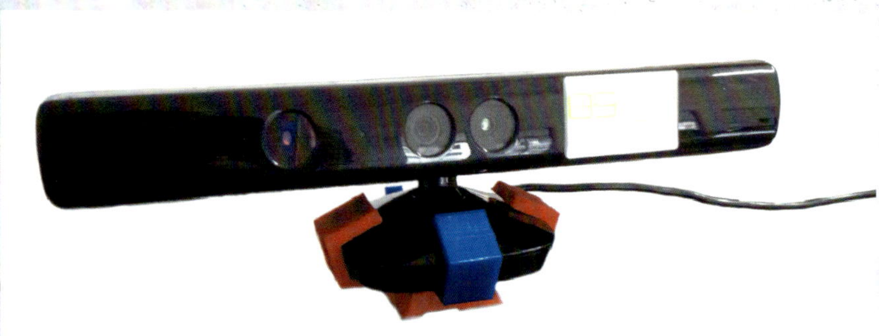

(Fotos: Ramun Berger)

Dieser Stativadapter kann natürlich auch verwendet werden, um etwas anderes zu halten. Abhängig davon muss man dazu noch ein wenig selbst designen (oder im Internet ein existierendes 3D-Modell finden).

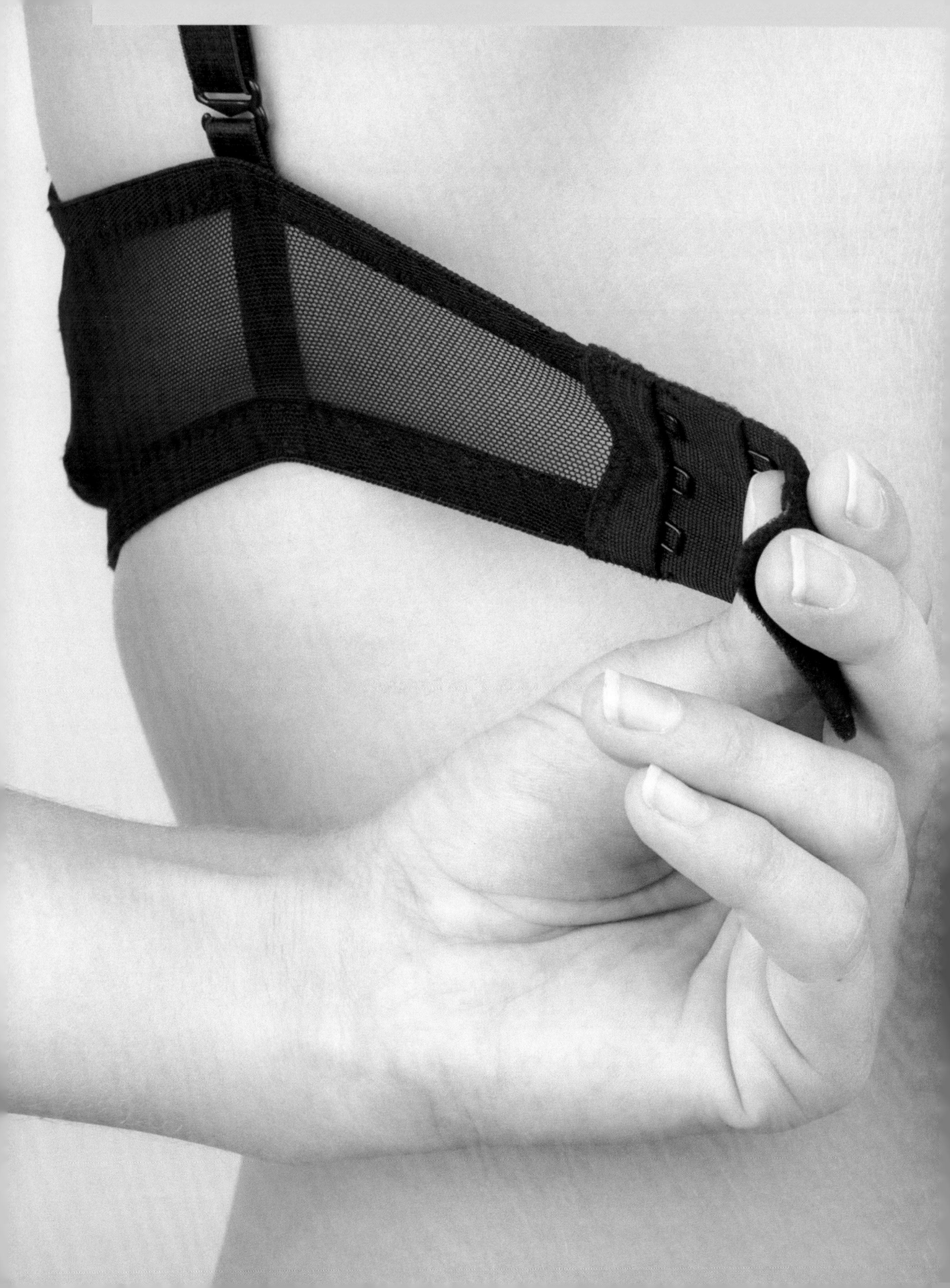

KAPITEL 8

LICHT AUS, SPOT AN

3D-Scans umsetzen

3D-Scans umsetzen

8.1 Kind im Schneidersitz

In diesem Kapitel wird ein 3D-Modell einer Person im Schneidersitz erstellt. Die einzelnen Schritte sind:

1 Unbereinigtes 3D-Modell mit ReconstructMe (V1) und Kinect erstellen.

2 Reduktion der Polygone und Scanartefakte entfernen mit MeshLab V 1.3.2

3 Glätten der Oberflächen mit Meshmixer 2

4 Zuschneiden des Modells und Wasserdichtigkeit in netfabb Studio Basic.

8.1.1 Scannen mit ReconstructMe

Wir starten ReconstructMe und wählen unter *File/Settings* folgende Einstellungen für die *Scan Region*:

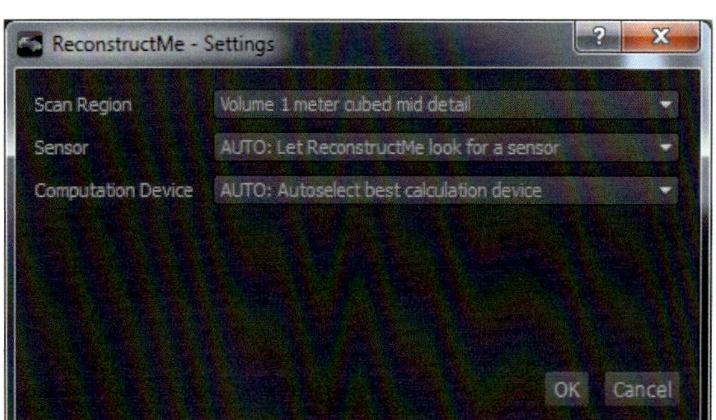

In den meisten Fällen reicht *mid detail* aus; der hohe Detaillierungsgrad, der auch eingestellt werden kann, bringt für diese Art von Objekten unwesentliche Qualitätsverbesserungen – und nur auf Kosten der Performance. Nun sehen Sie in ReconstructMe die beiden Vorschaufenster (Kamera- und Tiefensensorsicht).

Platzieren Sie Ihr Motiv, um es mit der Kinect zu umrunden. Achten Sie darauf, dass genug Platz ist. Ideal sind 1 bis 1,5 m Distanz zwischen Motiv und Kinect, mindestens brauchen Sie 40 cm. Die Person soll sich möglichst bequem hinsetzen, sodass sie etwa eine Minute stillhalten kann. Weiterhin ist natürlich schon jetzt darauf zu achten, dass allzu starke Überhänge vermieden werden, beispielsweise können horizontal zur Seite gestreckte Arme problemlos gescannt, aber leider nur mit (unschönen und oft umständlichen) Stützkonstruktionen gedruckt werden. Arme am Körper anliegend oder steil in die Höhe gestreckt sind hingegen Positionen, mit denen Sie später gute Ergebnisse beim 3D-Druck erzielen. Der Scanvorgang selbst wird sehr intuitiv mit dem roten Record-Button gestartet, kann unterbrochen und später weitergeführt werden, wobei dieses Feature beim Scannen eines Menschen nicht oft eingesetzt wird. Da es schwierig ist, lange stillzustehen, empfiehlt es sich, »in einem Zug« zu scannen.

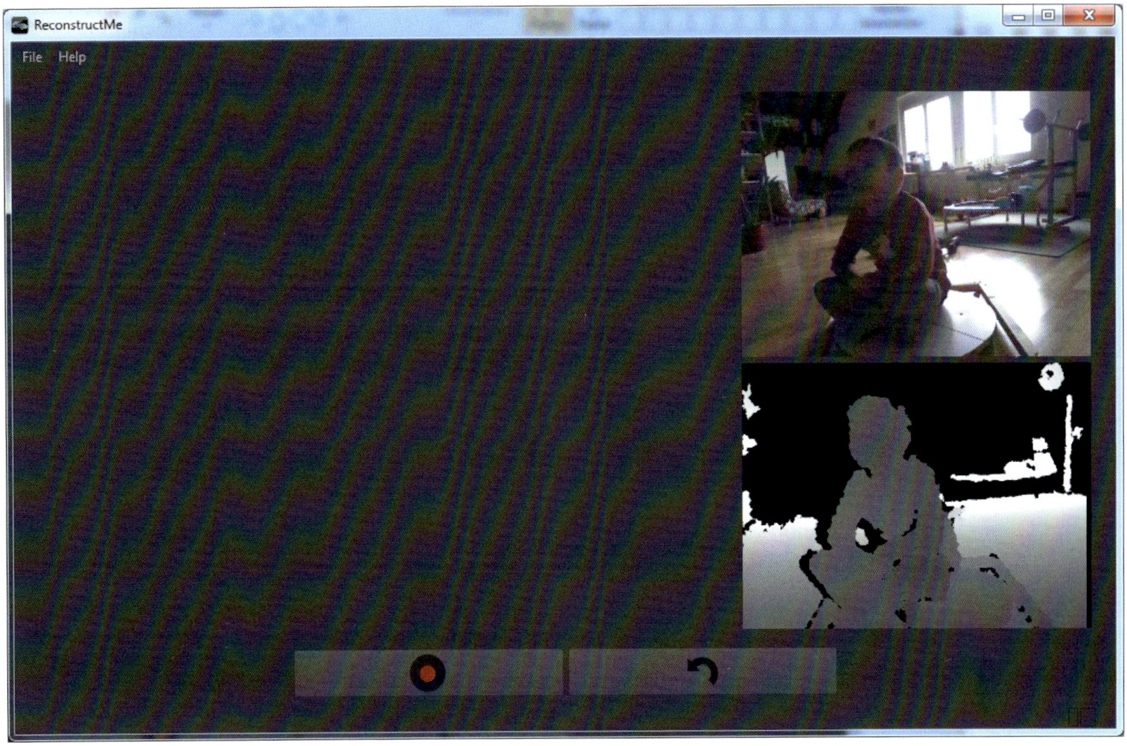

Die besten Resultate haben wir erzielt, wenn wir die Person dreimal umrunden, jedes Mal aus unterschiedlichen Winkeln zum Motiv. Scannen Sie Ihr Motiv einmal von oben, um die oberen Kopfpartien und die Schultern zu scannen. Wiederholen Sie dann dasselbe mit horizontalem Blickwinkel (mittlere Position). Zum Schluss scannen Sie noch mit Blickwinkel von unten. Dies vervollständigt im Gesichtsbereich auch das Kinn und die Ohrenpartien. Würden wir das nicht so machen, bestünde die Gefahr von Löchern, d. h., bestimmte Partien würden nicht gescannt und erscheinen zum Schluss als Löcher im fertigen Scan. Die Echtzeitvorschau hilft ungemein zur Überprüfung und Entdeckung von noch nicht gescannten Stellen.

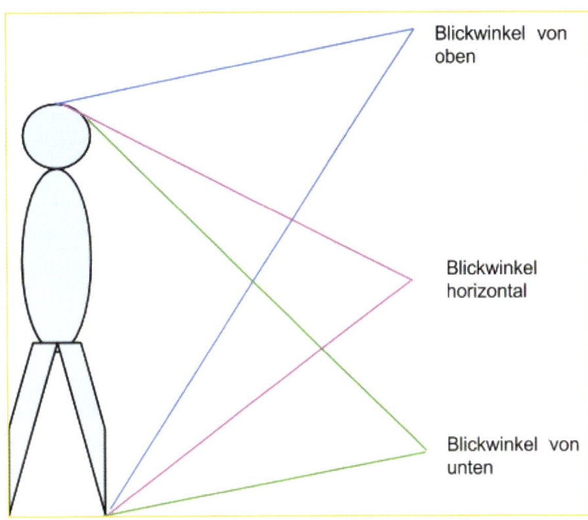

Nur in wenigen Fällen wurden qualitativ gute Scans erzielt, ohne das Objekt aus verschiedenen Winkeln zu erfassen. Speichern Sie nun Ihren Scan mittels *Save*-Button auf der rechten Seite.

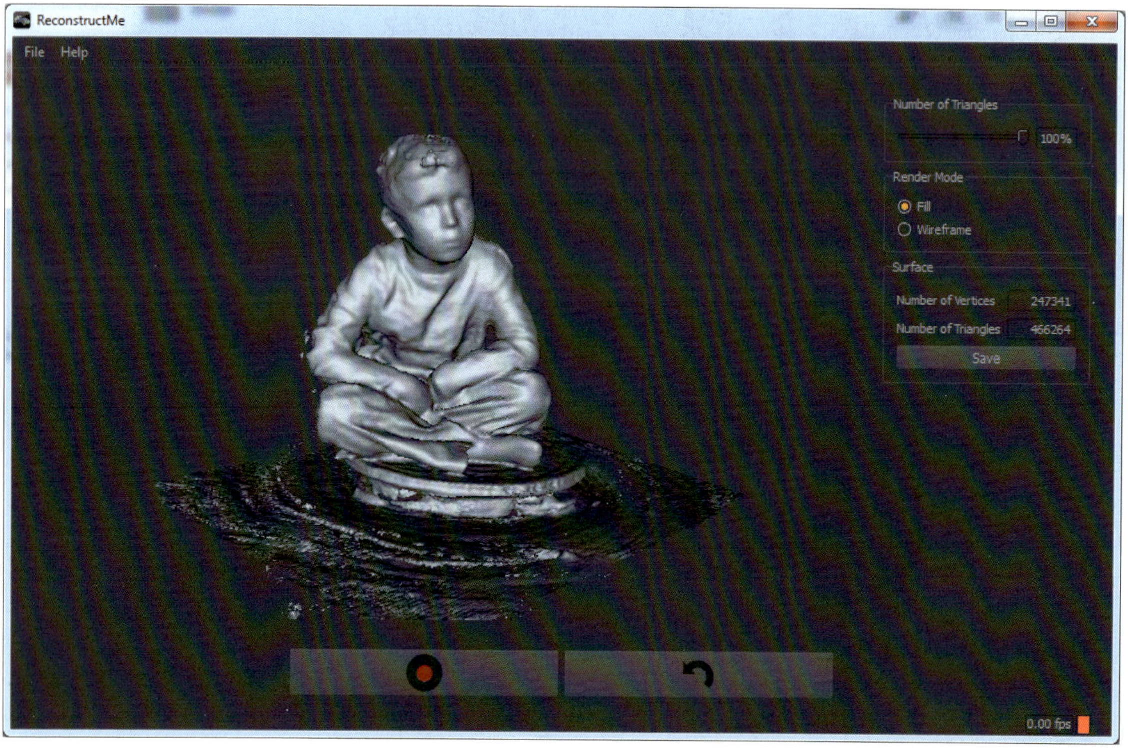

Versionierung der Dateien

Da Sie das 3D-Modell bis zum Druck in verschiedenen Applikationen nachbearbeiten werden, empfiehlt es sich, im Filenamen den Status des 3D-Modells mit anzugeben – in unserem Fall z. B. *Sohnsitzend_rohscan.stl*, wobei *rohscan* hier den Status beschreibt. Zusätzlich können Sie natürlich Ihre Dateien bei Bedarf noch nummerieren. Wir arbeiten mit verschiedenen 3D-Dateiformaten. Weit verbreitet sind beispielsweise STL und OBJ.

8.1.2 Reduktion der Polygone und Scanartefakte entfernen mit MeshLab

Ein Rohscan muss noch bearbeitet werden; einerseits haben wir meist zu viele Polygone, um in den nächsten Schritten effizient arbeiten zu können, andererseits können beim Scannen sogenannte Artefakte, d. h. ungewollte Gebilde, auftreten, die auf eingesetzte Technologie und auf Algorithmen zurückzuführen sind. Fehlmessungen und darauf basierende Berechnungen führen oft zu losen Teilen, die nicht im Original existierten. Diese losen Teile müssen gelöscht werden. Nun starten wir das Programm MeshLab und öffnen das 3D-Modell des eben erstellten Rohscans mittels des Menüpunkts *File/Import Mesh*, wobei Sie die Meldung (*Unify Duplicated Vertices*) von MeshLab getrost mit *OK* quittieren können.

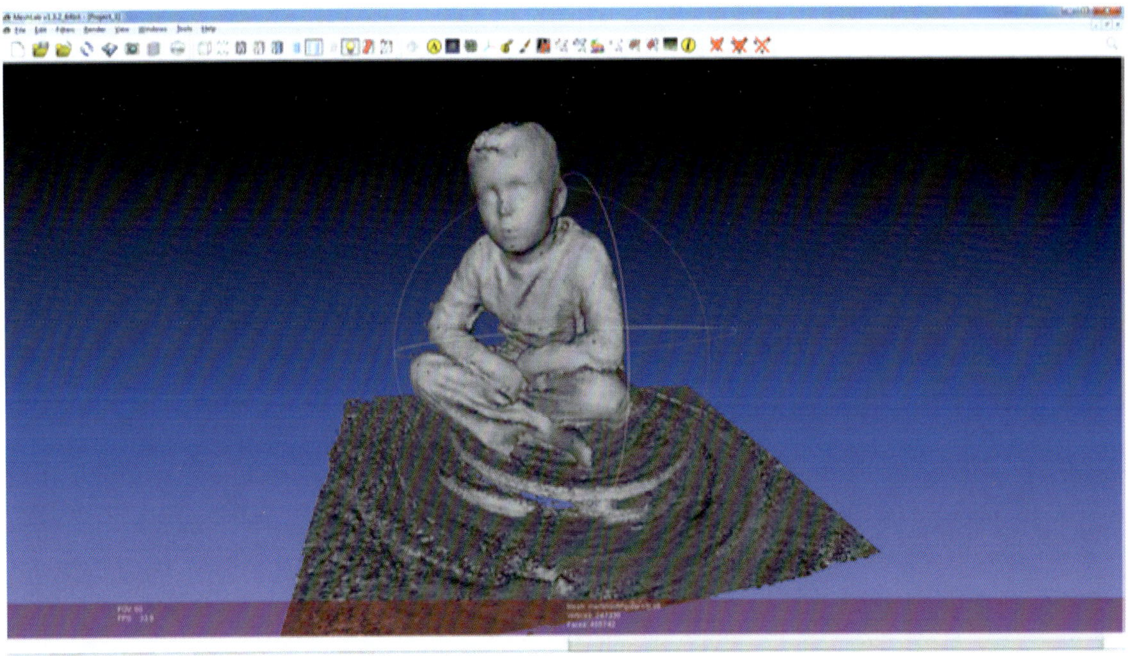

Als Erstes möchten wir nun die Anzahl der Polygone reduzieren, denn auch mit mittlerer Auflösung wurden beim Scannen weit mehr Polygone generiert als erforderlich, um einen Menschen realistisch darzustellen. Im abgebildeten Beispiel gehen wir von einem Rohscan mit ca. 450.000 Polygonen aus. MeshLab bietet im Menüpunkt *Filters/Remeshing, Simplification and Reconstruction* eine Vielzahl von Funktionen an, um die Anzahl der Polygone zu reduzieren, wobei sich im praktischen Einsatz die Funktion *Quadrich Edge Collapse Decimation* sehr bewährt hat.

Wird diese Funktion gewählt, erscheint ein Fenster mit Einstelloptionen:

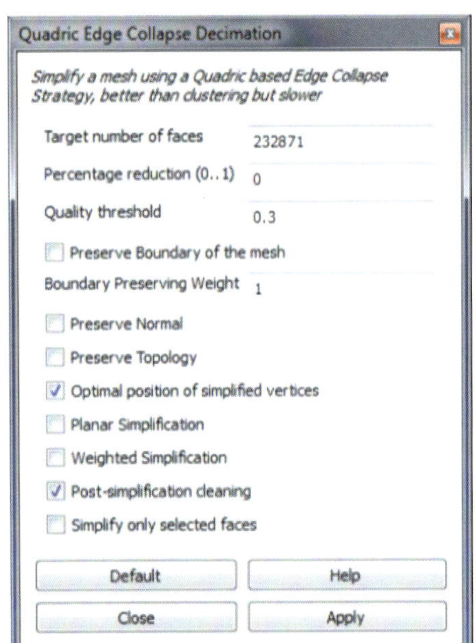

Als Voreinstellung präsentiert dieser Dialog die Reduktion auf die Hälfte der Polygone, was im referenzierten Beispiel eine gute Reduktionsrate ist. Ein Klick auf *Apply* wendet die Reduktion an. Zum Verlassen des Dialogfensters klicken Sie auf *Close*. Beim Versuch, viel stärker zu reduzieren, kam es bei uns regelmäßig zu Abstürzen oder Hängenbleiben der Applikation. Nichtsdestotrotz, Modelle mit ungefähr 200.000 Polygonen sind in der Regel auch in den weiteren Schritten gut bearbeitbar.

Als Nächstes wollen wir die Scanartefakte loswerden. Diese wollen wir nun zuerst selektieren und danach löschen. Dazu wählen

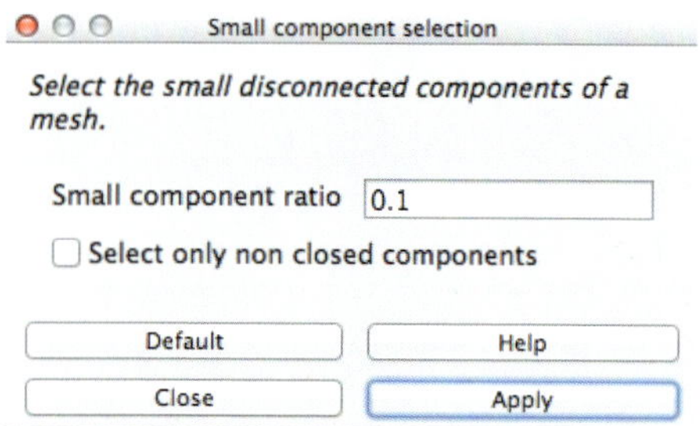

wir den Menüpunkt *Filters/Selection/Small component selection* (siehe Screenshot). Die Einstellung *0.1* bei *Small component ratio* bedeutet, dass alle disjunkten (losen) Teile, die 10% der Größe des Hauptkörpers haben, automatisch selektiert werden. Natürlich implizieren wir damit, dass diese 10% kleiner loser Teile Fehler darstellen und damit ungewollt sind.

Nach Klick auf *Apply* und *Close* werden nun alle automatisch selektierten Teile farblich hervorgehoben. Durch Klick auf den Button in der oberen Menüleiste werden sie gelöscht.

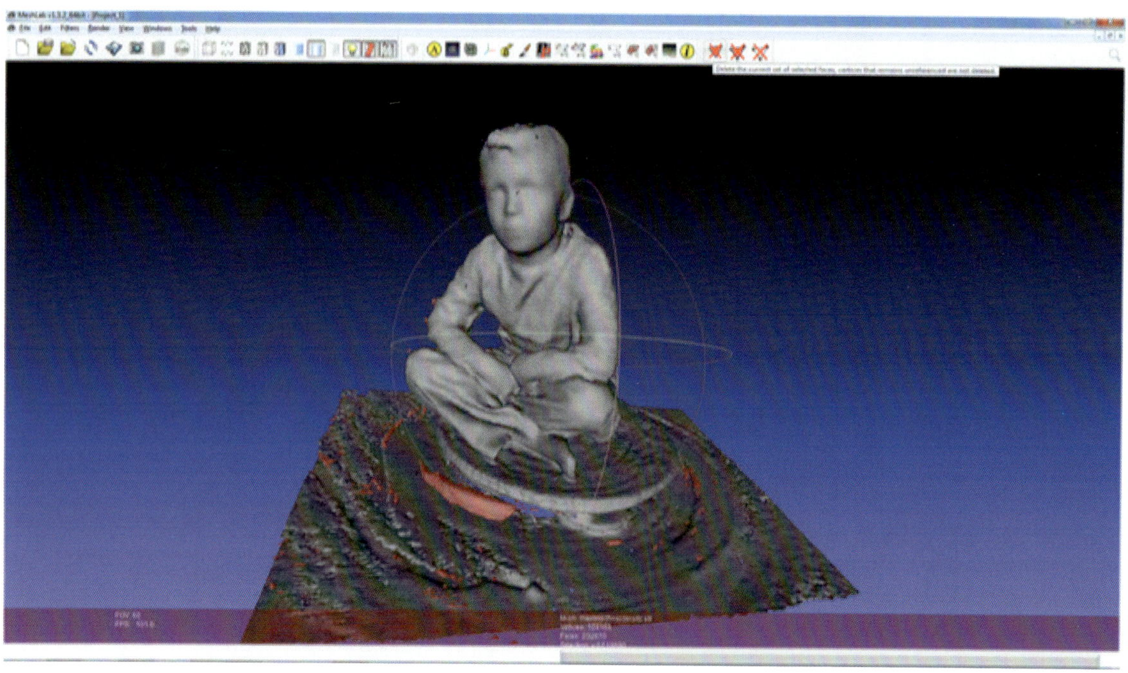

Nun können Sie Ihr Modell in MeshLab mittels *File/Export Mesh As...* als STL-File exportieren und das Programm schließen.

8.1.3 Glätten der Oberflächen mit Meshmixer

Als Nächstes starten Sie das Programm Meshmixer und importieren die soeben erstellte STL-Datei.

Im Menüpunkt *Sculpt/Brushes* sind die verschiedenen Schleif- und Anhebepinsel anwählbar. Experimentieren Sie mit diesen und haben Sie keine Angst: Anders als in MeshLab funktioniert in Meshmixer »undo« einwandfrei. Die Piktogramme sind selbsterklärend und zusätzlich illustrativ. Erfahrungsgemäß gebraucht man den »Flatten«-Pinsel (»flach streichen«)

häufig, da durch Scanungenauigkeiten ehemals glatte Oberflächen eben diese Glättung verlieren. Stärke und Größe dieses Pinsels können mittels Parameter auf der linken Seite und zum Teil mittels Maus reguliert werden. Beim »Flachstreichen« empfehlen wir, zuerst eine sehr niedrige Pinselstärke einzustellen, um diese bei Bedarf graduell zu erhöhen. Wenn Sie mit dem Ergebnis zufrieden sind, exportieren Sie das Modell erneut mit einem aussagekräftigen STL-Dateinamen.

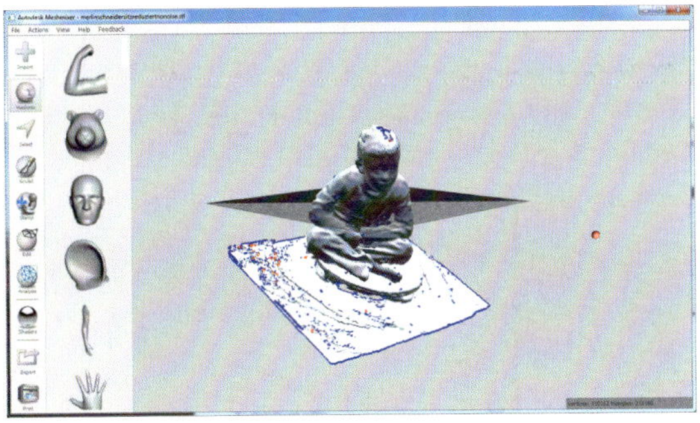

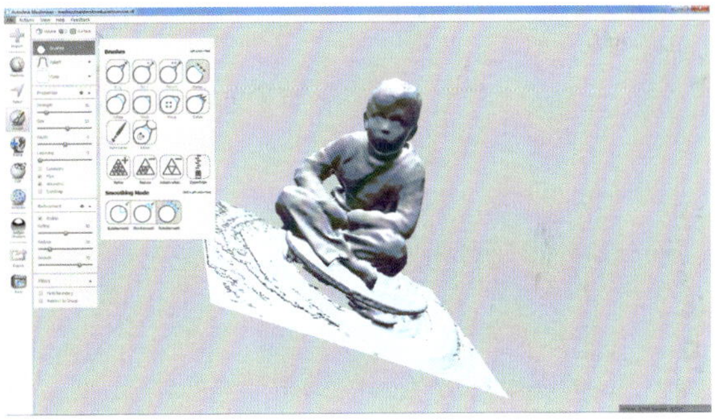

8.1.4 Zuschneiden des Modells und Wasserdichtigkeit in netfabb

Als Nächstes arbeiten wir mit dem Programm netfabb Studio Basic. Über den Menüpunkt *Projekt/Bauteil hinzufügen* importieren wir nun unser reduziertes und geglättetes 3D-Modell.

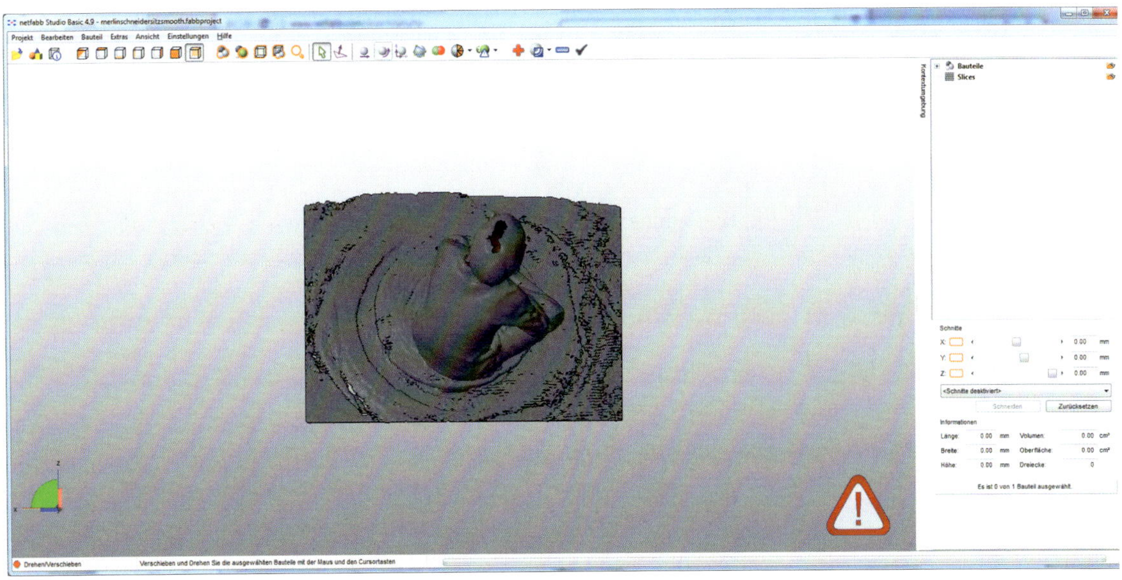

Wir werden hier die nächsten und letzten drei Schritte durchführen, um ein wasserdichtes und somit druckbares Modell zu erhalten:

- Orientierung im Raum korrigieren mittels *Bauteil drehen*
- Ebenenschnitt in der z-Achse
- Reparatur des Modells mit dem Ziel »Wasserdichtigkeit«

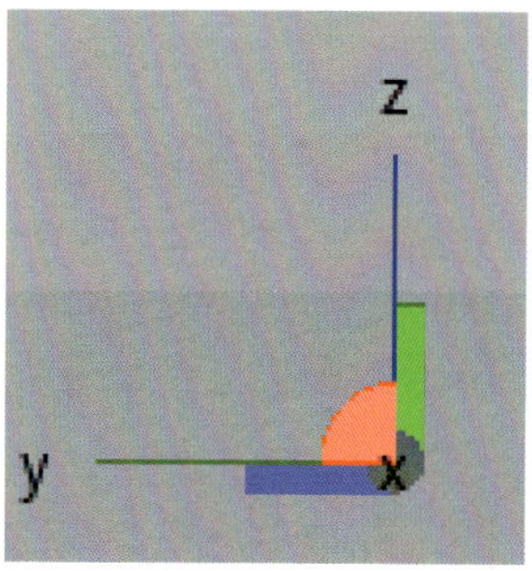

Orientierung im Raum korrigieren mittels *Bauteil drehen*

Drehen Sie (unten links) das Koordinatensystem so, dass die z-Achse senkrecht nach oben zeigt und x und y waagerecht stehen (so wie im Bild zu sehen). Sie werden bemerken, dass Ihr Modell nicht korrekt ausgerichtet ist, und müssen dies von Hand korrigieren.

Als Nächstes wollen wir die Figur im Raum ausrichten. Selektieren Sie mittels linkem Mausklick zuerst Ihr Modell, sofern es nicht bereits ausgewählt ist, und wählen Sie die Funktion *Drehen* (rechte Maustaste oder). Im nachfolgenden Dialog führen Sie die erforderlichen Rotationen durch, damit beim Modell der Kopf nach oben zeigt.

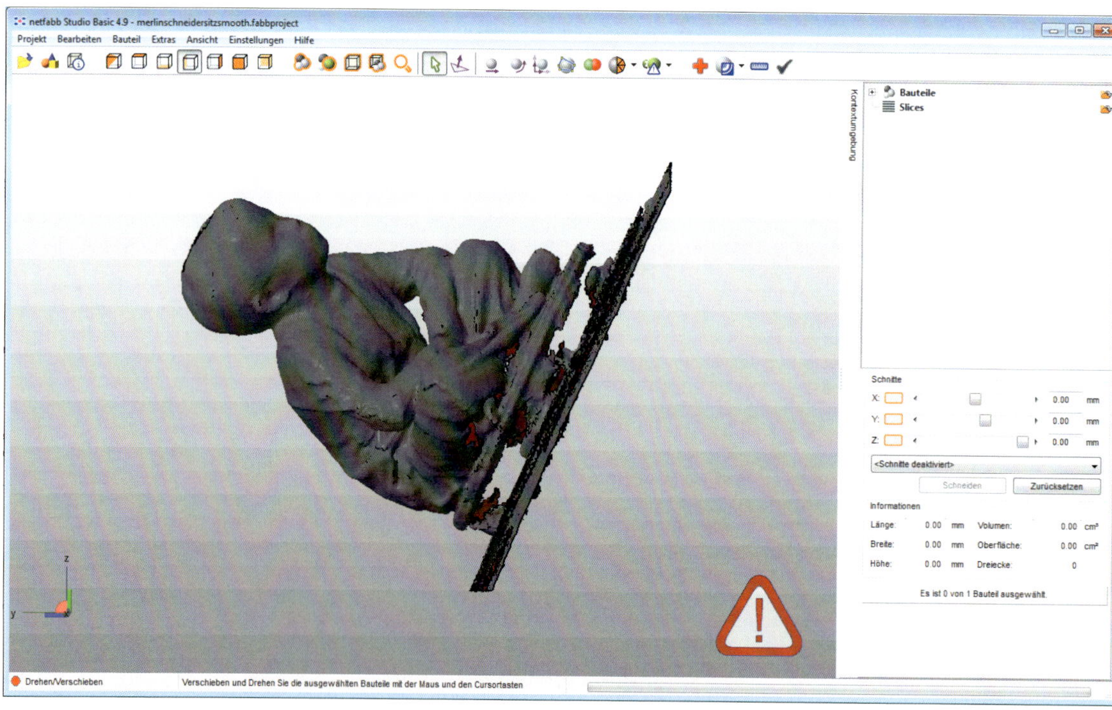

Ebenenschnitt in der z-Achse

Wenn Sie mit der Ausrichtung Ihres Modells im Raum zufrieden sind, führen Sie einen Ebenenschnitt in der z-Achse durch, um Ihrer Figur eine gerade Standfläche zu geben. Selektieren Sie dazu im Menübereich *Schnitte* (in netfabb rechts) die z-Achse und bewegen Sie den Schieberegler, bis Sie eine geeignete Position für einen Ebenenschnitt gefunden haben.

Drehen Sie dann das Objekt in alle Richtungen und kontrollieren Sie visuell die Schnittebene, bevor Sie den Button *Schneiden* betätigen und im folgenden Dialog den Schnitt nochmals mit *Schneiden* bestätigen. Nun ist Ihr Objekt in zwei neue Teile zerlegt. Zum Entfernen des unteren, nicht mehr benötigten Teils selektieren Sie es mit der Maus und löschen es (rechte Maustaste/*Entfernen* oder per `Entf`). Dann nur noch mit *OK* bestätigen, und zurück bleibt der gewünschte obere Teil unserer Figur. Rekapitulieren wir: Ihr 3D-Modell wurde auf die Hälfte der Polygone reduziert, und Scanartefakte wurden entfernt (in MeshLab). Im Programm Meshmixer haben wir das Modell geglättet, was einen qualitativ besseren Druck zur Folge hat. Mit der netfabb-Software haben wir das Modell korrekt im Raum ausgerichtet und einen Ebenenschnitt durchgeführt.

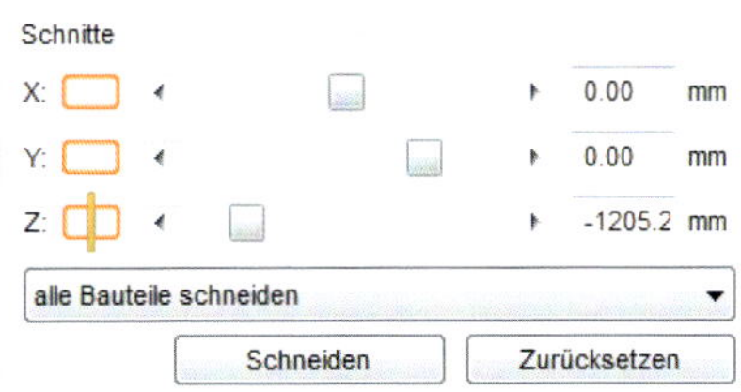

Reparatur des Modells mit dem Ziel »Wasserdichtigkeit«

Als Nächstes wollen wir unser 3D-Modell »wasserdicht« machen und eine geschlossene Oberfläche erzeugen bzw. Löcher im Modell schließen, die beim Scannen entstanden sind, weil wir z. B. nicht überall mit dem Scanner hingekommen sind. Zu diesem Zweck selektieren wir das Bauteil und wäh-

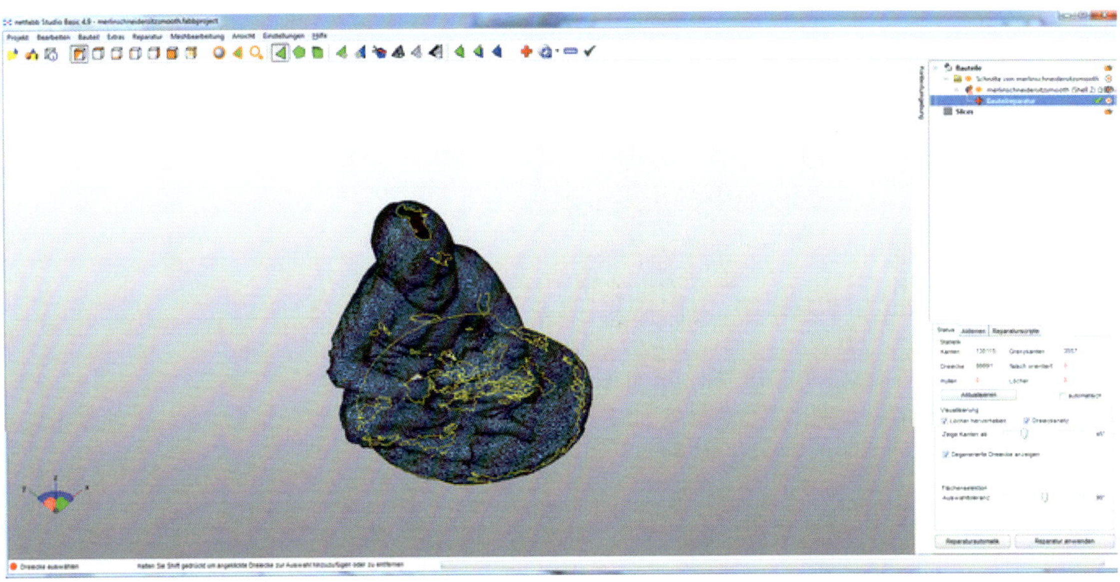

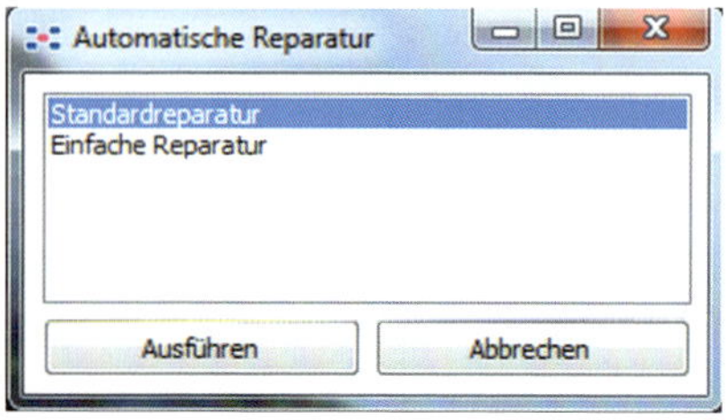

len im Kontextmenü *Extras/Bauteil reparieren* oder oben im Menü das rote Kreuz (*Bauteilreparatur*). Rechts unten erscheinen die Optionen der Reparaturfunktion. Wir wenden die *Reparaturautomatik* durch Klicken auf den gleichlautenden Button an.

Wählen Sie im darauffolgenden Dialog die *Standardreparatur* und *Ausführen*.

Am unteren Fensterrand sehen Sie den Fortschrittsbalken. Ist die Reparaturautomatik abgeschlossen, müssen Sie im Reparaturmenü rechts unten zusätzlich noch explizit auf *Reparatur anwenden* klicken. Erst jetzt wird die Reparatur abschließend durchgeführt. Sicherheitshalber fragt netfabb nach, ob das alte Bauteil (das nicht reparierte) gelöscht werden und durch das reparierte ersetzt werden soll. Bestätigen Sie dies getrost. Damit sind wir fertig. Ihr 3D-Modell ist nun bereit zum Export bzw. zum 3D-Druck.

Der Export als STL-Datei ist in netfabb sehr einfach: rechte Maustaste/*Bauteil exportieren*/als STL (nicht *STL(ASCII*, dies erzeugt größere Dateien und ist nicht erforderlich). Alternativ gehen Sie übers Menü Bauteil/Bauteil Exportieren.

Es kann vorkommen, dass beim Export Warnungen erscheinen, die auf eine anderweitige, exportbedingte Reparatur hinweisen. Klicken Sie zuerst auf *Reparieren* und danach auf *Exportieren*.

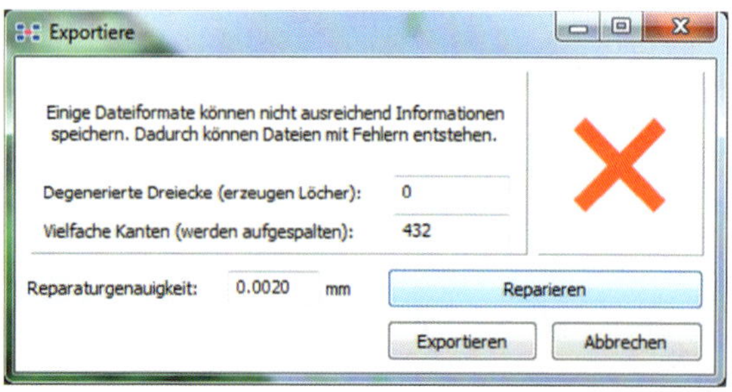

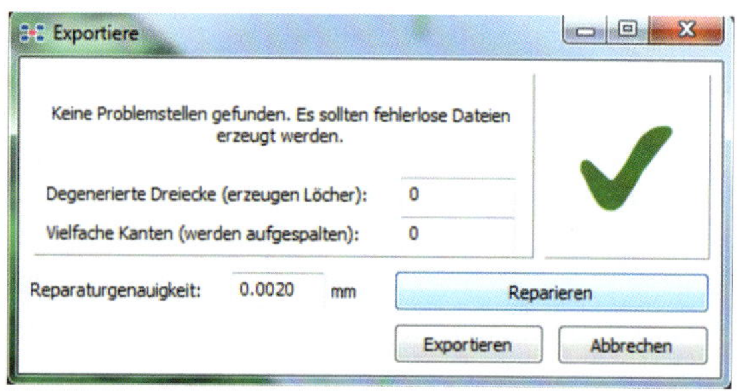

8.2 Klassische Büste

In diesem Abschnitt wollen wir eine klassische weibliche Büste erstellen. Die einzelnen Schritte sind:

1. Scannen mit Kinect und ReconstructMe (V2)
2. Reduktion der Polygone in MeshLab V 1.3.2

3. Größe skalieren und Ausrichtung in netfabb Studio Basic
4. Ebenenschnitt (z) in netfabb Studio Basic
5. Rotation (z/y-Problematik mit Meshmixer) in netfabb Studio Basic
6. Glätten und Reparieren in Meshmixer V2
7. Erstellen von Stützkonstruktionen in Meshmixer V2
8. Zurückrotieren (y/z) in netfabb Studio Basic
9. Finale Reparatur in netfabb Studio Basic

8.2.1 Scannen mit Kinect und ReconstructMe V2

Als Erstes bereiten wir uns vor. Wir werden in diesem Beispiel eine Person mit der Kinect in der Hand zwei- bis dreimal umrunden müssen. Dazu benötigen wir idealerweise einen Hocker für die Person und ausreichend freien Platz rundherum im Abstand von 1,5 bis 2 m. Sie können die Strecke »trocken« ablaufen, um sicherzustellen, dass Sie genug Platz und ausreichend lange Kabel haben. Mit einer Hand müssen Sie auch noch in der Lage sein, den Scanvorgang zu starten bzw. zu stoppen. Starten Sie ReconstructMe V2 und stellen Sie folgende Optionen ein:

Volume	Würfel mit 1m Kantenlänge als Scanbereich
Handling	*Start delay*: 5 sek *Scan duration*: 90 sek *Sounds*: eingeschaltet
Surface	*Color support*: ausgeschaltet *Surface simplification*: ausgeschaltet
Device	*Optimization settings*: *Balance reconstruction speed and quality* *Device selection*: *Automatically determine device* eingeschaltet

Starten Sie nun den Scanvorgang (Button rechts unten) und bewegen Sie die Kinect sachte um das Motiv herum. Versuchen Sie, ruckartige Bewegungen zu vermeiden, und umrunden Sie Ihr Motiv mindestens zweimal mit unterschiedlichen Betrachtungswinkeln.

Vermeiden Sie stark überhängende Partien; typischerweise ist die Haltung der Arme problematisch. Keinesfalls ist es zu empfehlen, die Arme seitlich auszustrecken, dies würde beim Drucken Stützstrukturen erfordern. Eine natürliche Haltung mit am Körper anliegenden oder in die Höhe gestreckten Armen bietet am Ende beste Druckresultate. Dennoch sind Überhänge oft nicht vollständig vermeidbar, und wir müssen wohl oder übel damit umgehen. In diesem Beispiel werden wir lernen, wie sich mit dem Programm Meshmixer geeignete Stützkonstruktionen erstellen lassen. Sobald Sie mit dem Scannen fertig sind, exportieren Sie Ihr Modell und geben der Datei einen aussagekräftigen Namen.

8.2.2 Reduktion der Polygone in MeshLab

Sie können die Polygonreduktion in MeshLab analog zum Beispiel »Kind im Schneidersitz« vornehmen.

8.2.3 Größe skalieren und Ausrichtung in netfabb

In diesem Beispiel werden wir die Abmessungen und die Orientierung des 3D-Modells in netfabb durchführen. Als Erstes importieren Sie das Bauteil, wie im Beispiel »Kind im Schneidersitz«) beschrieben.

Danach drehen Sie das Koordinatensystem (links unten am Bildschirmrand) so, dass die z-Achse senkrecht nach oben zeigt und x und y waagerecht stehen. Sie werden bemerken, dass Ihr Modell nicht korrekt ausgerichtet ist, und müssen dies manuell korrigieren.

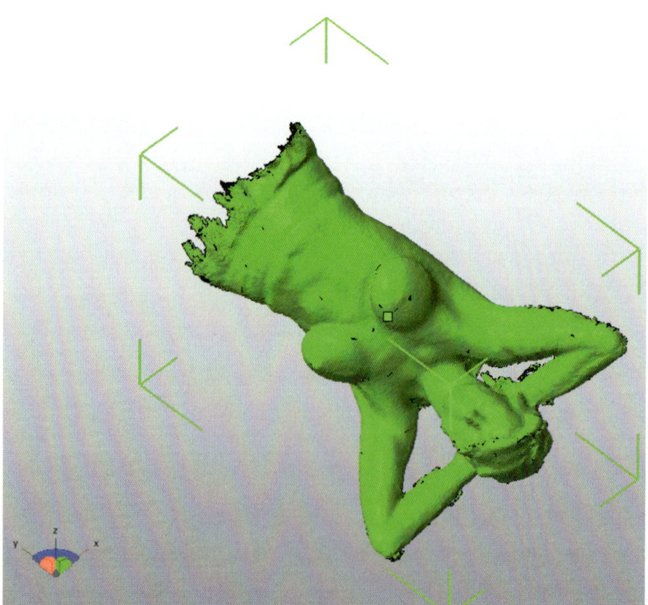

Rotieren Sie Ihr Bauteil um die x- und die y-Achse, bis das Modell richtig, d. h. mit dem Kopf nach oben, ausgerichtet ist.

Nun steht das 3D-Modell in der Ausrichtung, in der wir es später in 3D drucken wollen. Als Nächstes passen wir die Dimensionen des zu druckenden Modells unseren Wünschen entsprechend an. Dazu selektieren wir in netfabb unser 3D-Modell, es wird dadurch farbig hervorgehoben. Danach wählen wir im Kontextmenü oder in der Menüleiste die Funktion *Skalieren* und verkleinern das Modell auf die gewünschte Größe.

Sicherlich ist Ihnen bewusst, dass sich die Druckzeit nicht linear zur Größe verhält, d. h., ein 6 cm hohes

Modell druckt sich nicht in der doppelten Zeit eines 3 cm hohen Modells. Viel eher dürfen Sie den Zeitfaktor 4 oder noch mehr erwarten. Auch wenn Sie in Ihrem Druckvorbereitungsprogramm/Slicer die Skalierung noch nachträglich vornehmen können, ist es in diesem Beispiel sehr wichtig, dies zuallererst durchzuführen. Ansonsten stimmen die Maße der zu errichtenden Stützstrukturen (z. B. Durchmesser der Stütze in mm) zur Druckzeit nicht mit den eingegebenen Maßen überein.

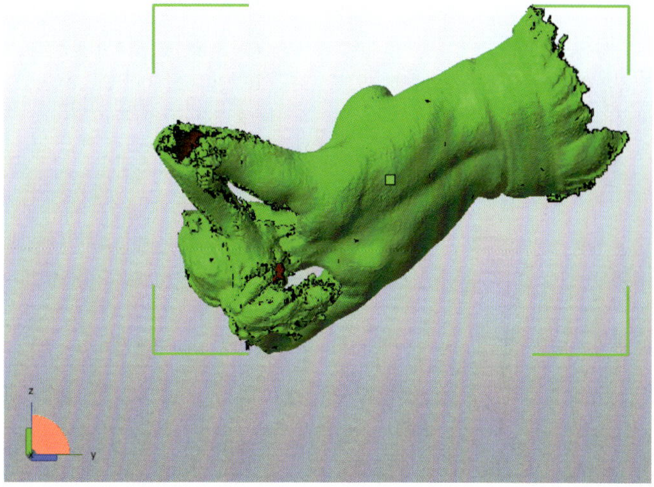

8.2.4 Ebenenschnitt (z) in netfabb

Nun möchten wir analog zum letzten Beispiel einen Ebenenschnitt durchführen. Selektieren Sie dazu im Eingabebereich *Schnitte* (rechts unten) die z-Achse und bewegen Sie den Schieberegler, bis Sie eine geeignete Position für einen Ebenenschnitt gefunden haben. Drehen Sie Ihr Objekt in alle Richtungen und kontrollieren Sie visuell die Schnittebene, bevor Sie den Button *Schneiden* betätigen. Im nächsten Dialog müssen Sie nochmals mit *Schneiden* bestätigen.

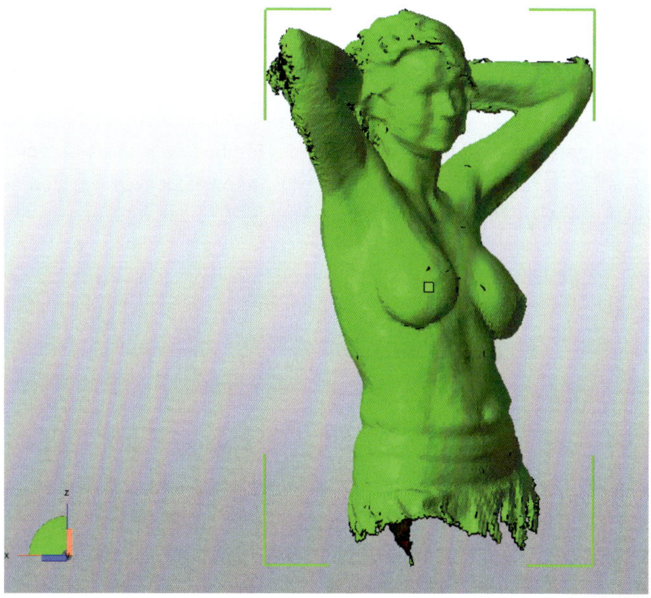

Zu diesem Zeitpunkt empfehlen wir, eine erste *Reparaturautomatik* durch-

zuführen. Wie im letzten Beispiel beschrieben, selektieren Sie dazu das Bauteil und wenden die Reparaturautomatik an.

8.2.5 Rotation in netfabb

Bevor wir uns dem nächsten Schritt, nämlich der automatischen Generierung von Stützstrukturen für den Druck in Meshmixer, zuwenden, müssen wir unser Modell nochmals so rotieren, dass es liegt. Der Grund dafür ist, dass in Meshmixer die y-Achse nach oben zeigt (anstelle der z-Achse, wie normalerweise üblich). Würden Sie Ihr Modell in netfabb korrekt ausrichten, exportieren und in Meshmixer darstellen, würde es liegend so aussehen:

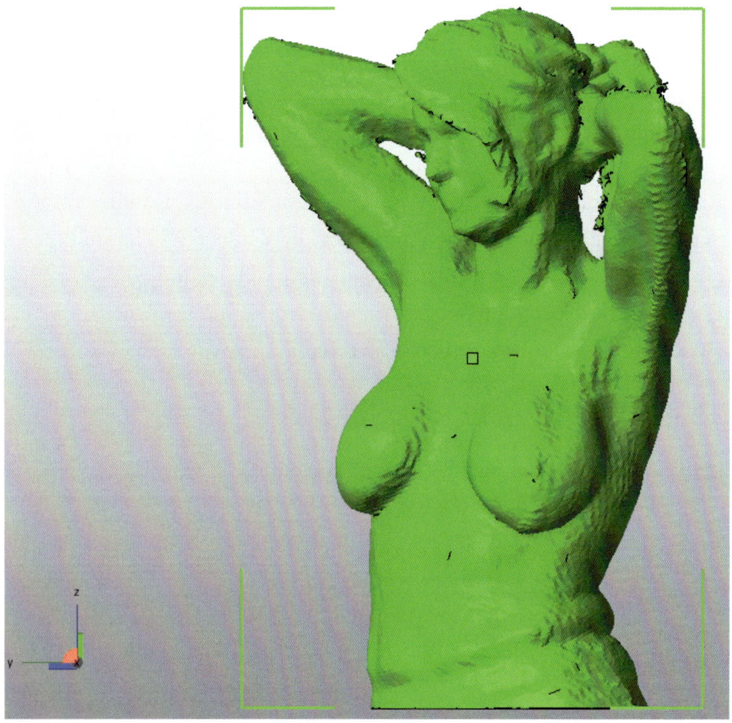

Aus diesem Grund ist folgendes Vorgehen nötig, wenn wir Stützkonstruktionen von Meshmixer erstellen lassen wollen:

1. In netfabb: Rotation um 270° um die x-Achse, exportieren.

2. In Meshmixer: bearbeiten, Stützkonstruktionen erstellen, exportieren.

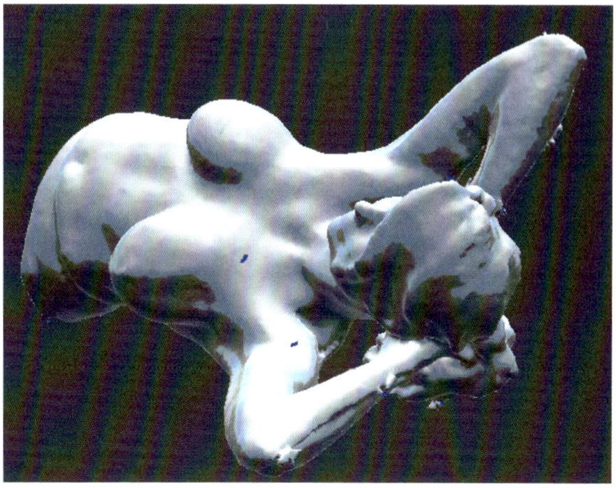

3 Wieder zurückrotieren in netfabb (90° bzw. −270° um die x-Achse).

Natürlich wäre es wünschenswert, ohne diese Schritte auszukommen, dennoch nehmen wir diesen Umweg gern in Kauf in Anbetracht der Tatsache, dass diese Applikationen kostenlos sind.

8.2.6 Glätten und Reparieren in Meshmixer

Glätten und, wenn nötig, bearbeiten Sie Ihr Modell nun in Meshmixer analog zum Beispiel »Kind im Schneidersitz« so lange, bis Sie mit dem Erzeugnis zufrieden sind.

8.2.7 Erstellen von Stützkonstruktionen in Meshmixer

Nun wenden wir uns dem Aufbau von Stützkonstruktionen zu. Dazu betätigen wir in Meshmixer (linker Fensterrand) die Schaltfläche *Analysis* und wählen im darauf erscheinenden Untermenü den Punkt *Overhangs*.

Danach ist am linken Fensterrand ein weiterführender Dialog sehen. Es sprengt den Rahmen dieses Buchs, jeden einzelnen Parameter zu erklären, arbeiten Sie daher vorerst mit den voreingestellten Werten.

Zu diesem Zeitpunkt hat Meshmixer Ihr Modell in Bezug auf Überhänge analysiert. Als Nächstes weisen wir Meshmixer an (*Support All Overhangs*), Stützkonstruktionen für alle Überhänge zu berechnen. Und nun kommt das wirklich interessante Feature der Stützkonstruktionen von Meshmixer zum Einsatz. Nachdem Sie automatisch Stützkonstruktionen erstellt haben, lassen sich diese nachbearbeiten. Neben offensichtlichen Parametern wie *Post Diameter* (Durchmesser der »Stützpfosten«) lassen sich auch (mittels Strg-Taste und linker Maustaste) ganze Stützkonstruktionen entfernen oder neue dazu generieren. Das heißt, Sie lassen die Stützkonstruktionen zwar automatisch erstellen, können sie aber nachbearbeiten und bei Bedarf mehr oder weniger Stützen einbauen. Anbei sehen Sie unsere Büste mit Stützen. Natürlich sind die Stützen so konzipiert, dass sie einfach abgetrennt werden können. Unserer Ansicht nach bietet Meshmixer momentan eine der besten Methoden für die Berechnung und Anpassung von Stützstrukturen an. Exportieren Sie nun Ihr Modell und beenden Sie Meshmixer.

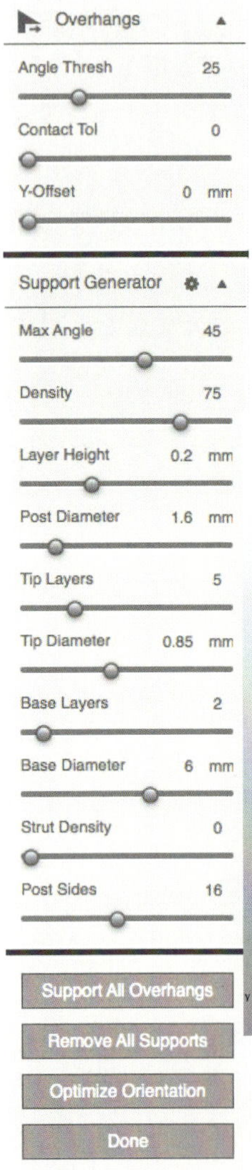

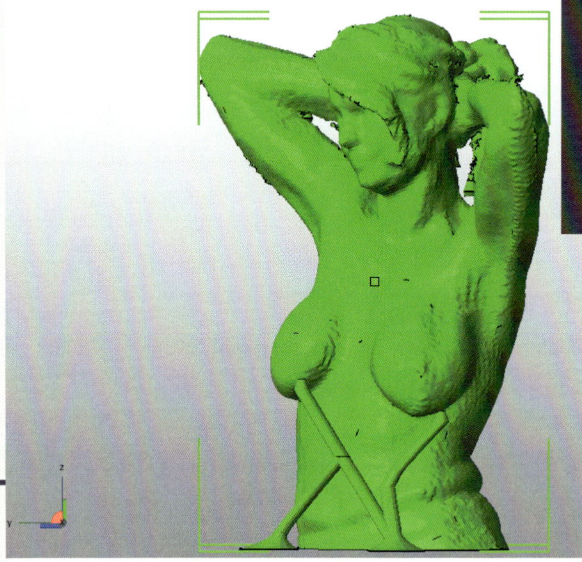

8.2.8 Zurückrotieren (y/z) und Reparatur in netfabb

Starten Sie netfabb erneut und importieren Sie das eben in Meshmixer erstellte Modell inklusive der Stützen. Rotieren Sie es zurück (90° um die x-Achse, es steht dann wieder senkrecht) und reparieren Sie das Modell nochmals.

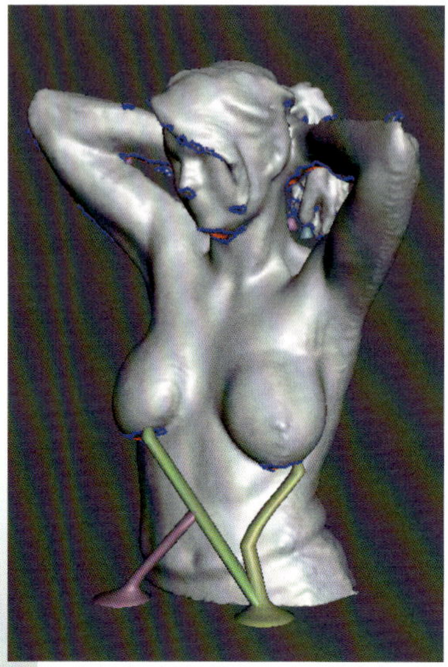

8.3 3D-Modell aufgrund eines Films

Bei der Erwähnung von fotogrammetrischen Techniken taucht seitens der Anwender oft die Frage auf, ob auch aus einem Video/Film heraus ein 3D-Modell errechnet werden kann anstatt auf Basis von Fotos. Diese Frage ist selbstverständlich mit Ja zu beantworten, da ein Film grundsätzlich nichts anderes ist als aneinandergereihte Fotos. Filmen hat gegenüber einzelnen Fotos den Vorteil, dass man nur einmal die Aufnahme startet, das Objekt zweimal umrundet und dann stoppt. Bei Einzelaufnahmen hingegen müssen Sie immer wieder den Auslöser betätigen, was typischerweise bei Dutzenden von Aufnahmen ins Gewicht fällt. Im Folgenden möchten wir Ihnen ein Beispiel dazu präsentieren.

Als Software kommt Apple QuickTime 7 Pro (QuickTime 7 ist für Windows und Mac kostenlos erhältlich, das Upgrade auf »Pro« kostet ca. 30 Euro.)

und die 123D Catch-Webapplikation. Zur Umsetzung sind folgende Schritte notwendig:

- Das zu scannende Modell filmen
- Extraktion einer Bilderserie aus dem Film
- 3D-Rekonstruktion mit 123D Catch

8.3.1 Film erstellen des zu scannenden Objekts

Als Erstes filmen Sie Ihr Motiv, wobei Sie auf folgende Punkte achten sollten (analog zur Photogrammetrie):

- Achten Sie auf gleichbleibende Lichtverhältnisse.
- Achten Sie darauf, dass während des ganzen Films Ihr Objekt ganz zu sehen ist und dass nicht zu viel Hintergrund erfasst wird, da dieser natürlich auch rekonstruiert wird und später von Hand weggeschnitten werden muss. Denken Sie einfach daran, den Bildausschnitt möglichst mit dem Motiv zu füllen.
- Umrunden Sie Ihr Objekt mindestens zweimal aus unterschiedlichen Betrachtungswinkeln.
- Eine Empfehlung für die Dauer eines Films lässt sich nicht aussprechen. Achten Sie einfach darauf, dass der Film Ihr Objekt von möglichst vielen Betrachtungspositionen zeigt.

8.3.2 Extraktion einer Bilderserie mit QuickTime 7 Pro

Als Nächstes öffnen Sie Ihren Film mit QuickTime 7 Pro. Um aus dem Film eine Bildersequenz zu extrahieren, wählen Sie *Exportieren* im Menü *Ablage*, was Sie zu nach folgendem Dialog führt. Wählen Sie in der Drop-down-Liste für *Exportieren* die Einstellung Film→ Bildsequenz. Klicken Sie dann auf *Optionen*. Dort können Sie Einstellungen für Bildsequenzen sowie deren Speicherort und -namen vornehmen. Hier stellen Sie die Anzahl *Bilder pro Sekunde* ein, die exportiert werden sollen. Zusätzlich spezifizieren Sie das Bildformat sowie den Aufbau der Dateinamen für die Bilderserie (mit oder ohne Leerzeichen für den Bildzähler). Achten Sie unbedingt darauf, als Format *JPEG* zu wählen, da das Programm 123D Catch, das wir anschließend verwenden wollen, nur dieses Bildformat unterstützt.

Wir möchten im nächsten Schritt (3D-Rekonstruktion mit dem Programm 123D Catch) eine gewisse Anzahl Bilder hochladen. Wie erwähnt, sollten

30 bis 50 Bilder ausreichen. Mehr Bilder führen zu längeren Verarbeitungszeiten, weniger zu schlechterer Qualität. Der Film in diesem Beispiel ist ca 30 Sekunden lang. Bei einem Wert von 1 (= ein Bild pro Sekunde, nur ganzzahlige Werte sind erlaubt) erhalten wir 30 Bilder, bei 2 deren 60. Wir entscheiden uns für *1* und klicken auf *OK*. Zurück im Hauptdialog *Exportieren*, wählen wir dann *Sichern* zum Exportieren der einzelnen Bilder. Nach dem Exportvorgang ist die Bilderserie an dem von Ihnen angegebenen Ort gespeichert.

8.3.3 3D-Rekonstruktion mit 123D Catch

Starten Sie das Programm 123D Catch und melden Sie sich an. Dann wählen Sie *Create new Project*, woraufhin Sie aufgefordert werden, Ihre Bilderserie upzuloaden.

Auch nach dem Upload können Sie in der Webapplikation Bilder löschen, beispielsweise wenn sie sehr unscharf sind, wenn die Lichtverhältnisse auf dem Einzelbild schlecht sind oder wenn sich das zu scannende Motiv nicht ganz im Bild befindet. Als Nächstes starten Sie die Rekonstruktion mit *Process Capture*, wobei Sie die Wahl zwischen hoher und niedriger Auflösung haben. Wählen Sie bei Ihren ersten Versuchen die niedrige Auflösung (*Low*). Die hohe Auflösung generiert genauere 3D-Modelle und bewirkt so längere Verarbeitungszeiten.

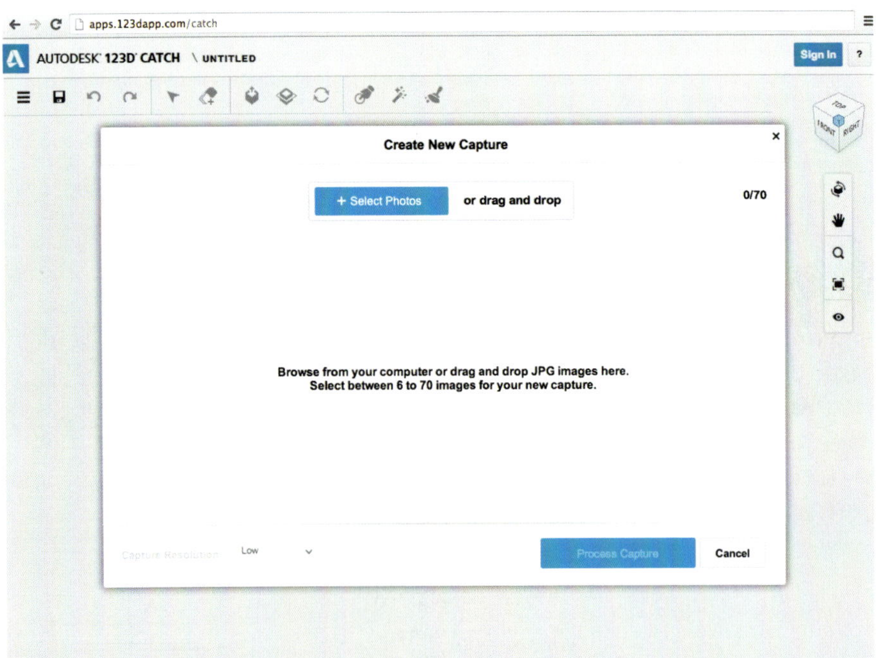

Nachdem die Bilderserie verarbeitet und das 3D-Modell rekonstruiert wurde, können Sie Ihr Modell bei Bedarf weiterverarbeiten und drucken.

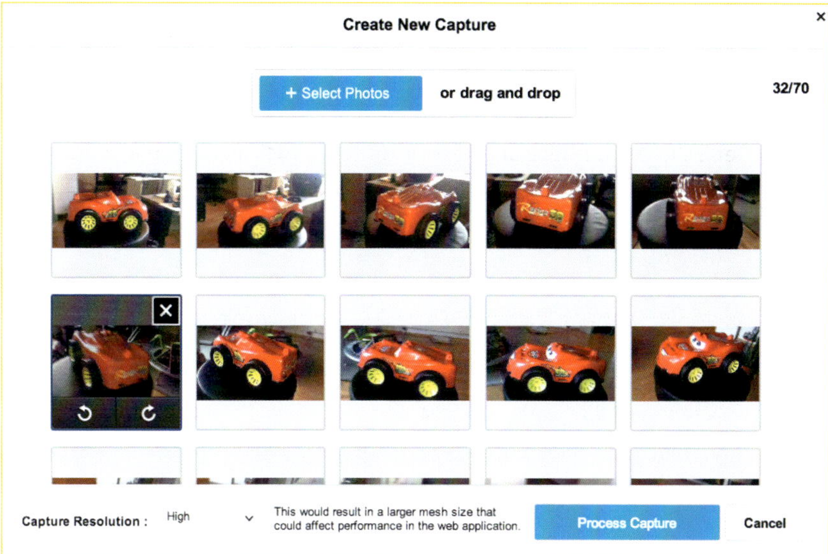
Create New Capture
+ Select Photos
or drag and drop
32/70
Capture Resolution :
High
This would result in a larger mesh size that could affect performance in the web application.
Process Capture
Cancel

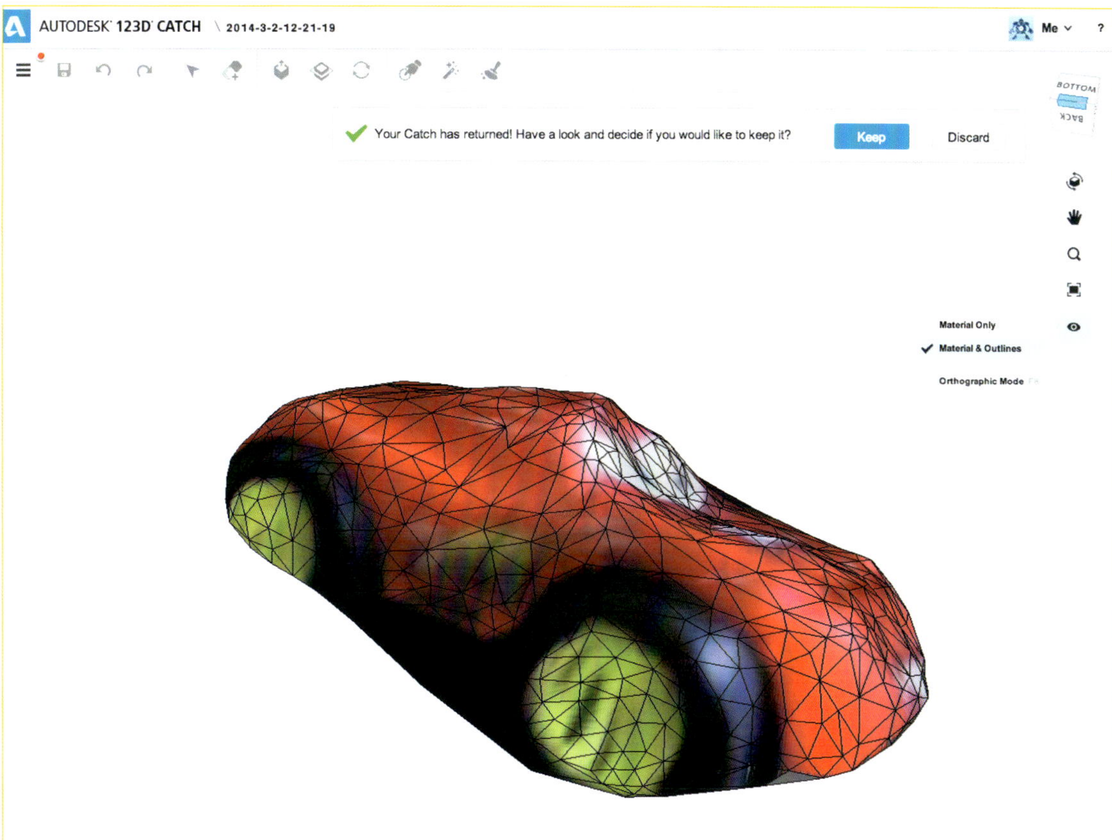
AUTODESK 123D CATCH
2014-3-2-12-21-19
Me
Your Catch has returned! Have a look and decide if you would like to keep it?
Keep
Discard
Material Only
Material & Outlines
Orthographic Mode

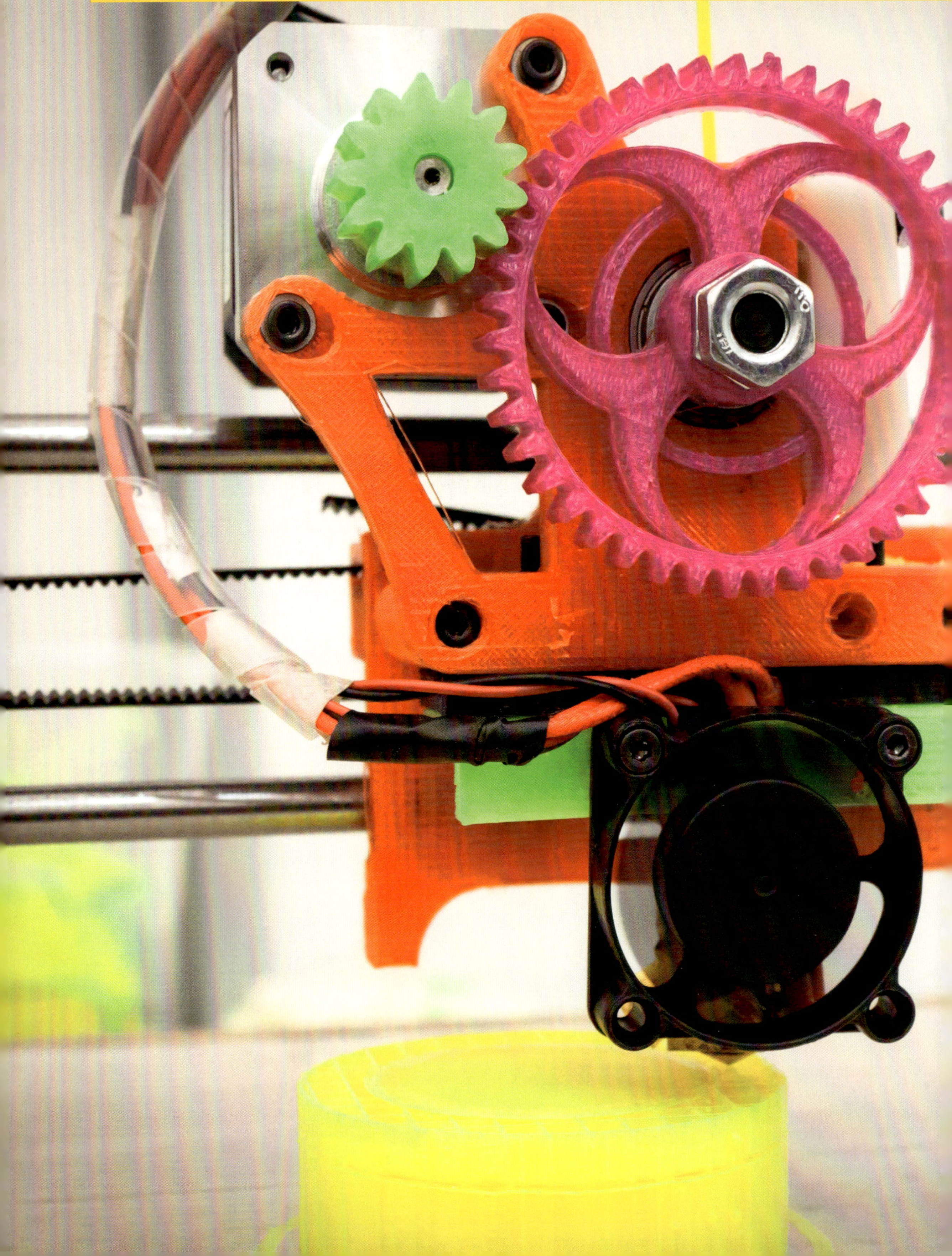

KAPITEL 9

DRUCKEN oder drucken lassen

Drucken oder drucken lassen

In diesem Kapitel besprechen wir die zwei letzten Schritte des 3D-Druck-Workflows, die Vorbereitung für den 3D-Druck und den 3D-Druck selbst. Wir geben Ihnen Tipps für die Einstellungen an Ihrem Drucker und in der Druckvorbereitungssoftware. Zusätzlich lernen Sie die Möglichkeiten kennen, ein Objekt nicht selbst, sondern über einen 3D-Druck-Dienstleister drucken zu lassen. Als Produkt aus dem vorherigen Arbeitsschritt »Optimierung« sollten Sie jetzt ein 3D-Modell in einem der gängigen Formate haben. Wir empfehlen Ihnen, zuerst mit STL-Dateien zu arbeiten. Dieses Format ist der Quasi-Standard und wird von jedem Druckvorbereitungsprogramm verstanden bzw. als Input für die Aufbereitung für den 3D-Druck benötigt.

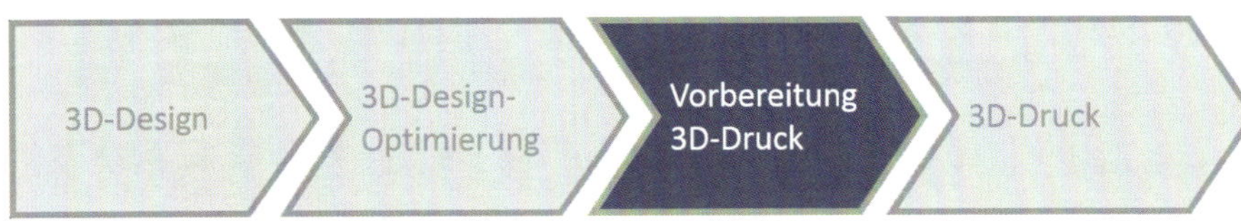

9.1 3D-Druck @home oder bei einem Dienstleister

Manche Teile sind perfekt für den 3D-Druck geeignet, andere hingegen weniger. Grundsätzlich ist es gut, sich vor der Produktion über Folgendes Gedanken zu machen:

- den Verwendungszweck des Teils
- das bevorzugte Material
- die Erwartungen an Stabilität, Präzision, Farbe
- die beabsichtigte Nachbearbeitung (Bemalen, Schleifen, Bohren, Zusammensetzen etc.)
- die Größe des Teils (je nach Material und 3D-Druck-Technologie)
- die Quantität (wie viele Kopien eines Teils benötigt werden).

Abhängig von diesen Kriterien muss man sich entscheiden, ob man das Objekt mit dem eigenen 3D-Drucker herstellt über einen 3D-Druck-Dienstleister produzieren lassen möchte oder aber ganz anders verfahren will. In der folgenden Übersicht haben wir die aus unserer Sicht wichtigsten Vor- und Nachteile zusammengestellt.

3D-Druck @home:	3D-Druck bei einem Dienstleister:
Vorteile:	**Vorteile:**
Produktion sofort und vor Ort	Größere Materialauswahl
Geringe Investitionskosten	Bessere und konstante Produktqualität
Vielfalt an Farben PLA/ABS	Qualitätssicherung durch Dienstleister
Ideal für Prototypen, Heim und Hobby	Nachbereitung durch Dienstleister
	Sofortige Preisberechnung (bei großen Anbietern)
Nachteile:	**Nachteile:**
Intensive Lernphase	Lange Lieferzeit (ein bis vier Wochen)
Kalibrierung/Wartung	Transportkosten
Limitierte Objektqualität	Bei kleineren Anbietern teilweise komplexe Preismodelle
Weniger Materialien	
Unzuverlässigkeit	
Nachbearbeitung	

Der größte Vorteil des 3D-Drucks zu Hause bzw. des Druckers in Ihrem Büro ist der unmittelbare Zugriff und die Produktion vor Ort. Nach dem Druck können Sie sofort prüfen, ob es in Größe, Form etc. Ihren Vorstellungen entspricht. Meist benötigt man mehrere Drucke, bis das Objekt genau passt. Direkt nach den Anpassungen am 3D-Modell kann die nächste Version Ihres Objekts gedruckt werden. Mit dem eigenen Drucker sparen Sie nicht nur Zeit, sondern auch Kosten. Beispielsweise benötigt ein Teil von der Größe eines LEGO®-DUPLO-Bausteins (ca. 7 x 3 x 2 cm) maximal eine Stunde auf einem Einsteiger-FDM/FFF-Drucker. Die Materialkosten liegen bei ca. 0,15 Euro. Möchten Sie das Objekt von einem 3D-Druck-Dienstleister oder auf andere Weise in Serie produzieren lassen, sparen Sie eine Menge Geld und Nerven, wenn Sie das mehrfach verbesserte und für Sie passende Design vorab prüfen können. Nachteil der heutigen Generation an Einsteigergeräten ist die mangelnde Zuverlässigkeit und geringe Materialauswahl.

Der 3D-Druck über einen 3D-Druck-Dienstleister hat den Vorteil, dass Druckvorbereitung, Produktion und Qualitätssicherung ausgelagert sind. Ihr eigener Aufwand ist damit gering. Der größte Vorteil ist, dass die führenden 3D-Druck-Dienstleister 10 bis 20 verschiedene Materialien anbieten, aus denen Sie mit einem Mausklick auswählen können. Zudem gelangen Sie in den Genuss, ein Objekt auf Industriedruckern mit hoher Qualität zu einem erschwinglichen Preis produziert zu bekommen. Lassen Sie beispielsweise einen Fingerring aus Chromstahl in 3D drucken, kostet dies ca. 10 bis 30 Euro. Die dazugehörigen Laser-Sinter-Maschinen fangen bei ca. 200.000 Euro an. Größter Wermutstropfen sind allerdings die teils sehr langen Lieferzeiten der großen 3D-Druck-Dienstleister von ein bis vier Wochen. Zu bedenken ist auch, dass der Vorteil von 3D-Druck, lokal zu produzieren und damit weniger Energie zu verbrauchen, damit wieder verloren geht. Schauen Sie daher unbedingt auch nach lokalen 3D-Druck-Dienstleistern. Diese können meist innerhalb weniger Arbeitstage liefern, haben aber oft eine nicht so große Auswahl an Materialien und Verfahren. Am Ende dieses Kapitels zeigen wir Ihnen auf, was Sie bei der Zusammenarbeit mit einem 3D-Druck-Dienstleister beachten müssen.

9.2 3D-Druck @home

Bevor Sie mit dem Druck auf dem eigenen Drucker loslegen, ist es hilfreich, eine Grundausstattung an Werkzeugen und Hilfsmitteln zur Hand zu haben. Diese helfen während sowie nach Fertigstellung des gedruckten Objekts. Zudem benötigen Sie sie für die gelegentliche Kalibrierung bzw. Feinjustierung Ihres Druckers. Dieses sollten Sie alle fünf bis zehn Drucke vornehmen, das hilft Ihnen bei auftretenden Qualitätsproblemen der gedruckten Objekte (z. B. unsauber aufeinanderliegenden Schichten). Mehr zur Kalibrierung erfahren Sie im Unterkapitel »3D-Drucker-Einstellungen und Optimierungstipps«.

Empfehlenswerte Grundausstattung:

- Pinzette oder feine Zange zum Entfernen von heißem Filament
- Spachtel zum Lösen der gedruckten Teile vom Druckbett (am besten die Klinge zusätzlich schmaler schleifen)
- Blue Tape (Malerband) von Scotch (Artikel-Nr. #2090) – sehr empfehlenswert zum Bekleben von nicht beheizbaren Druckbetten. Sorgt für eine bessere Haftung und später für ein einfaches Lösen des Druckobjekts
- Kapton-Band zum besseren Haften auf beheizten Druckbetten
- Haarspray als Alternative zu Kapton-Band zur besseren Haftung auf beheizten Druckbetten
- Teppichmesser (Japanmesser), um Grate oder Reste des Filaments zu entfernen

- Passenden Schraubenzieher und Inbusschlüssel zur Nivellierung des Druckbetts
- Drahtschneidezange zum Durchschneiden des Filaments beim Wechsel
- Baumwolltuch zum Säubern der Achsen und der Druckdüse.
- WD40 oder Teflonöl zum Ölen der Achsen.

9.3 Druckvorbereitung – 3D-Objekt in Schichten zerlegen (Einstellungen, Parameter)

Wie eingangs erwähnt, sollten Sie jetzt im Besitz eines 3D-Modells in Form einer STL-Datei (das meistverwendete Format) sein. Dieses Format beschreibt die Oberfläche eines dreidimensionalen Modells. Damit ein 3D-Drucker ein 3D-Modell schichtweise produzieren kann, muss es vorab rechnerisch in einzelne horizontale Schichten zerlegt werden. Das »Schichtenmodell« wird zusammen mit weiteren Einstellungen – wie Höhe der Schichten, Solidität des Objekts, Temperatur, Geschwindigkeiten etc. – in ein für den 3D-Drucker verständliches Format gewandelt. Darin sind die Instruktionen für den Drucker vorhanden.

Alle RepRap-basierten FDM/FFF-3D-Drucker verwenden das G-Code-Format. Andere Verfahren und Hersteller verwenden meist andere Formate. Das Zerlegen des 3D-Modells in Schichten, die Einstellung weiterer Parameter und die Übersetzung in die Druckerinstruktionen erledigen Druckvorbereitungsprogramme und »Slicer«. Anhand dieser Informationen wird dann das Objekt später schichtweise produziert.

Die Kenntnis dieser Parameter und ihrer Zusammenhänge ist zusammen mit der Mechanik des 3D-Druckers entscheidend für die Qualität des Druckergebnisses. Je nach Material, Größe, Lage und Geometrie des zu druckenden Objekts müssen die Einstellungen variiert werden. Manche Hersteller wie z. B. MakerBot, 3D Systems bzw. Cubify oder PP3DP liefern eigene Druckvorbereitungsprogramme und/oder Slicer mit ihren 3D-Druckern aus. Alle auf RepRap basierenden FDM/FFF-3D-Drucker wie Mendel Prusa, MendelMax, Printrbot sowie Ultimaker, Solidoodle und viele Stereografiedrucker arbeiten hervorragend mit frei verfügbaren Slicern wie Cura oder Slic3r zusammen. Diese erzeugen das Schichtenmodell. Für die Positionierung des Objekts auf der Druckplattform und zum Steuern des Druckers dienen manchmal separate Hostprogramme wie Repetier-Host (beinhaltet Slic3r). Das von David Braam entwickelte Programm Cura ist Slicer und Druckvorbereitungsprogramm in einem. Die nachfolgend beschriebenen Parameter finden sich in fast allen Druckvorbereitungsprogrammen.

Dokumentation G-Code

Gute Dokumentation zum G-Code mit Details und allen Parametern auf *http://reprap.org/wiki/G-Code*

Unterschiedliche Bezeichnungen der Einstellungen

Die Einstelloptionen sind in den verschiedenen Druckvorbereitungsprogrammen zum Teil unterschiedlich bezeichnet. Wir zeigen bei jeder Option auch andere verwendete Bezeichnungen (ohne Anspruch auf Vollständigkeit). Zudem ist das Verhalten jedes Programms etwas unterschiedlich. Somit kann das Druckergebnis selbst mit gleichen Einstellungen bei zwei verschiedenen Programmen auch unterschiedlich ausfallen. Manche Programme geben bei jedem Feld hilfreiche Zusatzinformationen in Form von Tooltipps (der Hinweistext erscheint, wenn Sie die Maus auf den Parameter oder das Eingabefeld im Programm bewegen). Sofern vorhanden, ziehen Sie auch die jeweilige Dokumentation zurate.

Wir beleuchten nur eine Auswahl der wichtigsten Einstellgrößen. Manche Programme bieten weniger oder mehr Optionen an.

9.3.1 Einstellungen/Parameter (Simple Mode/Expert Mode)

Einige Programme bieten einen einfachen Modus mit nur wenigen Parametern, die vor dem Druck eingestellt werden müssen. Dazu zählen meist lediglich Material, Drucktemperatur und gewünschte Druckqualität. In den erweiterten Einstellungen oder Expertenmodi findet sich eine Vielzahl weiterer Einstellungsmöglichkeiten. Das Programm Cura bietet eine Einstellung zum Wechsel der Modi im Menü *Expert* (einfacher Modus: *Switch to quickprint* und *Switch to full settings*). In Slic3r finden Sie dies im Menü *File/Preferences* (General, Mode: *Simple* bzw. *Expert*).

Probieren, Beobachten und Dokumentieren von Einstellungen und Druckergebnissen

Für Einsteiger (aber auch erfahrene Anwender) ist es enorm hilfreich, die verschiedenen Einstellungen zusammen mit den Druckergebnissen zu dokumentieren. Für uns war das Notieren der Einstellungen und beobachteten Ergebnisse gerade bei den ersten 3D-Drucken von unschätzbarem Wert. Experimentieren Sie unbedingt mit verschiedenen Einstellungen und beobachten Sie genau, wie sich welche Einstellung auf die Druckergebnisse auswirkt. Je nach Objekt, Material und 3D-Drucker können andere Einstellungen besser oder schlechter sein. So lernen Sie die Zusammenhänge und das Verhalten Ihres Druckers besser verstehen. Sie werden dadurch bessere und konstantere Druckergebnisse erzielen. Mit gut aufeinander abgestimmten und passenden Einstellungen können Sie selbst aus einem weniger guten 3D-Drucker noch einiges an Druckqualität herauskitzeln. Wir empfehlen, verschiedene Einstellungen als separate »Druckprofile« (Printer Settings oder Profile) abzuspeichern. Notieren Sie sich, welches Druckprofil Sie bei welchem 3D-Design verwendet haben. Hilfreich ist auch, die gedruckten Objekte mit Name des Druckprofils, Datum oder ein paar der wichtigsten Parameter zu beschriften.

Druckvorbereitung im einfachen Modus

Wir empfehlen Ihnen, zunächst im einfachen Modus mit wenigen Einstellungsmöglichkeiten zu starten. Öffnen Sie ein 3D-Modell (die STL-Datei) Ihrer Wahl und erzeugen Sie dann die Instruktionsdatei für Ihren Drucker

(z. B. als *G-Code*) mit dem Druckvorbereitungsprogramm (z. B. in Slic3r via Button *Export G-Code*, in Cura Klick auf das Diskettensymbol *Save Toolpath*). Bei Druckern mit direkter Verbindung zum Computer (z. B. über USB-Kabel oder WLAN) kann der Druck direkt aus den Hostprogrammen (z. B. Repetier-Host oder Cura) gestartet werden. Bei Druckern ohne direkte Verbindung wird die Datei mit den Druckerinstruktionen auf ein Speichermedium (z. B. SD-Karte) gespeichert.

Druckvorbereitung im Modus für Fortgeschrittene

Sofern noch nicht geschehen, wechseln Sie nach dem Starten des Druckvorbereitungsprogramms in den Expertenmodus (Einstellung *Expert*, *Full Settings* o. Ä.). Laden Sie zuerst das zu druckende 3D-Modell (in Form der STL-Datei). Das Programm positioniert das erste 3D-Modell meist zentriert auf der Bauplattform (dem Druckbett, auf dem das Objekt später gedruckt wird). Die Bauplattform ist durch die Ausdehnung des maximal zu druckenden Bereichs (in der Horizontalen) definiert. Diese beträgt z. B. beim Ultimaker (v.2) 230 x 225 mm, beim MakerBot Replicator (5. Generation) 252 x 119 mm. Sie können weitere Druckobjekte hinzufügen, maximal so viele, wie auf der Bauplattform Platz finden. Wir empfehlen, mit einem oder wenigen Objekten zu drucken. Das Erstellen des Schichtenmodells geht schneller, und der Druck geht dann natürlich auch schneller. Zudem erfordern unterschiedliche Modelle oftmals auch unterschiedliche Einstellungen.

Positionierung auf Druckplattform

Lage des Objekts (x/y/z) – Je nach Objekt ist es sinnvoll, dieses auf der Druckplattform manuell anders zu positionieren, als es vom Programm vorgeschlagen wird. Die Lage und Ausrichtung des Objekts kann sich auf die Qualität und vor allem auf möglicherweise erforderliche Supportstrukturen auswirken (siehe Kapitel 5.2.7). Planen Sie beispielsweise den Druck eines simplen Tischmodells, also einer Platte mit vier Beinen, ist es sinnvoller, den Tisch auf den Kopf zu stellen, sodass die Tischplatte des Modells direkt auf der Druckplattform ist. Damit kann das Objekt komplett ohne Stützstrukturen gedruckt werden. Würden Sie den Tisch in normaler Lage positionieren, müssten unter der gesamten Tischplatte Stützstrukturen angebracht werden, sonst wäre der Druck mit einem FDM/FFF-Drucker überhaupt nicht möglich.

Größe/Skalierung – Sie können vor dem Druck die Größe des zu druckenden Objekts in allen drei Dimensionen verändern. Achtung: Beim Verkleinern können feine Details verloren gehen, oder die minimale Wandstärke wird unter-

Probedruck mit kleinerem Objekt

Drucken Sie ein Objekt für einen Entwurf bzw. den ersten Probedruck zuerst etwas kleiner. Vor allem beim Druck von Figuren (wie Menschen, Tieren) ist das sinnvoll. Bedenken Sie, dass die Druckzeit bei einer Verdopplung der Größe um das Dreifache zunimmt!

schritten. Als Folge wird das Objekt möglicherweise gar nicht gedruckt. Bei Vergrößerungen besteht diese Gefahr nicht. Feine Strukturen oder Rundungen werden aber möglicherweise gröber.

Parameter für das Schichtenmodell

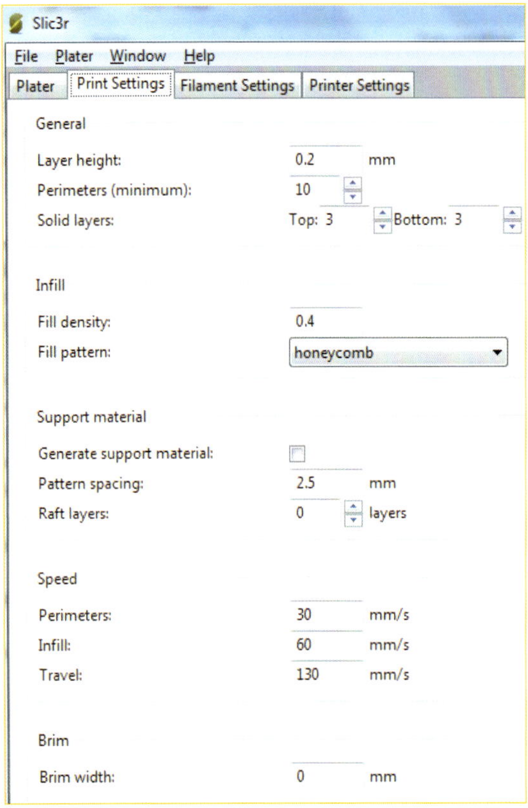

Parameter in Slic3r

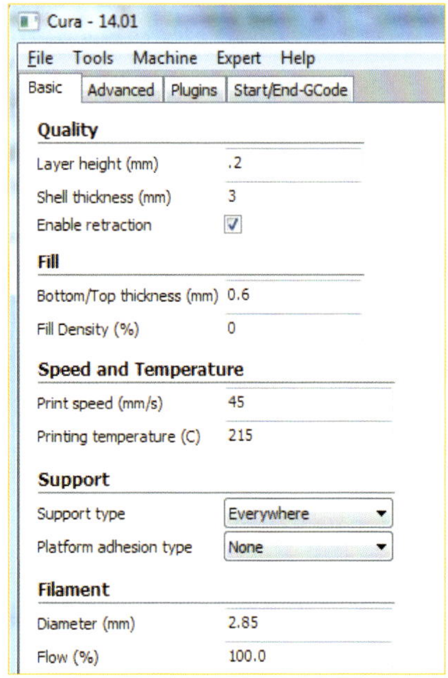

Parameter in Cura

- Schichtdicke (*Layer height*) – Dieser Wert ist vergleichbar mit den Modi »Entwurf«, »Standard«, »Hochauflösend« beim Papierdruck. Je feiner die Schichtdicke gewählt wird, desto feiner wird auch der 3D-Druck in der Horizontalen. Wählen Sie für einen Probedruck z. B. eine Schichthöhe von 0,35 mm, sind die Schichten vom gedruckten Objekt deutlich sicht- und auch spürbar. Derart grobe Schichten können auch zu weniger stabilen Objekten führen. Für die meisten Anwendungen ist eine Schichtdicke von 0,2 mm ausreichend. Wir drucken fast nur noch mit dieser Einstellung. Beachten Sie, dass der Druck feinerer Schichten länger dauert. Eine Halbierung der Schichtdicke bedeutet eine Verdopplung der Druckzeit.

Hülle/außen liegende Wand (*Perimeters/Shell thickness*) – Dieser Wert bestimmt die Dicke der gedruckten außen liegenden Wände. Er ist für die Stabilität des gedruckten Objekts ein wichtiger Faktor. Stellen Sie sich diese Hülle wie den Verputz der Mauer eines Hauses sowohl auf der Innen- wie auch auf der Außenseite vor. Die Dicke der Mauer hingegen ist die im 3D-Design festgelegte Wandstärke. Für den 3D-Druck kann man festlegen, wie oft das Druckmaterial von außen auf die äußeren Wände aufgetragen wird. Sie kann das Ein- oder Mehrfache des Durchmessers der Heizdüse betragen. In den Programmen wird dieser Wert als Anzahl der Umrandungen oder als absolute Dicke eingetragen. Der Wert 1 bedeutet so eine einzelne Hülle, z. B. 0,4 mm bei einer Druckdüse von 0,4 mm. Für eine bessere Stabilität empfehlen wir, ein Mehrfaches des Düsendurchmessers zu wählen. Wir drucken normalerweise mit 0,8 mm. Damit erstellt der Druckkopf zwei Hüllen pro Schicht. Diese Hüllen werden von außen nach innen aufgetragen, d. h., auch mit mehreren Hüllen bleibt Ihr Objekt gleich breit. Beispiel zur Verdeutlichung: Die Bilder unten zeigen die 60. Schicht einer Ecke des Raspberry Pi-Gehäuses, das wir in Kapitel 7.4 beschrieben haben, in der Schichtenansicht (*Layer mode* in Cura). Diese Ansicht ist eine Art Vorschau, die die Wege des Druckkopfs pro Schicht zeigt. Im Bild links wurde eine Dicke der Hülle von 0,4 mm gewählt, im mittleren Bild 0,8 mm und im rechten Bild 1,2 mm. Die rote Linie zeigt jeweils die äußerste zu druckende Hülle, hellgrün sind die jeweils nach innen gedruckten weiteren Hüllen. Zwischen den außen liegenden Wänden wird die Füllung dunkelgrün dargestellt. Im Beispiel beträgt diese 20 %.

0,4 mm, genau eine Hülle

0,8 mm, eine äußere Hülle plus eine innere Hülle

1,2 mm, eine äußere Hülle plus zwei innere Hüllen

Füllungsgrad/Solidität/Muster (*Fill density*, *Infill angle*) – Über den Füllungsgrad kann angegeben werden, wie solide ein Objekt gedruckt werden soll. Wird ein Objekt nicht massiv gedruckt, fügt das Programm

Gitter- oder Wabenstrukturen ein. Diese dienen vor allem der Stabilität des gedruckten Objekts. In der Regel reicht ein Füllungsgrad von 15 bis 25 %. Sie können mit einem geringen Füllungsgrad enorm an Material sparen. Für Probedrucke stellen wir 10 % ein. Hingegen empfehlen wir 100 % Füllungsgrad bei beanspruchten Teilen wie beispielsweise Zahnrädern.

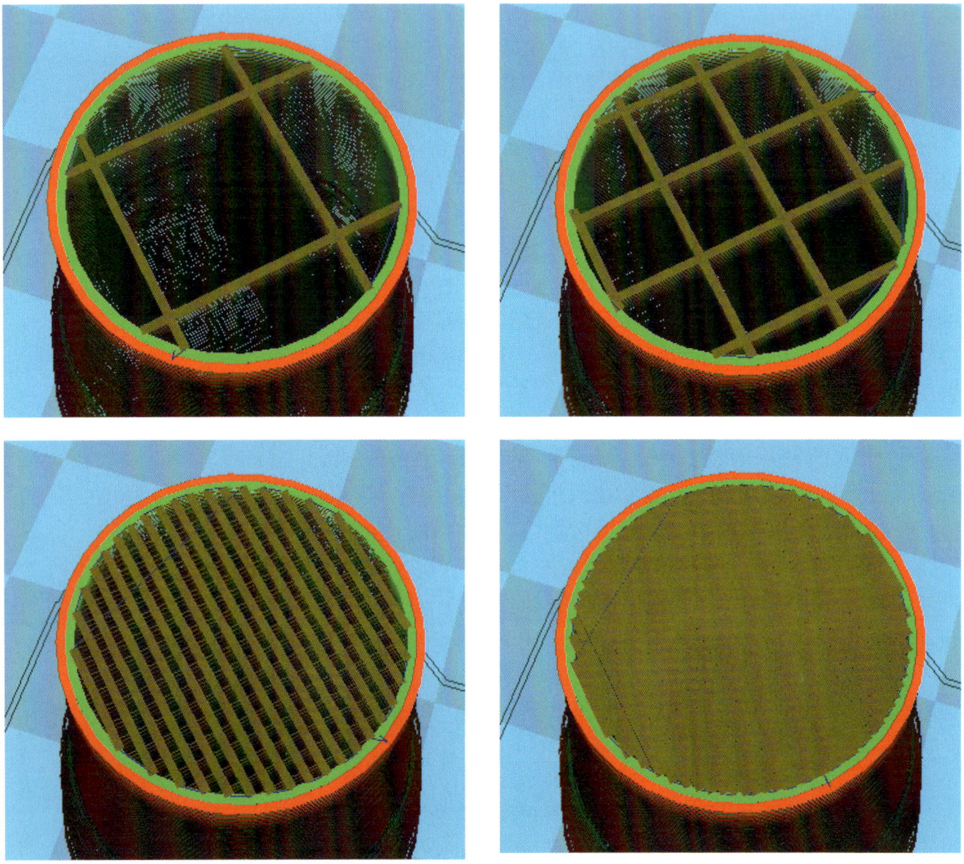

Füllungsgrad von 10%, 20%, 50% und 100% von links oben nach rechts unten

Druck von Figuren und Büsten

Für den Druck von Figuren oder Büsten probieren Sie einmal, mit 0 % Füllung zu drucken. Setzen Sie aber die Dicke der Hülle (Perimeter, siehe oben) auf den dreifachen Düsendurchmesser (z. B. 1,2 mm). Wir haben damit perfekte Ergebnisse erzielt. Die Schichten waren viel besser als beispielsweise bei 0,8 mm Perimeter miteinander verbunden. Aber nicht nur die Qualität war viel besser, wir haben mit diesen Einstellungen zudem erheblich an Zeit (40 % schneller) und Kosten (45 % weniger Material) gespart.

- Boden-/Deckelschicht (*solid layers Top/Bottom*) – Die Dicke des zu druckenden Bodens und Deckels eines Objekts kann separat zu der definierten Schichtdicke (siehe oben) definiert werden. Sie spielt wie die Dicke der Hülle eine große Rolle für die Stabilität, aber auch für die Qualität des gedruckten Objekts. Sinnvollerweise setzt man sie gleich oder ähnlich wie die Dicke der Hülle und als Vielfaches der Schichtdicke. Haben Sie beispielsweise eine Schichtdicke (*Layer height*) von 0,2 mm gewählt und 0,8 mm für die Hülle, ist eine Boden-/Deckelschicht von 0,8 oder 1,2 mm sinnvoll.

- Retraction – Diese Einstellung bewirkt den automatischen Rückzug des Druckfilaments (Materials) an Stellen einer Schicht, an denen das Design quasi eine Lücke hat. Dieser Rückzug reduziert das unbeabsichtigte Nachfließen von Material und verringert damit eine mögliche Fadenbildung (Stringing). Bewegt sich der Druckkopf wieder an eine Stelle, an der Material aufgetragen werden soll, wird das Filament wieder schnell nach vorne geschoben. Retraction ist vor allem bei 3D-Druckern hilfreich, bei denen der Extrudermotor zur Förderung des Filaments nicht nahe bei der Heizdüse ist (wie beispielsweise bei Ultimaker 1 und 2). Wir empfehlen, Retraction grundsätzlich aktiviert zu lassen und die vorgegebenen Werte (Geschwindigkeit Rückzug 40 mm/s und Rückzug des Filaments jeweils um 4,5 mm beim Ultimaker) nur zu verändern, wenn Sie fortgeschrittener Anwender sind.

- Support – Manche Druckvorbereitungsprogramme erstellen automatisch Stützstrukturen an Bereichen mit Überhängen (siehe Kapitel 5.2.6, »Überhänge«). Andere Programme erlauben, das Drucken von Stützstrukturen manuell ein- bzw. auszuschalten. Beim Druck werden an den zu unterstützenden Bereichen des Druckobjekts zusätzliche dünne Strukturen eingefügt, die später von Hand oder mit einem Messer entfernt werden können. Bei Druckern, die mit einem Extruder arbeiten, wird der Support aus dem gleichen Material wie das Druckobjekt angebracht. Bei 3D-Druckern, die gleichzeitig zwei oder oder mehr Materialien drucken können, kann beispielsweise das zweite Material explizit für Supportstrukturen definiert werden (in Cura *Support Dual Extrusion* und dann Wahl des Extruders mit dem Supportmaterial). Wird spezielles Supportmaterial wie PVA (siehe Kapitel 2.5) verwendet, kann es durch einfaches Auflösen in Wasser entfernt werden.

- Skirt – Ist Skirt aktiviert, werden ganz zu Beginn des Druckvorgangs eine oder mehrere Umrandungen aus Material in definiertem Abstand zum eigentlichen Objekt gedruckt. Dabei fährt der Druckkopf die Kontur der ersten Schicht des Druckobjekts ab. Sie können die Anzahl und Distanz

Druck von Vasen

Für den Druck von Gefäßen setzen Sie die Deckelschicht auf 0 mm und den Füllungsgrad auf 0%.

Stützstrukturen vermeiden

Wenn irgendwie möglich, vermeiden wir den Druck von Stützstrukturen, da dessen Entfernung zeitintensiv und mühsam ist. Manchmal reicht es aus, wenn Sie ein Druckobjekt anders auf dem Druckbett positionieren, sodass weniger überhängende Bereiche gedruckt werden müssen. Auch können FDM/FFF-Drucker bei idealen Einstellungen so manche Distanz überwinden, ohne dass das Material zu sehr nach unten sinkt, also Support erforderlich wäre. Lesen Sie dazu auch weiter unten den Abschnitt »Überbrückung von Distanzen ohne Support«.

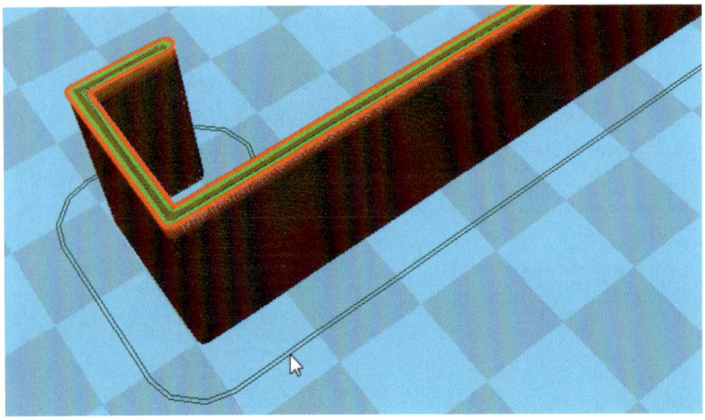

Der Mauszeiger deutet auf das Skirt, das im Abstand von 5 mm vom eigentlichen Objekt später gedruckt wird.

dieser Umrandungen zur ersten Schicht des eigentlichen Druckobjekts festlegen.

Dies ist für FDM/FFF-Drucker eine sehr hilfreiche Einstellung, die insbesondere der visuellen Kontrolle dient, ob der Materialfluss und die Haftung der ersten Schicht ausreichend sind. Sie erkennen damit auch sehr rasch, ob das Druckbett gut kalibriert ist, d. h. die Abstände zum Druckkopf überall gleich sind (siehe nachfolgendes Kapitel »Tipps zur Kalibrierung und Vorbereitung des Druckers«). Wir stellen oftmals zwei Umrandungen im Abstand von 3 bis 5 mm ein, um noch manuell nachjustieren zu können. Wird das Skirt nicht gedruckt oder löst es sich trotz Justierens, ist es sinnvoll, den Druck bereits zu diesem Zeitpunkt abzubrechen und zu untersuchen, wo das Problem liegt. Da die erste Schicht für die Qualität des ganzen Drucks entscheidend ist, sparen Sie sich viel Zeit, Material und Ärger, wenn Sie den Druck erst laufen lassen, wenn auch das Skirt und die erste Schicht gut gedruckt werden.

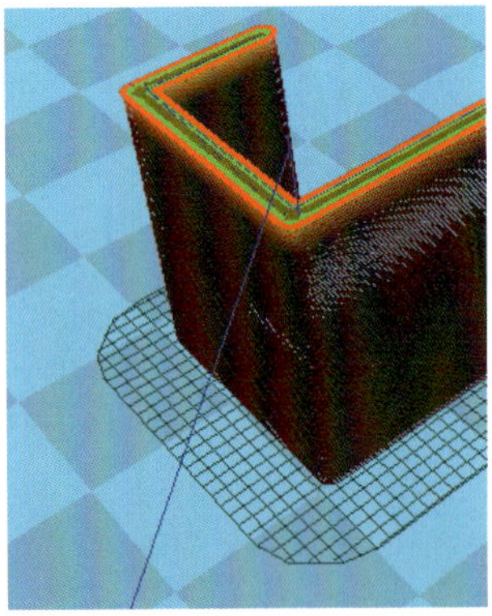

Raft

Raft, Brim – Raft und Brim sind Mittel, die dabei helfen können, dass ein Druckobjekt besser auf dem Druckbett haftet. Beim Raft wird eine zusätzliche Gitterstruktur zwischen dem eigentlichen Druckobjekt und dem Druckbett gedruckt. Das Raft ragt über die Grenzen des Druckobjekts hinaus, wird also auch unterhalb des Objekts gedruckt. Bei sehr kleinen Objekten kann dies hilfreich sein, bei größeren Objekten raten wir davon ab. Die Druckzeit nimmt erheblich zu, und die Entfernung des Rafts von der Unterseite des Druckobjekts ist mühsam und zeitintensiv. Zudem kann die Unterseite durch das Entfernen des Rafts in Mitleidenschaft gezogen werden.

Brim

Ein Brim ist ähnlich wie das Skirt, jedoch mit dem Unterschied, dass mehr Umrandungslinien gedruckt werden und dass eine direkt am Druckobjekt anliegen. Das Brim hilft vor allem dabei, die Haftung der Ecken des Druckobjekts auf dem Druckbett zu erhöhen. Es empfiehlt sich besonders bei Objekten mit wenig Auflagefläche auf dem Druckbett. Das gedruckte Brim befindet sich nur am Rand des Objekts und lässt sich später viel leichter entfernen als ein Raft.

Weitere Einstellungen

Lüfter – Besonders beim Druck ohne ein beheizbares Druckbett ist es hilfreich, den Lüfter für die ersten ein bis zwei Schichten ausgeschaltet zu lassen. Dadurch erhöht sich die kritische Haftung der ersten Schichten auf dem Druckbett. Kleine Objekte (bis ca. 3 cm Durchmesser) kühlen von selbst zu langsam ab, daher empfiehlt es sich, den Lüfter hier (bis auf die erste Schicht) immer eingeschaltet zu lassen. Bei den meisten Programmen ist der Einsatz des Lüfters automatisch festgelegt. Sie können die Einstellungen dazu jederzeit manuell ändern.

- Extrusionsrate (bei Repetier-Host mm, bei Cura Flow-Rate in %) – Über die Extrusionsrate kann der Materialfluss beim Druck manuell verringert oder vergrößert werden. Wir raten nur fortgeschrittenen Anwendern, diesen Wert zu ändern. »Under-Extrusion« oder »Over-Extrusion« kann viele andere Ursachen haben, z. B. falsch angegebener Durchmesser des Druckfilaments, ein schlecht eingestellter Extruder, eine durch Schmutzpartikel verstopfte Heizdüse etc.

- Geschwindigkeiten – Neben der Druckgeschwindigkeit (im Englischen »Travel Speed«) können in den Experteneinstellungen weitere Geschwindigkeiten geändert werden, z. B. für den Druck der Hülle oder der inneren Füllung oder für die Strecken, bei denen nichts gedruckt wird. Geschwindigkeiten können sich stark auf die Qualität auswirken. Wir raten Ihnen, diese, wenn überhaupt, dann nur in geringen Schritten zu ändern. Wichtig: Notieren Sie sich die Grundeinstellungen, die der Hersteller vorgegeben hat bzw. empfiehlt, oder speichern Sie diese in einem separaten Druckprofil ab. Weiterführende Erläuterungen zur Druckgeschwindigkeit haben wir im Unterkapitel »Tipps zur Kalibrierung und Vorbereitung des Druckers« zusammengestellt.

- Temperaturen (Material, Druckbett, manchmal diverse Temperaturen für erste Schicht und Folgeschichten – z. B. bei Slic3r, nicht bei Cura) – Die wichtigste Temperatur ist diejenige für das Druckmaterial. PLA wird meist bei 190 bis 230 °C, ABS bei ca. 250 °C gedruckt und – sofern vorhanden – für ein beheizbares Druckbett (siehe Kapitel 2). Im nachfolgenden Unterkapitel »Tipps zur Kalibrierung und Vorbereitung des Druckers« finden Sie einige hilfreiche Hinweise zur Bestimmung der idealen Drucktemperatur.

Nachdem Sie alle Druckparameter eingestellt haben, müssen nun die Instruktionsdaten für Ihren 3D-Drucker erzeugt werden. Wie eingangs des Kapitels beschrieben, ist das bei den RepRap-basierten FDM/FFM-Druckern die G-Code-Datei. Bei bestehender Verbindung (über USB-Kabel oder WLAN) kann der Druck direkt aus den Programmen heraus gestartet werden. Bei Druckern ohne direkte Verbindung müssen Sie die Datei mit den Instruktionen für den Drucker (z. B. die G-Code-Datei) zuerst auf ein entsprechendes Speichermedium (z. B. SD-Karte oder USB-Stick) speichern.

9.4 3D-Druck starten

Nachdem alle Vorbereitungen getroffen und die Instruktionsdaten für den 3D-Drucker erzeugt sind, kommt nun, endlich, der letzte und spannendste Schritt: der 3D-Druck selbst.

Nach dem Erzeugen der Instruktionsdaten starten Sie den Druck jetzt entweder direkt aus dem Druckvorbereitungsprogramm bei direkter Verbindung zum Drucker oder setzen das Speichermedium mit der Instruktionsdatei in Ihren Drucker ein. Am Bediendisplay des Druckers wählen Sie dann nur noch die gewünschte Datei aus und starten den 3D-Druck. Nun beginnt sich der Drucker auf die eingestellte Drucktemperatur aufzuheizen. Dies kann mehrere Minuten dauern. Sobald der Drucker mit dem Druck startet, beobachten Sie genau folgende Punkte. Ganz entscheidend für das Gelingen des Drucks sind die ersten Schichten:

- Kommt Material aus der Heizdüse, wenn der Druck gestartet ist? Die erste Schicht ist oftmals hauchdünn, sodass kaum erkennbar ist, dass bereits Material aufgetragen wird. Erkennen Sie es, sollten Sie schauen, ob es gleichmäßig aufgetragen wird. Ist dies nicht der Fall, kann das z. B. am unebenen Druckbett liegen (siehe Tipp zur Nivellierung des Druckbetts im folgenden Unterkapitel »3D-Drucker-Einstellungen und Optimierungstipps«). Eine weitere Ursache kann das Klemmen des Fördermechanismus des Druckmaterials sein. Wir hatten auch schon das Problem, dass sich das Filament innerhalb der Spule verhakt hatte. Achten Sie darauf, dass das Filament ungehindert zur Heizdüse befördert wird.

- Haften die ersten ein bis zwei Schichten ausreichend auf dem Druckbett? Sollte sich bereits bei der ersten Schicht das aufgetragene Material lösen, kann dies an einer zu geringen Drucktemperatur liegen. Prüfen Sie diese und erhöhen Sie gegebenenfalls die Drucktemperatur. Viel wahrscheinlicher ist die Ursache aber ein zu großer Abstand zwischen Heizdüse und Druckbett. In diesem Fall können Sie während des Betriebs jetzt manuell die z-Achse drehen, sodass das Druckbett näher an die Heizdüse kommt. Auch wenn sich das grob anhört, so macht es der Mechanik in der Regel nichts aus. (Achtung: Wir übernehmen keine Gewähr, falls Sie Ihren Drucker durch solche Praktiken dennoch beschädigen sollten.) Es hilft natürlich nur für den gerade laufenden Druck. Wir justieren gelegentlich nach Start des Drucks auch die Befestigungsschrauben des Druckbetts, um den Abstand des Druckbetts zur Heizdüse zu verringern. Achten Sie dabei auf eine gleichmäßige Änderung aller Stellschrauben. Hilft keine dieser Maßnahmen und löst sich die erste Schicht weiterhin, empfehlen wir, den Druck abzubrechen, denn es ist unwahrscheinlich, dass die Folgeschichten besser haften. Der nachhaltigere Weg ist die richtige Justierung der z-Achse (siehe unten, Tipp »Nivellierung des Druckbetts und Justierung der z-Achse« sowie »Praxistipp: So haften die ersten Druckschichten optimal« im folgenden Unterkapitel »3D-Drucker-Einstellungen und Optimierungstipps«).

Sind die ersten Schichten gedruckt, verläuft normalerweise auch der Rest des Drucks erfolgreich. Wir drücken Ihnen die Daumen, dass Sie bald Ihr erstes gedrucktes Modell in den Händen halten können.

9.4.1 3D-Druck-Qualität nicht wie erwartet?

Objekt gedruckt, aber nicht so wie erwartet? Was nun? Ist die Qualität zu schlecht, oder sind die Maße falsch?

Kopf hoch. Beim heutigen Stand der Technik mit all den unterschiedlichen Einflussfaktoren auf die Qualität des 3D-Drucks gilt vor allem die Devise »Übung macht den Meister«. Wir kennen niemanden, der von Anfang an und kontinuierlich sehr gute Druckergebnisse erzielt hat. Und seien Sie beruhigt, selbst erfahrene Anwender müssen oftmals mehrere Drucke produzieren, bevor das Ergebnis zufriedenstellend ist oder schlichtweg der Druck überhaupt geklappt hat. Ja, sogar sehr teure 3D-Drucker, die in der Industrie eingesetzt werden, sind noch weit von der Zuverlässigkeit und Konstanz einer industriellen Serienfertigung entfernt. Wir möchten Sie nochmals ermuntern, viel zu experimentieren, Ihre Beobachtungen mit verschiedenen Einstellungen zu notieren und die Zusammenhänge der verschiedenen Faktoren zu verstehen. Für uns ist zudem der Austausch mit anderen 3D-Druck-Anwendern, die Teilnahme an 3D-Druck-Interessententreffen sowie das Informieren, aber auch aktive Teilnehmen in den unzähligen Onlineforen immens wertvoll.

9.5 3D-Drucker-Einstellungen und Optimierungstipps

Wie Sie gesehen haben, hängt die Qualität des 3D-Drucks von vielen Faktoren ab. Neben dem 3D-Design als Ausgangsbasis ist insbesondere das Zusammenspiel von Material, Drucktemperatur, Geschwindigkeit und der Mechanik für den 3D-Druck wichtig. Für Anwender ist es sehr hilfreich, diese Einflussgrößen zu verstehen, sie einstellen zu können und aufeinander abzustimmen. Eine höhere Druckgeschwindigkeit erfordert z. B. meist auch die Einstellung einer höheren Drucktemperatur. Doch dazu später mehr. Eine gut justierte Mechanik des 3D-Druckers ist natürlich Grundvoraussetzung. Werden einzelne Schichten nicht exakt aufeinandergedruckt, ist die Ursache meist eine schlecht eingestellte Mechanik, z. B. zu lockere Zahnriemen. Heutige 3D-Drucker außerhalb des industriellen Segments kalibrieren sich nicht von selbst, sondern erfordern manuelle Kontrolle und Einstellungen. Selbst Drucker für mehrere Tausend Euro sind momentan noch nicht so wartungsfrei, wie wir das z B. von einem Papiertintenstrahldrucker gewohnt sind. Wir empfehlen, die nachfolgend beschriebenen Überprüfungen und Einstellungen regelmäßig nach fünf bis zehn Drucken durchzuführen. Die aufgeführten Prüfpunkte gelten für jeden RepRap-basierten 3D-Drucker, aber auch für Drucker anderer Hersteller. Es sind grundlegende und häufig angewendete Einstellungen ohne Anspruch auf Vollständigkeit und Gültigkeit für jeden Drucker. Schauen Sie daher unbedingt im Handbuch Ihres Druckers nach, welche weiteren Einstellungsmöglichkeiten und Hilfestellungen bei Problemen geboten werden.

9.5.1 Nivellierung des Druckbetts und Justierung der z-Achse

Der Druck der ersten Schicht ist mitentscheidend für das Gelingen eines ganzen Objekts. Das Haften und gleichmäßige Auftragen dieser Schicht auf dem Druckbett wirkt sich massiv auf die nachfolgenden Schichten aus. Ist beispielsweise eine Ecke des Druckbetts zu niedrig, haftet das dort aufgetragene Material nicht, und später kann es zum Ablösen des gesamten Objekts mitten im Druckvorgang kommen. Um das zu verhindern, sollte das Druckbett an allen Stellen den gleichen Abstand zur Druckdüse aufweisen und die erste Schicht mit einem sehr geringen Abstand von 0,1 bis 0,2 mm aufgetragen werden. Manche Drucker bieten für diese »Nivellierung des Druckbetts« eine Automatik oder Hilfsfunktion an. Schauen Sie unbedingt in der Dokumentation des Druckers nach, wie diese Kalibrierung durchgeführt werden kann. Andere Drucker erfordern eine manuelle Messung. Die Einstellung/Kalibrierung erledigen Sie am besten in zwei Schritten.

1 Zuerst muss das Druckbett so eingestellt werden, dass der Abstand zwischen Druckdüse und Druckbett überall gleich ist. Legen Sie dazu irgendeinen flachen, leichten Gegenstand, z. B. eine CD-Hülle, auf das Druckbett. Bewegen Sie den Druckkopf von Hand (in ausgeschaltetem Zustand) an die Stelle, an der die CD-Hülle liegt. Bewegen Sie jetzt manuell oder per Bedienfeld am Drucker oder in der Druckersoftware den Druckkopf Richtung CD-Hülle, bis er sie berührt. Verschieben Sie die CD-Hülle an eine andere Stelle auf dem Druckbett und dann auch den Druckkopf (ohne Veränderung

der Höhe). Dieser sollte sich nun auf der gleichen Höhe wie an der ersten Stelle befinden. Ist das nicht der Fall, verändern Sie manuell die Höhe des Druckbetts. Dies kann beispielsweise durch Verändern von Stellschrauben/Federn am Druckbett selbst oder bei manchen Druckern über das Bedienfeld des Druckers erfolgen. Wiederholen Sie diesen Schritt mehrmals, sodass der Abstand zwischen Druckbett und CD-Hülle überall gleich ist.

2 Nun muss der Abstand für die erste Druckschicht optimalerweise auf ca. 0,1 bis 0,2 mm eingestellt werden (Justierung der z-Achse). Jeder Drucker besitzt einen Sensor oder Schalter, der die unterste Höhe des Druckbetts bestimmt. Auf dieser Höhe beginnt später der Druck der ersten Schicht. Sofern Ihr Drucker keine automatische Kalibrierung anbietet, können Sie das Druckbett entweder von Hand (in ausgeschaltetem Zustand durch langsames Drehen an der z-Achse) oder mittels des Controllers bis zum Erreichen dieses Sensors/Schalters bringen. Das Berühren des Sensors hört man, oder es wird auf dem Display angezeigt. Genau hier sollte nun die Druckdüse das Druckbett fast berühren. Der perfekte Abstand ist 0,1 bis 0,2 mm.

Sie können dies folgendermaßen prüfen: Achten Sie zuerst darauf, dass an der Druckdüse keine Reste des Druckfilaments haften. Das würde das gewünschte Ergebnis negativ beeinflussen. Entfernen Sie diese mit einer kleinen Zange oder einem scharfem Messer. Schieben Sie nun ein Blatt Standardkopierpapier (80 g/m2) zwischen Düse und Druckbett. Reibt die Düse leicht auf dem Papier und können Sie es noch bewegen, ist die Höhe ideal. Kann das Papier ohne Widerstand bewegt werden, ist der Abstand zwischen Düse und Druckbett zu hoch. Bekommen Sie das Papier gar nicht dazwischen, ist der Abstand zu gering. Führen Sie diese Messung an mehreren Punkten (z. B. in der Nähe jeder Ecke) des Druckbetts durch, indem Sie den Druckkopf oder das Druckbett von Hand (in ausgeschaltetem Zustand) in die Richtung aller vier Ecken verschieben. Bei zu geringem oder zu großem Abstand gilt es nun, den Abstand zwischen Düse und Druckbett zu verändern. Verstellen Sie dazu vorsichtig einzeln die Stellschrauben/Federn am Druckbett in kleinen Schritten (meist reicht eine Viertelumdrehung einer Schraube) und prüfen Sie nach jeder Änderung erneut mit dem Papier. Wiederholen Sie diese Schritte an den verschiedenen Punkten. Ziel ist, dass der Abstand zwischen Düse und Druckbett überall gleich ist. Achtung: nicht mit der Wasserwaage arbeiten! Entscheidend ist der gleichmäßige Abstand der Druckdüse zum Druckbett, nicht ob das Druckbett im Lot ist.

Praxistipp: So haften die ersten Druckschichten optimal

- Sauberes Druckbett: Stellen Sie sicher, dass das Druckbett vor dem Start des Drucks sauber ist und keinerlei Materialrückstände vorheriger Drucke vorhanden sind.
- Druck mit PLA: Bei Druckern ohne beheizbares Druckbett (Heatbed) hat sich das Anbringen von Malerabdeckband bewährt. Die meisten Anwender benutzen »Blue Tape«, ein spezielles Malerabdeckband. Bringen Sie dieses auf dem gesamten Druckbett so an, dass es keinen Abstand zwischen den einzelnen Streifen gibt und sie sich nicht überlappen. Haben Sie ein Heatbed, stellen Sie dieses auf 50 bis 60 °C ein.
- Druck mit ABS: Anstelle von Blue Tape empfiehlt es sich, hitzebeständiges Kapton-Band auf dem Druckbett aufzubringen. Das erleichtert die Haftung von ABS. Da sich ABS viel mehr als PLA beim Abkühlen zusammenzieht, empfiehlt sich ein beheizbares Druckbett (Heatbed). Dieses sollte auf 80 bis 110 °C aufgeheizt werden können. (Achten Sie beim Kauf darauf, dass das Heatbed auf solche Temperaturen eingestellt werden kann.)
- Achten Sie auf eine gleichmäßige Ausrichtung des Druckbetts zur Druckdüse an mehreren Stellen und dass die erste Schicht das Druckbett nahezu berührt. Sie sollten keine Wasserwaage verwenden (Erläuterung siehe vorheriger Abschnitt)!
- Kein Lüfter für die erste Schicht: Stellen Sie den Lüfter für den Druck der ersten Schicht ab. In fast allen Druckersteuerungsprogrammen/Druckvorbereitungsprogrammen kann dies eingestellt werden. Viele Druckerprogramme berücksichtigen es bereits automatisch. Beobachten Sie den Lüfter beim Druck der ersten Schicht. Sollte er bereits von Anfang an laufen, suchen Sie die Einstellung, um ihn für die erste Schicht auszuschalten.
- Hilfsmittel für bessere Haftung auf dem Druckbett: Bei Druck mit PLA oder ABS können Sie vor Start des Druckvorgangs etwas Haarspray auf das Druckbett sprühen. Achtung! Nur bei kaltem Druckkopf und Druckbett. Drucker am besten ausschalten!

9.5.2 Ideale Drucktemperatur

Jedes Material kann in einer bestimmten Temperaturbandbreite gedruckt werden. Die ideale Drucktemperatur ist dabei von mehreren Faktoren abhängig. Wir beleuchten hier ausschließlich das im Consumerbereich am häufigsten verwendete FDM/FFM-Verfahren und die gebräuchlichsten Materialien PLA und ABS. Die »richtige« Temperatur kann von Hersteller zu Hersteller und auch von Farbe zu Farbe variieren. Die meisten Hersteller weisen für ihre Materialien die Drucktemperatur aus. Diese ist ein guter Startpunkt für die ersten Drucke. Zusätzlich empfehlen wir, bei jedem Wechsel die Drucktemperatur zu überprüfen und nach dem Beobachten der Druckergebnisse gegebenenfalls anzupassen. Gerade für Einsteiger ist es sehr hilfreich, zu Beginn dasselbe Objekt bei verschiedenen Temperaturen zu drucken, die Ergebnisse zu beobachten und zu dokumentieren.

Folgende Faktoren sind für die ideale Drucktemperatur zu beachten:

- Material (PLA, ABS, Nylon etc.)
- zu druckendes Objekt (Größe, Geometrie)
- Druckgeschwindigkeit

Materialien wie PLA können gut in einer Bandbreite von ca. 20 bis 50 °C gedruckt werden. Niedrige Temperaturen vermindern die Haftung der Schichten untereinander und können schlimmstenfalls zu einem Stau des Materials und einer Beschädigung des Motors führen, der für den Materialvorschub verantwortlich ist. Zu hohe Temperaturen können »Blobbing« (Blasenbildung) oder »Warping« (Verbiegen des Materials nach oben aufgrund zu langsamer Abkühlung) verursachen. Zudem führen zu hohe Temperaturen zur verstärkten Bildung von ungewünschten dünnen Materialfäden innerhalb eines Objekts (sogenanntes »Stringing«; siehe dazu auch die Erklärung zur Einstellung »Retraction« im Unterkapitel »Einstellungen/Parameter«). Auch hier lohnt es sich, zu experimentieren. Verändern Sie die Temperatur in 5-°C-Schritten, drucken Sie ein paar Schichten (0,5 bis 1 cm hoch) und beobachten Sie, wie es sich auf den Druck auswirkt. Bei Objekten mit größeren durchgehenden dünnen Wänden lässt sich so sehr schön erkennen, was sich verändert. Die Form und Größe eines Objekts sind weitere Merkmale, die gegebenenfalls eine Anpassung der Temperatur erfordern. Je weniger komplex eine Geometrie und je weniger massiv ein Objekt ist, desto toleranter ist das Objekt gegenüber der eingestellten Drucktemperatur. Gute Beispiele hierfür sind Vasen, kleine Boxen und Ähnliches. Komplexe Geometrien wie beispielsweise ein Modell des Eiffelturms oder eine Kette reagieren hingegen sehr sensibel auf die »falsche« Temperatur. Dort kann bereits eine Veränderung der Temperatur um wenige Grad zu weniger Stringing oder Warping führen. Dies ist so individuell, dass nur das eigene Experimentieren empfohlen werden kann.

9.5.3 Druckgeschwindigkeit

Bei den meisten 3D-Druckern kann die Druckgeschwindigkeit manuell vor oder während des Drucks angepasst werden. Geschwindigkeit und Drucktemperatur stehen in direktem Zusammenhang. Wir empfehlen, nur sehr vorsichtig die Geschwindigkeit zu erhöhen. Die meisten Drucker reduzieren oder verändern diese während des Druckvorgangs automatisch, um z. B. bei kleinen Objekten dem Material genügend Zeit zum Abkühlen zu geben.

Höhere Geschwindigkeiten erfordern einen stärkeren Fluss des Materials durch die Heizdüse. Dies bedeutet, dass das Material weniger Zeit zum Schmelzen in der Düse hat. Wie oben erwähnt, kann eine zu geringe Temperatur zu einem Materialstau in der Düse führen. Daher erfordern höhere Geschwindigkeiten höhere Temperaturen. So hat das Material genügend Zeit, weich genug für den Druck zu werden. Dies bedeutet nun aber gleichzeitig, dass das gedruckte Material weniger Zeit zum Abkühlen hat. Das kann bei dicken Strukturen (beispielsweise einem massiven Würfel) zu Spannungen und damit zu Verformungen des Objekts führen. Feine Strukturen können instabil werden, wenn zu wenig Zeit zum Abkühlen vor Aufbringen der nächsten Schicht verbleibt.

Mechanik

Werden beim Druck Schichten schlecht nebeneinander- oder versetzt übereinandergedruckt, liegt die Ursache mit großer Wahrscheinlichkeit in der Mechanik. Sie spielt eine entscheidende Rolle für die Qualität der gedruckten Objekte. Sie sollten daher regelmäßig etwa alle 10 bis 20 Drucke die Mechanik überprüfen. Je nach Modell und Aufbau des Geräts gibt es verschiedene Möglichkeiten zur Einstellung bzw. Nachjustierung. Wir führen hier ein paar gängige Prüfpunkte auf, die für so gut wie jeden RepRapbasierten Drucker gelten. Andere Drucker haben teilweise zusätzliche oder andere Prüfpunkte. Bitte sehen Sie in der Dokumentation Ihres Druckers nach. Wir empfehlen, die folgenden Prüfungen durchzuführen:

- Zahnriemen (englisch: Belts) – In den meisten Druckern übertragen die Motoren ihre Kraft über Zahnriemen und Zahnriemenscheiben (Pulleys, siehe nächster Punkt) auf die Achsen zum Bewegen des Druckkopfs und auch der Druckplattform. Die Zahnriemen sollten immer gut gespannt sein. Sind sie zu wenig gespannt, führt dies zu einer weniger präzisen Positionierung des Druckkopfs und der gedruckten Schichten übereinander. Meist liegt die Ursache aber darin, dass sich die Befestigung der Zahnriemen gelockert hat. Wir unternehmen den Versuch, zu erklären, was eine »gute Spannung« bedeutet: Generell sollte die Spannung nicht zu groß sein. Der Zahnriemen muss bei Druck mit einem Finger leicht nachgeben. Bei paralleler Führung des Riemens (Abstand ca. 1 cm) sollte er in der Mitte seiner Länge mit dem Finger leicht bis auf 4 bis 6 mm zusammengedrückt werden können.

Eine weitere Art der Prüfung ist der Ton, wenn man den Zahnriemen wie eine Saite einer Gitarre zupft. Der Ton sollte deutlich hörbar und nicht zu tief sein. Der Mitgründer von Ultimaker Erik de Bruijn hat dazu ein hilfreiches Video veröffentlicht: *http://youtu.be/grHmmmSoOfc*.

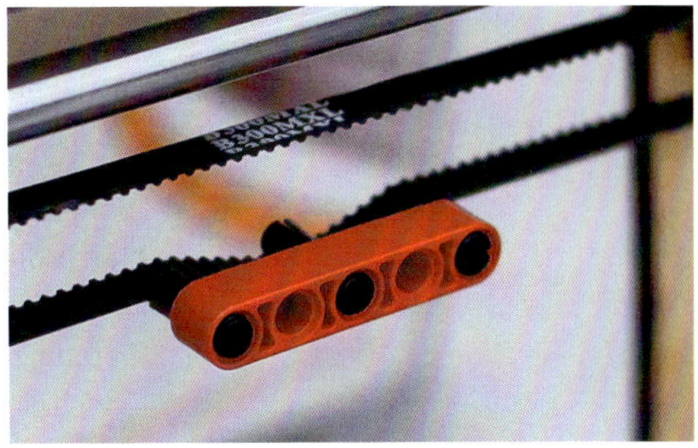

Zahnriemenspanner aus LEGO®, gesehen bei Thingiverse-Mitglied FMMT666. (Quelle: *http://www.thingiverse.com/thing:26861*)

Je nach Aufbau Ihres 3D-Druckers gibt es unterschiedliche Möglichkeiten zum Spannen der Zahnriemen. Zahnriemen, die direkt von einem Motor angetrieben werden, können bei manchen Druckern durch Verschieben des Motors gespannt werden. Lösen Sie dazu die Befestigungsschraube und verschieben Sie dann den Motor in die Gegenrichtung. Ziehen Sie die Schrauben zum Schluss wieder gut an. Zahnriemen, die nicht direkt von einem Motor angetrieben werden, können über Zahnriemenspanner mehr Spannung erhalten. Es gibt verschiedenste Designs für solche Spanner kostenlos im Internet zum Basteln (z. B. aus LEGO®-Teilen oder mit der Feder einer Wäscheklammer) oder zum »Selber-3D-Drucken«.

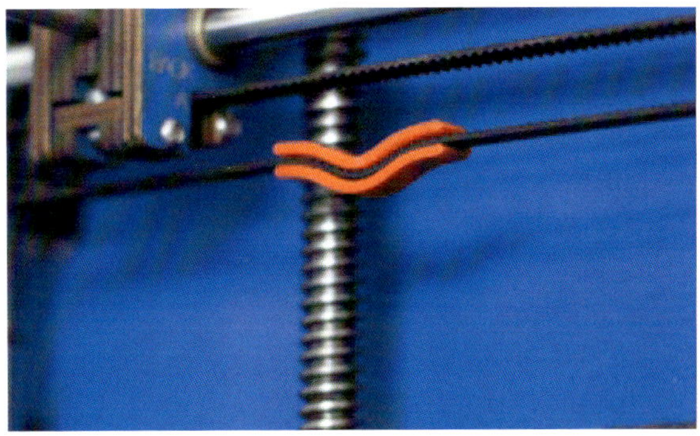

3D-druckbarer Zahnriemenspanner von YouMagine-Mitglied Gijs. (*https://www.youmagine.com/designs/belt-tensioner*)

Je nach Drucker müssen diese Spanner anders konstruiert sein. Achten Sie darauf, dass sich der Druckkopf nach Anbringen der Spanner frei bewegen lässt, d. h. der Zahnriemenspanner nirgendwo hängen bleibt. Nicht jeder Spanner passt auf alle Drucker. Sollten all diese Maßnahmen nichts nützen, hilft nur das Ersetzen der Zahnriemen. Die meisten Hersteller bieten komplette Ersatz-Zahnriemensets für ihre Drucker an. Da Zahnriemen genormt sind, finden Sie diese aber auch in anderen Onlineshops, beispielsweise von Conrad oder der German RepRap Foundation (*grrf.de*). Achten Sie beim Kauf auf die richtige Länge, Breite, Anzahl Zähne und Profil der Zahnriemen.

Zahnriemenscheiben (englisch und geläufig: Pulleys) – Die Zahnriemen übertragen ihre Kraft über Pulleys auf die Achsen. Lose Pulleys führen zu einer Reduktion der Spannung der Zahnriemen, und dies führt wiederum meist zu einem Verschieben der gedruckten Schichten. Achten Sie darauf, dass alle Pulleys fest angezogen sind.

Zahnriemenscheibe/Pulley. (Quelle: Conrad.de)

Extrudermechanismus – Eine der kritischen Stellen jedes 3D-Druckers ist die Zuführung des Druckmaterials in die Heizdüse. Zum Extruder zählt man sowohl die Einheit, die das Druckmaterial befördert, als auch die Druckdüse oder Extruderdüse selbst. Da der Aufbau des Extruders bei den Druckern sehr unterschiedlich ist, beschränken wir uns auf einige allgemeingültige Aussagen. Bei dieser Einheit ist das reibungslose Zusammenspiel zwischen Förderung des Materials, Temperatur der Heizdüse und Druckgeschwindigkeit elementar. Wir haben diesen Zusammenhang bereits weiter oben beschrieben. Mechanisch neuralgisch sind:

- Die Fördereinheit des Druckfilaments. Diese sitzt entweder direkt oberhalb der Heizdüse oder im Abstand von ca. 30 bis 50 cm davon entfernt. Dann wird das Material durch einen Schlauch zur Heizdüse geführt (Bowden-Prinzip). Ein Motor zieht bzw. schiebt das Material vorwärts in Richtung Heizdüse. Meist dienen Anpressrollen und/oder geriffelte Schrauben dazu, das Filament ausreichend fest zu greifen. Hier kann z. B. ein zu fester oder zu geringer Druck sowie Verschmutzungen und Abrieb von Filament zu Störungen führen. Die Auswirkung ist, dass zu viel oder zu wenig Filament am Ende aus der Heizdüse herauskommt. Prüfen Sie alle 10 bis 20 Drucke, ob diese Einheit sauber und korrekt eingestellt ist. Zur Säuberung ist z. B. eine Zahnbürste hilfreich. Der Anpressdruck kann meist über Schrauben justiert werden. Informieren Sie sich in der Dokumentation des Herstellers sowie in Anwenderforen darüber, welche Einstellungen für Ihren Drucker empfohlen werden.
- Die Heizdüse. Die Extruder- oder Heizdüse hat die Aufgabe, das Druckmaterial von einem festen Zustand mit meist 1,75 oder 3,0 mm Durchmesser auf über 200 °C aufzuheizen und durch eine feine Öffnung von normalerweise 0,3 bis 0,5 mm zu pressen. Ist die Heizdüse durch Schmutzpartikel verstopft, kann es zu einem reduzierten Materialfluss bis hin zu kompletter Verstopfung kommen. Achten Sie daher immer darauf, dass das zugeführte Material sauber ist. Wir hatten selbst schon das Problem, dass durch den Transport feine Partikel von Karton am Druckfilament haften blieben und eine Verstopfung der Düse bewirkten. In solchen Situationen kann das Aufheizen und Drucken mit 250 bis 270 °C für einige Minuten helfen. Hilft das nicht, muss in letzter Konsequenz die Heizdüse ausgebaut, gesäubert oder sogar ausgetauscht werden. Da das bei den meisten Geräten sehr zeitaufwendig ist, nehmen Sie diesen Schritt nur dann vor, wenn Sie alle anderen vorher beschriebenen Prüfungen und Maßnahmen durchgeführt haben. Der zweite kritische Punkt der Heizdüse ist die Stelle, bei der das kalte Druckfilament in die Heizdüse geführt wird. Bei diesem Übergang kann es, besonders bei Wechsel des Filaments, zu einem Verhaken kommen, wenn das Ende des neuen Filaments nicht gerade in die Heizdüse eingeführt wird. Oftmals reichen ein paar Versuche, das Material von Hand vor- und zurückzuschieben, bis es spürbar in die Heizdüse kommt. Bei Rückstau, z. B. durch Verstopfungen der Heizdüse, aber auch beim Rückwärtsziehen des Druckfilaments, kann es außerdem passieren, dass bereits weiches, geschmolzenes Filament rückwärts den Heizblock hochkommt. Das Problem ist, dass dann unförmiges oder dickeres Material oberhalb der Stelle ist, an der das Filament erhitzt wird. Dieses verhindert dann wiederum den

Vorschub des Materials in die Heizdüse. Man spricht auch von »Clogging«. Hier hilft das langsame Erhitzen des Materials auf den unteren Schmelzpunkt und vorsichtiges Herausziehen des Filaments (rückwärts) und Entfernen der Verstopfung mit einer Pinzette. Je nach Aufbau Ihres Druckers müssen Sie dazu bestimmte Teile abmontieren.

9.5.4 Weitere Tipps zum Drucken mit FDM/FFF-3D-Druckern

Überbrückung von Distanzen ohne Support

In den gleichen Zusammenhang wie Überhänge und Supportstrukturen fallen auch Bereiche mit größeren Distanzen zwischen zwei Punkten einer horizontalen Ebene. Beim späteren 3D-Druck mit FDM/FFF-Druckern können diese Distanzen meist nur mit Support gedruckt werden. Allerdings können durch Ausprobieren der Einstellungen von Drucktemperatur, Druckgeschwindigkeit und Extrusionsrate (Volumen des Druckmaterials, das pro Sekunde aus der Heizdüse herauskommt) sogar mit einem FDM/FFF-Drucker längere Wege überbrückt werden, ohne dass das Druckmaterial nennenswert nach unten sinkt. Steve Caplin von der Website *http://www.3dgeni.us/* hat Mitte 2013 einen interessanten Versuch unternommen, um unterschiedlich große Distanzen bei unterschiedlichen Geschwindigkeiten zu drucken. Seine gut dokumentierten Ergebnisse hat er unter *http://www.3dgeni.us/a-bridge-too-far/* publiziert. Die im Beispiel gedruckten Objekte stellt er auf der Webseite zum Download zur Verfügung (*http://3dgeni.us/downloads/bridges.zip*). Im Bild unten sehen Sie die Ergebnisse seiner Versuche, eine Lücke von 5 cm Distanz ohne Support zu drucken. Die Geschwindigkeiten betrugen von links nach rechts (bzw. von vorne nach hinten im Bild): sehr schnell mit 100 mm/s, schnell: 75 mm/s, normal: 50 mm/s und langsam: 25 mm/s.

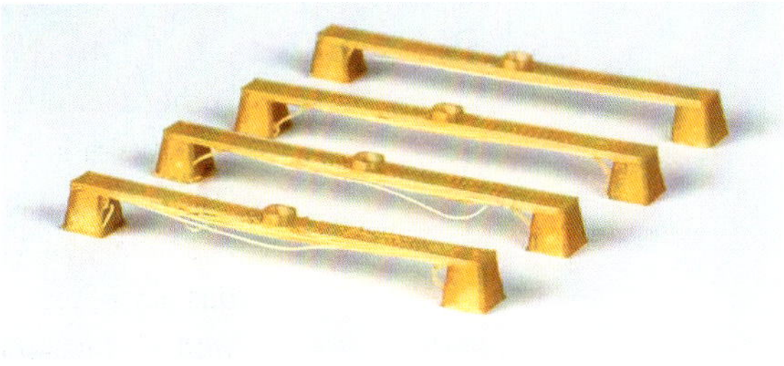

Quelle: http://www.3dgeni.us/a-bridge-too-far/

Je langsamer gedruckt wurde, desto weniger ist das Material beim Druck nach unten gesunken. Gedruckt wurde mit PLA auf einem Ultimaker 1. Die Temperatur ließ Steve in den Versuchen unverändert. Möchten Sie den Versuch nachvollziehen bzw. haben ein Objekt mit ähnlichen Brücken, empfehlen wir Ihnen, mit der vom Materialhersteller angegebenen Temperatur und einer geringen Geschwindigkeit von 25 bis 35 mm/s zu beginnen. Sollte beim Druck das Filament dennoch stark nach unten sinken, reduzieren Sie die Drucktemperatur schrittweise um 5 °C. Die Extrusionsrate zu verändern, ist unseres Erachtens heikel, denn dies kann sich an anderen Stellen im Druck negativ auswirken. Zudem ist diese Einstellung nur fortgeschrittenen Anwendern zu empfehlen. Wir gehen hier nicht näher darauf ein.

Filament wechseln

Beim Wechsel des Filaments sind verschiedene Punkte zu beachten, die vor dem ersten Druck bzw. im Laufe der ersten Drucke mit dem neuen Material angepasst werden müssen. Das Material jedes Herstellers reagiert unterschiedlich. Der Filamentdurchmesser und die ideale Drucktemperatur können von Farbe zu Farbe, ja sogar bei gleicher Farbe von Rolle zu Rolle unterschiedlich sein. Daher empfehlen wir, wirklich bei jedem Wechsel eine Neujustierung durchzuführen. Diese Maßnahmen sind natürlich nur wichtig, wenn Sie mit einem 3D-Drucker arbeiten, der Materialien verschiedener Hersteller zulässt (wie alle RepRap-basierten Geräte). Manche 3D-Drucker, wie der Cube von 3D Systems, erlauben nur die Verwendung von proprietärem Material, das vom Hersteller zertifiziert ist (ähnlich den Tintenpatronen bei Papiertintenstrahldruckern).

Praxistipp: Bei jedem Wechsel von Filament beachten:

- Durchmesser des Filaments an mehreren Stellen mit der digitalen Schiebelehre messen. Messen Sie unbedingt und sehr exakt an mehreren Stellen. Achten Sie darauf, stets so zu messen, dass das Filament gerade in der Schiebelehre ist. 3-mm-Filament ist in der Regel etwas dünner, ca. 2,75 bis 2,9 mm. Abweichungen vom tatsächlichen Wert können später zu zu viel oder zu wenig Vorschub des Materials beim Druck führen. Geben Sie diesen Wert im Druckprogramm an.

- Temperatur justieren. Jedes Filament hat eine andere ideale Drucktemperatur. Erhöhen oder verringern Sie die Temperatur in 5-°C-Schritten. Wenn Sie das Material von Hand nachschieben, darf der Widerstand nicht zu groß sein.

- Altes Filament am besten durch die aufgeheizte Druckdüse schieben. Ein Herausziehen nach oben kann sehr leicht zur Verstopfung der Druckdüse führen, da weiches, unrundes Filament in einen Bereich der Zuführung kommt, der nicht beheizt ist.

- Je nach Druckermodell das alte Filament entweder direkt oberhalb der Heizdüse oder am Ende des Zuführungsschlauchs mit einer scharfen Beißzange oder Schere gerade abschneiden. Heizen Sie die Druckdüse auf normale Drucktemperatur auf (PLA ca. 190 bis 230 °C, ABS ca. 250 °C). Dann schieben Sie das neue Filament entweder von Hand vorwärts oder lösen über die Bedienung am 3D-Drucker selbst (Controller) einen »Extrude«-Vorgang aus. Dadurch schiebt der Motor das Filament durch die aufgeheizte Druckdüse, meist für ein paar Sekunden. Achten Sie darauf, dass das neue Filament nirgendwo hängen bleibt und sauber in die Druckdüse gelangt. Schieben Sie das neue Material so lange nach, bis die neue Farbe bzw. das Material aus der Düse austritt. Entfernen Sie das aus der Heizdüse austretende Material sofort (mit einer Pinzette oder Zange), sodass es sich nicht nach oben anhäuft und die Heizdüse verschmutzt.

9.6 3D-Druck bei einem Dienstleister

Wie zu Anfang dieses Kapitels beschrieben, sprechen vor allem die Materialvielfalt, aber auch andere Gründe dafür, ein Objekt nicht auf dem eigenen 3D-Drucker auszugeben, sondern von einem Dienstleister drucken zu lassen. Für die reibungslose Zusammenarbeit sind einige Punkte zu beachten. Sie müssen sich keine Gedanken über die verschiedenen Vorbereitungsarbeiten und Einstellungen für den Druck machen. Es reicht aus, die Datei mit Ihrem 3D-Modell zur Verfügung zu stellen.

Ausgangspunkt für jeden 3D-Druck-Dienstleister ist ein Objekt in einem der gängigsten 3D-Designformate. Die großen, international tätigen Dienstleister erlauben das Hochladen Ihres 3D-Designs direkt online. Dort finden sich auch die Voraussetzungen, die Ihre Dateien erfüllen müssen. Bei kleineren Anbietern empfehlen wir die Abklärung der akzeptierten Dateiformate, der maximalen Dateigrößen und sonstiger Voraussetzungen vorab, sofern die Angaben nicht online vorhanden sind. In der Regel akzeptierte Dateiformate (Auswahl):

- für einfarbige Drucke: u. a. STL, OBJ, DAE, 3DS, X3D, WRL
- für farbige Modelle: u. a. DAE, WRL, X3D, X3DB, X3DV
- für Texturen: GIF, JPG, PNG (einige Dienstleister verlangen, Texturen und Farbdateien (MTL bei OBJ) in einem ZIP-Archiv zusammen mit dem 3D-Modell hochzuladen)

Voraussetzungen an das 3D-Design (siehe auch Kapitel 5):

- wasserdichte Modelle
- minimale und maximale Objektgröße (abhängig vom gewählten Material)
- minimale Größe von Objekt-»Features« (filigrane Strukturen, Geometrien)
- Mindestwandstärken (abhängig vom gewählten Material)

Sehr hilfreich sind die online verfügbaren Designrichtlinien und Tipps der großen Dienstleister. Darin erfahren Sie unter anderem grundlegende Techniken, die für das Design für den 3D-Druck wichtig sind und die wir

Warnung: Beachten Sie Urheberrechte und Gesetze

Lassen Sie nur 3D-Modelle drucken, für die Sie selbst die Urheberrechte besitzen, die nicht die Urheberrechte Dritter verletzen oder für die eine Lizenz zur Verwendung durch Dritte vorliegt (z. B. Creative-Commons-Lizenz). Sofern ein Design offensichtlich gegen Urheberrechte, geltende Gesetze oder die Policies der Dienstleister verstößt oder z. B. für kriminelle Zwecke verwendet werden könnte, kann Ihr Druckauftrag abgelehnt werden.

Linkempfehlungen – Tipps für Designer und Nutzer von 3D-Druck-Dienstleistern

- Designrichtlinien und Erklärungen zu minimalen Wandstärken, dünnen Strukturen etc. von Shapeways: *https://www.shapeways.com/tutorials/design_rules_for_3d_printing*
- FAQ mit vielen hilfreichen Hinweisen unter anderem zu Dateiformaten, Konvertierungen von Sculpteo: *http://www.sculpteo.com/de/help*
- Designrichtlinien für den Druck in Polyamid per Laser Sintering von i.materialise: *http://i.materialise.com/materials/polyamide/design-guide*
- Designrichtlinien für den Farbdruck im 3D-Printing-Verfahren mit Verbundwerkstoff bei Shapeways: *https://www.shapeways.com/materials/full-color-sandstone*

Die Designrichtlinien gelten generell beim Druck in diesem Material auch für andere Hersteller. Beachten Sie bei jedem gewählten Material die speziellen Empfehlungen und Voraussetzungen an das 3D-Modell.

auch in Kapitel 5 beschrieben haben (z. B. Wasserdichtigkeit und Mindestwandstärken). Sehr wichtig sind die Angaben zu Mindestvoraussetzungen pro Material. Beachten Sie diese unbedingt. Die Dienstleister rechnen bei Mindestgrößen meist noch einen Sicherheitspuffer mit ein, der dazu beitragen soll, dass ein gedrucktes Objekt Nachbearbeitung, Verpacken und Transport heil übersteht.

Ein weiterer großer Vorteil der großen 3D-Druck-Dienstleister ist die automatische Prüfung eingelieferter Modelle z. B. auf Löcher im Netz, offene

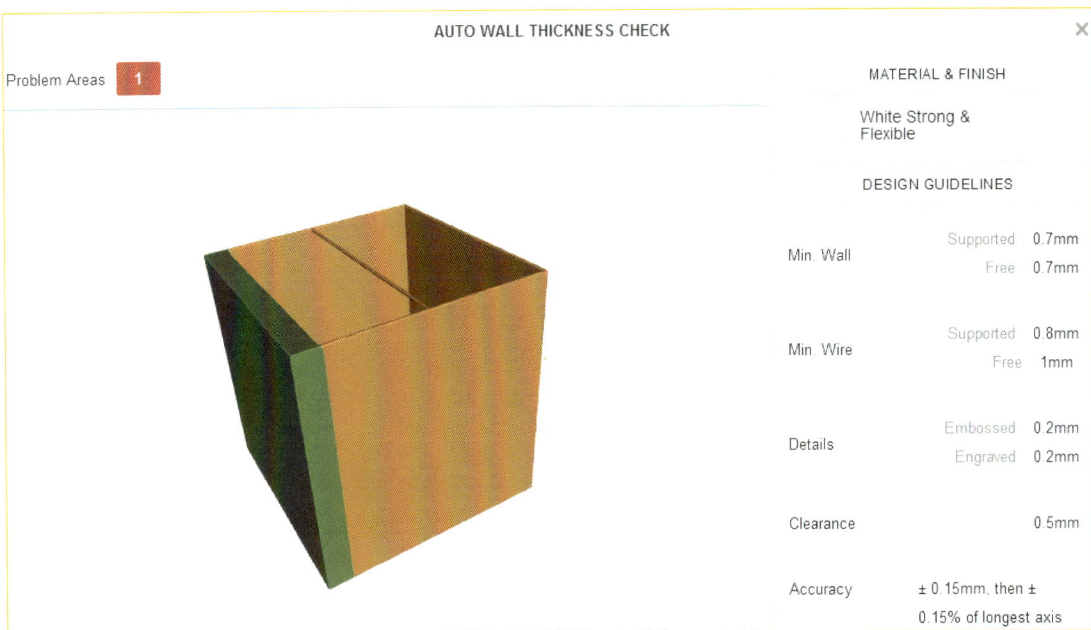

Tool zur Visualisierung zu dünner Wände (in Ocker dargestellt) von Shapeways

Kanten oder Unterschreitung von Mindestwandstärken – teilweise mit Reparaturfunktionen. Die Prüfroutinen und Reparaturalgorithmen sind recht unterschiedlich. Wir haben gemerkt, dass nicht bei jedem Anbieter jedes Problem gleich gut erkannt und behoben wird. Daher sind diese Funktionen aus unserer Sicht momentan noch nicht zuverlässig. Man darf nicht erwarten, dass jeder Fehler im Design tatsächlich erkannt wird. Auf jeden Fall helfen diese Tools zusätzlich, Fehler rechtzeitig zu erkennen.

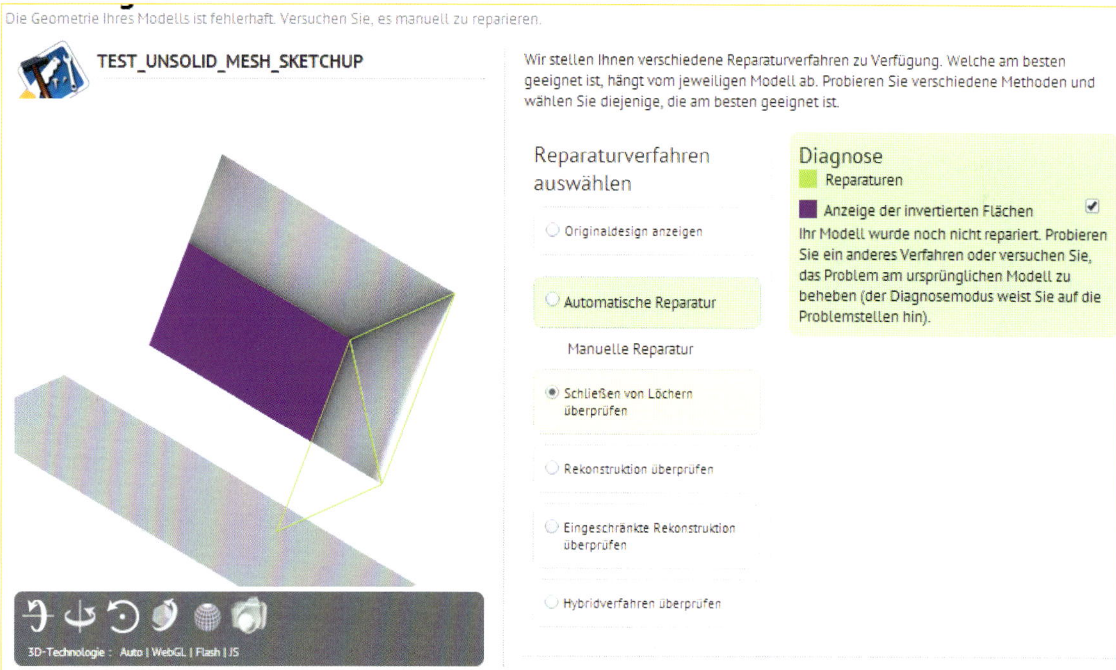

Visualisierung von offenen Kanten und automatische sowie manuelle Reparaturoptionen von Sculpteo

9.6.1 Ablauf des 3D-Drucks über einen Dienstleister

1 Hochladen des 3D-Modells.

Dienstleister, die eine automatische Preisberechnung nach Hochladen anbieten, erlauben nur ein Modell pro Upload, also keine Gruppierungen mehrerer Modelle in einer Designdatei.

Hinweis: Achten Sie auf die Einstellung der Sichtbarkeit des 3D-Modells/Designs für Dritte. Wird es nicht als privat gekennzeichnet, können andere Benutzer das Design einsehen und zum Druck in Auftrag geben. Diese Einstellung ist für Designer sinnvoll, die ihr 3D-Design über den 3D-Druck-Dienstleister verkaufen wollen.

2 Automatische Prüfung der eingelieferten Datei und teilweise automatische Reparatur fehlerhafter Designs.

3 Auswahl des Materials und Materialoptionen.

4 Angeben der Stückzahl.

5 Adressangaben, Bezahlung und Bestätigung.

9.6.2 Große 3D-Druck-Dienstleister im Vergleich

In der Tabelle finden Sie einen Vergleich der bekanntesten 3D-Druck-Dienstleister, die die größte Materialauswahl, guten Service, reibungslose Prozesse und internationalen Versand anbieten.

	Shapeways (NL/USA)	Sculpteo (F)	i.materialise (BE)
Anzahl Materialien	11 (plus Varianten)	7 (plus Varianten)	19 (plus Varianten)
Prüfung Wasserdichtigkeit	Ja	Ja	Ja
Reparatur von Löchern im Polygonnetz des 3D-Designs	Ja (automatisch)	Ja (automatisch oder manuell)	Ja (automatisch)
Prüfung Mindestwandstärken	Ja	Ja	Ja
Visualisierung Problembereiche im Design	Ja	Ja	Nein
Maximale Dateigröße	64 MByte	50 MByte	100 MByte
Automatische Preisberechnung	Ja	Ja	Ja
Shops für Designer	Ja	Ja	Ja
3D-Designapplikationen	Große Auswahl an Tools, z. B. Cookiecaster für Ausstecher, personalisierbare Ringe, 2D-zu-3D-Konverter	Kleine Auswahl an Tools für individuelle Designs, z. B. Leopoly 3D-Sculpting Tool, individuelle Vasen	Kleine Auswahl an Tools für individualisierbare Designs, z. B. von Lampenschirmen
Besonderheiten (Auswahl)	Entwicklersprache ShapeJS (basiert auf JavaScript), z. B. zur Entwicklung von 3D-Design-Tools	Personalisieren der eigenen Designs mit Schrift, Logos etc.	48-Stunden-Express-Service für Polyamid, »White Labeling«-Versand, Banding-Fakturierung für Dritte
API (Programmierschnittstelle zur Anbindung an fremde Systeme)	Ja	Ja	Ja

9.6.3 Designershops bei 3D-Druck-Dienstleistern

Sind Sie 3D-Designer und würden gern Ihre Kreationen ohne Risiko und hohe Vorabinvestitionen verkaufen? Dann sind die Designershops der großen 3D-Druck-Dienstleister die perfekte Möglichkeit. Alle drei oben genannten, aber auch andere Anbieter erlauben Designern, eine Art Shop im Shop auf ihren Plattformen kostenlos zu eröffnen. Das Prinzip ist sehr einfach:

- Zuerst eröffnen Sie einen Onlineshop beim 3D-Druck-Dienstleister.
- Dann laden Sie Ihre 3D-Designs in Ihren Shop und legen pro Design und pro Material den Preis bzw. Ihre Marge selbst fest. (Jeder Anbieter hat hierbei eine andere Kalkulation.)
- Kunden, denen ein Design gefällt, wählen das Modell aus, selektieren das gewünschte Material und bestellen dann das Modell als fertig gedrucktes Objekt.
- Das gedruckte Teil geht zum Kunden (nicht Ihre Designdatei).
- Sie als Designer erhalten die von Ihnen festgelegte Marge abzüglich einer Bearbeitungsgebühr. (Kann je nach Anbieter anders berechnet werden.)

Der 3D-Druck-Dienstleister übernimmt also, bis auf das Design selbst, alle Schritte für Sie – angefangen beim Webshop über Produktion und Versand bis zur Rechnungsstellung/Fakturierung. Sie als Designer erhalten regelmäßig eine Auszahlung aus den Erlösen der verkauften bzw. produzierten Teile. Für jeden Designer bietet das enorme Vorteile:

- Keine Vorabinvestitionen (keine Teile, die vorab produziert werden).
- Keine Kosten (bis auf Ihre Zeit zur Erstellung des Designs selbst).
- Kein Risiko (bis auf das Risiko, dass niemand Ihr Design kauft).
- Sehr schnelle Umsetzung von Verbesserungen im Design.

Dieses Shopprinzip, dass ein Produkt erst produziert wird, wenn es jemand tatsächlich kauft, ist einer der grundlegenden Vorteile von 3D-Druck. Wir sind fest davon überzeugt, dass in Zukunft sehr viele Firmen Produkte auf diese Weise anbieten werden. Die Auswirkungen auf bisherige Wertschöpfungsprozesse wären massiv. Güter würden nicht mehr auf Lager produziert und um die halbe Welt versendet, sondern nur auf Nachfrage und näher beim Verbraucher hergestellt werden. Immense Kosten-, aber auch Ressourceneinsparungen wären somit erzielbar.

Onlinepreisvergleich 3D-Druck-Dienstleister

Die Seite *http://3ddruckpreisvergleich.de/* von Jonas Neubert bietet einen sehr hilfreichen Preisvergleich von verschiedenen 3D-Druck-Dienstleistern und ihren verschiedenen angebotenen Materialien in Echtzeit. Laden Sie einfach nur eine STL-Datei hoch, wählen Sie Material und Anbieter, und schon erhalten Sie eine Liste mit den Preisen aller selektierten Anbieter und Materialien.

KAPITEL 10

ES GEHT NOCH BESSER

Objekte nachbearbeiten

Objekte nachbearbeiten

In diesem Kapitel stellen wir Ihnen Möglichkeiten der Nachbearbeitung vor, die Sie bei 3D-gedruckten Objekten anwenden können. Wo erforderlich, unterscheiden wir zwischen Drucken mit PLA- und ABS-Material.

Die aufgeführten Techniken können (und sollen) auch nacheinander angewendet werden. So können Sie beispielsweise Ihr Modell als Erstes schleifen, danach mit dem Spachtel bearbeiten und als Letztes bemalen.

Kleinere Unvollkommenheiten im Druck können sehr einfach mit einem Messer oder einer Nagelschere zurechtgeschnitten werden.

Batman Rohdruck

10.1 Schleifen, Feilen

Mit Holzfeilen, Metallfeilen und/oder Schleifpapier lassen sich PLA und ABS relativ gut nachbearbeiten. Achten Sie allerdings darauf, dosiert Druck anzuwenden und mit langsamen Bewegungen zu arbeiten. Der Grund dafür liegt im Umstand, dass durch Reibung (beim Schleifen) Hitze entsteht, was wiederum die Qualität des gedruckten Objekts beeinflussen kann.

Auch der Einsatz von elektrischen Werkzeugen, beispielsweise elektrischen Nagelfeilen, wie sie in Nagelstudios zu finden sind, hat sich bei uns bewährt.

Zudem können PLA- und ABS-Prints auch gesandstrahlt werden.

Tipp: Experimentieren Sie mit Feilen und Schleifpapier vorerst an »Ausschussprints« oder an schwer sichtbaren Stellen, z. B. der Unterseite/dem Sockel einer Büste.

Batman mit 100-er Schleifpapier geschliffen

10.2 Kleben

Bekannterweise drücken wir uns davor, Überhänge zu drucken. Sind diese jedoch nicht zu vermeiden, können wir einen von drei Wegen einschlagen:

- Stützstrukturen mitdrucken und danach entfernen.
- Stützstrukturen während des Drucks manuell einfügen, z. B. bei einem Gesicht das Kinn mit einem Gegenstand, z. B. einem flachen Messer, stützen.
- Das Modell in Teile ohne Überhänge zerschneiden, diese einzeln drucken und dann verkleben.

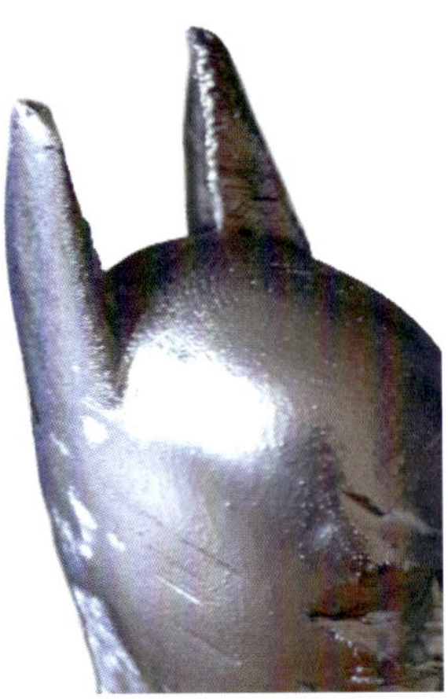

Batman geschliffen und bemalt

PLA und ABS können beide problemlos geklebt werden, wobei auf den geeigneten Klebstoff zu achten ist.

Für PLA können Sie vielerlei verwenden:

- Kunststoffkleber allgemein (z. B. Pattex)
- Sekundenkleber (Pattex Plastix)
- Spezieller PLA-Kleber (im Modellbauladen erhältlich)

Muss es nicht »bombenfest« halten, kann auch mit Holzleim gearbeitet werden.

ABS hingegen ist sehr schlag- und kratzfest und damit etwas anspruchsvoller, wenn es ums Verkleben miteinander geht. In der Regel werden aber auch bei ABS sehr gute Resultate mit Sekundenkleber erreicht.

Für ABS eignen sich Klebstoffe auf Aceton-Basis, unter anderem:

- UHU Hart Kunststoff Spezialkleber
- Pattex Special Modellbau Plastik
- Selbst hergestellter ABS-Leim:
  ein Teil Aceton,
  zwei Teile ABS-Filament (in Aceton aufgelöst)
  Für kleinere Mengen kann der Leim z. B. in einem kleinen, gut verschließbaren Gefäß wie einem leeren Nagellackglas hergestellt werden:
  Die ABS-Teile möglichst klein schneiden oder mahlen, damit sie sich schneller auflösen; beide Bestandteile miteinander in das Glas geben, schütteln und warten, bis sich das ABS aufgelöst hat (Tipp von Make: Magazine *http://makezine.com/projects/make-34/skill-builder-finishing-and-post-processing-your-3d-printed-objects/*).
  Fürs Verkleben mit einem Pinsel die Lösung auf die beiden ABS-Teile aufstreichen und zusammendrücken.

10.3 Thermisch behandeln

Mit Hitze lassen sich sowohl PLA als auch ABS nachbearbeiten. Sie können mithilfe eines Lötkolbens oder eines angeheizten Messers unebene Oberflächen glätten, und Sie können vom Schleifen verfärbte Stellen wieder zurückfärben. Auch der Einsatz von Heißluftpistolen sei hier erwähnt.

Mit Hitze bzw. mit Anschmelzen der Oberfläche können Sie die geriffelte Struktur des Rohprints glätten, dies bedarf aber einiger Übung und geht auch chemisch, wie im nächsten Abschnitt beschrieben.

Achten Sie unbedingt auf zwei Umstände:

- PLA schmilzt schnell. Auch wenn PLA erst bei fast 200 °C flüssig wird, ist es schon bei Temperaturen ab 60 °C stark formbar.
- ABS-Dämpfe sind giftig, also immer nur in gut gelüfteten Räumen ABS schmelzen. Zudem besteht bei ABS die Gefahr der Entflammung. Bei PLA ist das nicht der Fall.

Merlin PLA Rohdruck:

10.4 Chemisch behandeln

Um die typische geriffelte Struktur von FDM-Prints zu glätten, kann auch der Einsatz von Lösungsmitteln geeignet sein.

ABS wird durch Aceton gelöst, PLA durch Tetrahydrofuron (THF).

Achtung: Beide Lösungsmittel sind giftig, darum ist zu beachten, dass der Einsatz dieser Lösungsmittel ausschließlich in gut belüfteten Räumen geschieht. Zudem sind Handschuhe und Schutzbrille zu tragen. Zu den Handschuhen: Wenn Sie mit THF arbeiten, brauchen Sie Nitril-Handschuhe. Vinyl-Handschuhe, wie sie für den Einsatz von Aceton benötigt würden, werden von THF aufgelöst.

Merlin 10 Minuten in THF geschwenkt:

Aceton, THF sowie entsprechende Handschuhe finden Sie z. B. in Drogerien oder im Internet.

Die Lösungsmittel (Aceton für ABS, THF für PLA) können grundsätzlich auf verschiedene Weise aufgetragen werden:

- Mit einem Lappen auftragen: Eignet sich gut, wenn Sie kleinere Bereiche eines Drucks chemisch glätten wollen.
- Bedampfen: Das Lösungsmittel wird mit dem Rohdruck in einer Bedampfungskammer so weit erhitzt, bis es verdampft, sich gleichmäßig auf dem Objekt ablagert und anfängt, die Oberfläche leicht aufzulösen. Ist unseres Erachtens nur schwer praktikabel und wegen der entstehenden Dämpfe auch gefährlich. Zudem benötigen Sie eine Dampfkammer – hat ja nicht jeder zu Hause rumstehen!
- Schütteln/Schwenken: Füllen Sie ein abschließbares Glas, z. B. ein ausgekochtes und gereinigtes Senfgurkenglas, zu einem Drittel mit dem flüssigen Lösungsmittel Ihrer Wahl (Aceton bzw. THF). Wichtig dabei ist,

dass Ihr 3D-Druck in das Glas passt. Legen Sie nun das Modell ins Glas, verschließen Sie das Glas und schwenken Sie es so, dass das Modell von allen Seiten mit Lösungsmittel bedeckt wird. Je länger Sie das machen, umso glatter wird die Oberfläche des Prints.

Natürlich gehen beim Einsatz von Lösungsmitteln auch Details des Drucks verloren, allerdings sieht danach Ihr 3D-Druck viel glatter aus und verliert den typischen »3D-Druck-Charakter«, der ihm durch die geriffelte Struktur anhaftet.

Achtung: Auch nach dem Einsatz der Lösungsmittel befinden sich diese an der Oberfläche des so behandelten Modells. Stellen Sie es so lange an die frische Luft, bis Sie kein THF bzw. Aceton mehr riechen.

Druck in schwarzem PLA:

10.5 Spachteln

Wenn es darum geht, unebene (z. B. geriffelte) Oberflächen zu glätten, greifen Spengler und andere Handwerker zu Spachtelmasse. Auch unsere Prints können auf diese Weise nachbearbeitet und veredelt werden.

Sie können sowohl für ABS als auch für PLA handelsübliche Spachtelmasse einsetzen. Natürlich wird Ihr Modell danach die Farbe der Spachtelmasse haben, was in den meisten Fällen nicht so gewollt ist.

Darum: Spachteln Sie Ihr Modell und schleifen Sie es nach dem Aushärten der Spachtelmasse glatt. Danach noch ein Anstrich bzw. mit Sprühfarbe drüber, und Ihr Print wird hochwertiger aussehen.

Tipp: Suchen Sie in Ihrem Baumarkt nach Spritzspachtel, d. h. nach Spachtelmasse, die mittels Spraydose aufgetragen wird. Bespritzen Sie Ihren Print in verschiedenen Schichten, wobei Sie jeweils eine Schicht austrocknen lassen, bevor Sie die nächste auftragen.

Zusätzlich mit Silberspray gefärbt:

10.6 Malen

PLA und ABS lassen sich problemlos mit Acrylfarben bemalen.

Tipp: Verwenden Sie wann immer möglich Spray, damit die Farbe gleichmäßig aufgetragen wird. Sprayen Sie Schicht für Schicht und lassen Sie die Schichten trocknen, um Lauftropfen zu vermeiden.

Tipp: Experimentieren Sie mit Effektfarben. Wir haben mit Chrom-, Gold- und anderen Metalleffekten visuell sehr ansprechende Resultate erzielt.

3D-Design, 3D-Modell
Das dreidimensionale digitale Abbild eines Objekts.

3D-Druck
Fertigung eines Objekts durch das schichtweise Aufbringen eines oder mehrerer Materialien. Es gibt verschiedene 3D-Druck-Technologien und Verfahren.

3D-Printing-Verfahren/3DP
3D-Druck-Verfahren, bei dem Verbundwerkstoff in Pulverform mit einem flüssigen Bindemittel schichtweise aufgetragen wird.

ABS
Acrylnitril-Butadien-Styrol. Erdölbasierter thermoplastischer Kunststoff.

Additive Fertigung
Bezeichnung für die schichtweise Fertigung (auch AM, Additive Manufacturing).

AMF
Additive Manufacturing File Format. XML-basiertes Dateiformat zur Beschreibung eines dreidimensionalen Oberflächenmodells, das auch Informationen zu Farbe, Material, Konstellation/Lage und Schichten beinhalten kann. Als Nachfolger des STL-Formats ins Leben gerufen. ISO/ASTM-Standard. Kaum verbreitet.

Bauraum
Der für die Fertigung eines Objekts maximal zur Verfügung stehende dreidimensionale Raum eines 3D-Druckers.

Blobbing
Bezeichnet die unerwünschte Bildung kleiner Bläschen an der Oberfläche des 3D-gedruckten Objekts. Meist auf zu hohe Temperaturen zurückzuführen.

CAD
Computer Aided Design. Zeichnen und Konstruieren eines Objekts mit dem Computer.

Druckbett
Die »Arbeitsfläche« eines 3D-Druckers, auf der das zu fertigende Objekt schichtweise aufgetragen wird.

Druckkopf
Komponente des 3D-Druckers, mit der entweder das Druckmaterial oder das Bindemittel aufgetragen wird.

Extruder
Einheit zur Förderung und Ausgabe des Druckmaterials. Besteht aus der Extruderdüse und dem Mechanismus, der das Druckmaterial in die Extruderdüse bewegt.

Extruderdüse
Feine Düse, durch die das flüssige Druckmaterial gepresst und schichtweise aufgetragen wird.

FabLab
Meist öffentliche Werkstätten zur digitalen Produktion, die ihre Erfahrungen untereinander austauschen. Basiert auf der Idee des MIT-Professors Neil Gershenfeld.

FDM
Fused Deposition Modeling. Von Stratasys entwickeltes 3D-Druck-Verfahren, bei dem geschmolzenes Material, meist Thermoplaste, über eine Druckdüse schichtweise aufgetragen werden (Schmelzschichtverfahren).

FFF
Fused Filament Fabrication. Dasselbe Verfahren wie FDM. Aus rechtlichen Gründen wird FFF meistens von anderen Herstellern und im Open-Hardware-Bereich verwendet.

Filament
Druckmaterial in Form eines Drahts (1,75 oder 3 mm) für den 3D-Druck im FDM/FFF-Verfahren. Druckfilamente sind meist aus thermoplastischen Kunststoffen wie PLA, ABS, Nylon etc.

Füllungsgrad
Anteil des Materials, mit dem der Raum zwischen den Außenwänden eines Objekts bei der Produktion gefüllt sein soll. Eine 100%ige Füllung ergibt einen massiven, eine 0%ige Füllung einen hohlen Körper.

Generative Fertigung
Siehe Additive Fertigung. Auch Schichtbauverfahren.

G-Code
Instruktionsangaben zur Steuerung des 3D-Druckers für einen Fertigungsauftrag. Darin sind unter anderem Informationen zur Bewegung des Extruders enthalten.

Heizbett
In 3D-Druckern eingesetztes Druckbett, das beheizt werden kann. Damit wird die Haftung des Objekts für den 3D-Druck erhöht.

Hotend, siehe Extruderdüse.

Hülle
Bezeichnet die außen liegende Wand eines dreidimensionalen Volumenkörpers.

Mesh
Bezeichnet das gesamte aus vielen Dreiecken bestehende Netz, das die Oberfläche eines dreidimensionalen Körpers umgibt. Für den 3D-Druck muss das Mesh korrekt und geschlossen sein, die Dreiecke müssen richtig orientiert liegen und dürfen keine inneren Schnittflächen aufweisen.

Mikron/Mikrometer, 100 Mikrometer = 0,1 mm.

Oberflächenmodell: Digitalisierte Oberfläche von Objekten. Bei dreidimensionalen Körpern spricht man vom Volumenmodell.

PA
Polyamid (gelegentlich auch Nylon genannt). Thermoplastischer Kunststoff.

PLA
Polyactide oder Polymilchsäuren. Thermoplastischer Biokunststoff, der derzeit der am meisten verwendete Kunststoff im Einsteigerbereich für FDM/FFF-3D-Drucker.

Primitives
Geometrische Grundkörper wie Quader oder Keil, Zylinder.

PVA
Polyvinylalkohol. Wasserlösliches Polymer, das gern als Stützmaterial mit gedruckt und später ausgewaschen wird.

RepRap
2005 ins Leben gerufene Initiative von Dr. Adrian Boyer für eine sich selbst reproduzierende Maschine, einen »Replicating Rapid Prototyper«. Die meisten Einsteiger-3D-Drucker basieren auf dem RepRap-Open-Design.

Schichtbauverfahren: Siehe Additive Fertigung. Auch Generative Fertigung.

Schichtenmodell: Bezeichnet im 3D-Druck das digitale Modell, das vor der Fertigung aus einem dreidimensionalen Modell erstellt wird und die einzelnen zweidimensionalen Schichten beschreibt, die später Schicht für Schicht aufgebracht werden.

Schmelzschichtungsverfahren, FDM-/FFF

Shapes, Siehe Primitives.

Shell, Siehe Hülle.

SL(A)
Stereolithografie. 3D-Druck-Verfahren, bei dem lichtempfindliches Kunstharz mithilfe von Licht gehärtet wird.

Slicer
Programme, die ein 3D-Modell vor dem 3D-Druck digital in ein Schichtenmodell zerlegen.

(S)LM
Selektive Laser Melting. 3D-Druck-Verfahren, das Metallpartikel in Pulverform mithilfe eines Lasers miteinander verschmilzt.

(S)LS
Selektive Laser Sintering. 3D-Druck-Verfahren, das insbesondere Kunststoffpartikel in Pulverform mithilfe eines Lasers miteinander verschmilzt.

STL
Standard Tesselation Language oder Stereolithografieformat. Das am meisten verbreitete Dateiformat im 3D-Druck-Bereich. Beschreibt die Oberfläche eines dreidimensionalen Volumenkörpers mittels zahlloser flacher Dreiecke.

Stringing
Bezeichnet die unerwünschte Bildung von sehr dünnen Fäden während des 3D-Drucks, meist zwischen Strukturen im Druckobjekt, an denen eigentlich kein Material aufgebracht werden soll.

Subtraktive Fertigung
Klassische Fertigungsmethoden wie Fräsen, Sägen oder Hobeln, bei denen ein Objekt durch Abtragen überschüssigen Materials hergestellt wird.

Thermoplaste: Kunststoff, der bei Erwärmung weich wird. Der Vorgang des Erhitzens (bis zu bestimmter Temperatur) und Abkühlens kann beliebig oft wiederholt werden, ohne dass das Material darunter leidet.

Überhang
Bezeichnet diejenigen Stellen eines 3D-Modells, die beim 3D-Druck mehr als 90 Grad in der Vertikalen betragen. Je nach Druckverfahren.

Volumenmodell
Beschreibt das Volumen von dreidimensionalen Objekten (Volumenkörpern), die eine geschlossene Oberfläche (Hülle) aufweisen.

Wasserdicht
Bezeichnung eines dreidimensionalen digitalen Volumenmodells, das geschlossene Oberflächen aufweist. Für den 3D-Druck essenziell.